_i_**blu** pagine di scienza

Ciro Ciliberto
Roberto Lucchetti
(*a cura di*)

Un mondo di idee

La matematica ovunque

 Springer

CIRO CILIBERTO
Dipartimento di Matematica
Università di Roma Tor Vergata

ROBERTO LUCCHETTI
Dipartimento di Matematica
Politecnico di Milano

Collana *i blu* – *pagine di scienza* ideata e curata da Marina Forlizzi

ISBN 978-88-470-1743-6   e-ISBN 978-88-470-1744-3
DOI 10.1007/978-88-470-1744-3

© Springer-Verlag Italia 2011

Coordinamento editoriale: Barbara Amorese
Impaginazione: le-tex publishing services GmbH, Leipzig, Germania
Layout copertina: Simona Colombo, Milano
Stampa: Grafiche Porpora, Segrate (MI)

Springer-Verlag Italia S.r.l., Via Decembrio 28, I-20137 Milano
Springer fa parte di Springer Science+Business Media (www.springer.com)

Prefazione

Ma che me ne faccio di tutta questa matematica,
tanto non mi serve proprio a niente!

Non è infrequente udire un'esasperata esternazione di questo tipo tra i banchi di scuola e perfino in qualche aula universitaria. Crescendo si cambia, ed è dunque difficile che una persona di esperienza si avventuri in affermazioni di questo genere. Resta però una diffusa diffidenza verso una disciplina che si fa fatica a capire, che appare di un tecnicismo spesso arido e immotivato, che non lascia spazio alla creatività, perciò decisamente poco accattivante. E questo fa purtroppo parte dell'immaginario collettivo, come testimoniano le parole di una canzone di un famoso cantautore che afferma in tono sprezzante: "la matematica non sarà mai il mio mestiere". Queste difficoltà a comprendere e apprezzare la matematica non sono d'altra parte del tutto immotivate. Esse trovano qualche giustificazione nella circostanza che per troppo tempo i matematici non hanno certo fatto del loro meglio per rendere più accessibile e gradevole la loro materia. In particolare non si sono preoccupati di sfatare la leggenda del matematico rigido, inconcludente, senza fantasia, un tipo magari po' svitato, e con la testa tra le nuvole, che borbotta tra sé e sé in autobus o che esce di casa vestito in modo stravagante. Questo stato di cose sta cambiando, e per fortuna in meglio. Già da tempo la comunità matematica ha preso coscienza del fatto che è un *dovere irrinunciabile* sforzarsi di far capire anche a chi non ne fa parte il senso del lavoro che i matematici fanno, la sua utilità sociale, i suoi obiettivi. Inoltre un numero sempre maggiore di loro si rende conto che una buona divulgazione, rigorosa ma accessibile anche ai non addetti ai lavori, non solo è importante ma può anche risultare una parte stimolante della propria attività professionale.

È forse per questo cambio di atteggiamento che, già da vari anni, i matematici e la matematica interessano il grande pubblico un po' più di prima. Come è testimoniato, per esempio, da vari film di successo con protagonisti matematici, da un crescente numero di libri che trattano di matematica presenti anche nelle librerie non specialistiche, da non pochi interventi di matematici in dibattiti televisivi dedicati ai più vari argomenti. E, tra le altre cose, ci piace sottolineare anche la nascita, nel nostro paese, di poche ma significative riviste dedicate alla diffusione della matematica e dei più vari argomenti a essa collegati. Tra queste figura in una posizione rilevante *Lettera Matematica Pristem* che, uscita con un primo numero sperimentale nel marzo 1991, è arrivata oggi al numero 75. La *Lettera*, come la chiamiamo in redazione, edita da Springer-Verlag Italia, affronta temi legati alla ricerca matematica, ai fondamenti di questa disciplina, alla sua storia e alle sue applicazioni negli ambiti più vari. Non si limita però a questo: coltiva anche l'ambizione di discutere e riflettere sulla società e sui suoi rapporti con la cultura scientifica, considerando in particolare il contributo che il matematico può dare in questi ambiti. È per questo che vi trovano spazio anche saggi su argomenti diversi dalla matematica, ma a essa vicini, su applicazioni e loro ricadute sociali, riflessioni e proposte sulla didattica, presentazioni di libri e convegni. E c'è altro: la *Lettera* è una rivista molto curata e attraente nella sua veste grafica, attenta ai fenomeni artistici connessi alla matematica. Insomma, una rivista piacevole da tenere in mano e sfogliare, perché fatta con gusto e passione.

La varietà e l'interesse dei contributi inseriti nella *Lettera* sono alla base di questo libro. Essi infatti ci hanno spinto, d'accordo con il comitato di redazione, a proporre in questa raccolta alcuni articoli apparsi sulla rivista dalla sua fondazione a oggi. Si tratta di saggi, in gran parte discorsivi, che pur nel rigore dell'esposizione cercano di evitare dettagli tecnici in modo da risultare adatti a un pubblico ben più vasto di quello specialistico formato dai lettori abituali della *Lettera*. La sfida è quella di incuriosire il lettore, e convincerlo che la matematica non è soltanto affare di pochi iniziati, lontana dagli interessi della gente comune, puro arido esercizio di calcoli astrusi. Essa è invece una vasta arena in cui lo spirito creativo si può sbizzarrire nelle più disparate direzioni. Ed è soprattutto fondamentale nella nostra vita quotidiana, perché è davvero dappertutto attorno a noi: nelle carte di credito, nella posta elettronica, su internet, nell'arte, nei giochi, nel modo di colorare le carte geografiche, nelle scelte – anche di tipo etico – che facciamo in situazioni conflittuali. Il suo apporto può essere illuminante perfino su temi politici assai attuali, per esempio nell'opzione per uno o l'altro tra vari sistemi elettorali. Insomma la matematica, anche senza che ne siamo del tutto consapevoli, incide profondamente sulla vita di tutti i giorni, e ha inciso sulla nostra storia.

Gli articoli qui proposti sono opere di vari autori – che ringraziamo per la loro disponibilità – e trattano argomenti disparati con gusto e linguaggi diversi. Un pregio e una ricchezza di questa raccolta è dunque la sua varietà, che avrebbe potuto essere anche maggiore se problemi di natura editoriale non ci avessero impedito di includere altri interessanti articoli che pure avevano attratto la nostra attenzione. I contributi sono stati scelti, come abbiamo già detto, con il criterio di poter risultare comprensibili e gradevoli a un pubblico vasto. La loro caratteristica è la non prevalenza di aspetti tecnici a fronte della presenza di ricchi contenuti concettuali. Ci auguriamo quindi che i nostri criteri di scelta, benchè ovviamente influenzati da gusti personali, abbiano una valenza generale e trovino riscontro nel gradimento che questo libro potrà trovare presso un vasto pubblico.

E ora qualche parola sui singoli contributi. Cominciamo da quello di Ennio De Giorgi, uno dei matematici più geniali e profondi del secolo scorso. Egli, oltre ad aver affrontato con grande successo difficili problemi da lungo tempo irrisolti, ha aperto anche nuovi orizzonti alla ricerca matematica con idee profonde, originali e innovative. Inoltre si è a lungo interrogato sull'importanza della matematica dal punto di vista umano e sociale. Ed è infatti a questi valori, piuttosto che a quelli puramente tecnici, che il suo contributo è dedicato. De Giorgi ci parla tra l'altro della matematica come efficace mezzo di comunicazione tra gli esseri umani, e come disciplina che, richiedendo minori investimenti rispetto ad altre scienze, è forse più aperta di altre ai contributi delle persone di talento, indipendentemente dalla loro condizione sociale o economica.

Al punto di vista di De Giorgi si può collegare quello di Vinicio Villani che, sempre attento alle questioni didattiche, parla, con la grande esperienza da lui maturata, di un problema di interesse generale e di grande attualità. Ossia dell'opportunità che l'insegnamento della matematica nelle scuole cambi in accordo ai mutamenti della società civile. Alcuni esempi da lui proposti indicano interessanti direzioni di approfondimento in questo senso.

A queste tematiche si può riallacciare, in parte, anche l'articolo di Lorenzo Robbiano, un matematico con una spiccata attenzione per il mondo delle applicazioni, pur vivendo il suo campo di ricerca nell'ambito della cosiddetta "matematica pura". Robbiano mostra come anche la matematica *elementare*, ossia quella che si incontra sui banchi di scuola, possa proporre problemi profondi e interessanti, se riletta in chiave adeguata, per esempio tenendo conto dello strumento di calcolo straordinario di cui oggi disponiamo, il computer. L'articolo di Robbiano fa riflettere su quante sfide intellettualmente affascinanti ci propone l'evoluzione degli strumenti di calcolo usati nel passato, dall'abaco al regolo degli ingegneri. Si sente spesso dire che l'uso delle calcolatrici fa sì che gli studenti non imparino più le tabelline e non sappiano più far di conto. Certo sarebbe grave se ciò accadesse, ma questo non può essere un freno a un uso anche molto precoce delle nuove tecnologie di cui disponiamo: le novità sono spesso fonti di sviluppi straordinari, vanno gestite e non rifiutate in nome di un passato aureo che sovente è tale solo nell'immaginazione.

Accanto a questi contributi critici, presentiamo un gruppo di articoli che illustrano temi classici della matematica, che sono di indubbio interesse e inesauribili fonti di riflessioni anche di là dall'ambito puramente disciplinare. Tra questi il contributo di Gabriele Lolli, un articolo che prende spunto da un suo intervento al convegno Pristem *Esistono rivoluzioni in Matematica?*, tenutosi a Milano presso l'Università Bocconi nel marzo 1995. Lolli ci conduce per mano attraverso la straordinaria avventura della nascita, poco più di un secolo fa, della teoria degli insiemi, una rivoluzione culturale che ha influenzato profondamente il pensiero scientifico.

Nell'ambito della teoria degli insiemi si colloca anche il lavoro di Stefano Leonesi, Carlo Toffalori e Samanta Tordini, che ci illustrano, con uno stile efficace e accessibile, alcuni dei più celebri paradossi e problemi di questa disciplina. Questi argomenti potrebbero secondo noi essere spunto, anche in ambito didattico, per interessanti riflessioni interdisciplinari, per esempio di natura filosofica, che vanno ben al di là del puro ambito matematico.

Non si può parlare di teoria degli insiemi e dei problemi logici a essa collegati, senza far riferimento a un personaggio geniale che, nel secolo scorso, ha rivoluzionato il modo stesso di pensare a questi argomenti fondamentali. Si tratta di Kurt Gödel, cui è dedicato l'articolo, scritto in forma dialogica, di Roberto Lucchetti e Giuseppe Rosolini, la cui curiosa collaborazione è stata avviata proprio nel bar che è teatro della chiacchierata qui riportata. I risultati di Gödel, apparentemente molto astratti e lontani dalla realtà, hanno avuto invece una profonda ricaduta su questioni estremamente concrete. Essi sono infatti alla base di questioni fondamentali della scienza dei calcolatori, come provato dai contributi di John von Neuman e Alan Turing.

Alcune di tali questioni sono trattate nel lavoro di Vieri Benci. Egli ci propone un dialogo tra due studenti (due bravissimi studenti, potremmo dire) che discutono di eventi casuali, complessità algoritmica, macchine di Turing, informazione: il tutto con un linguaggio accessibile, che suscita curiosità di approfondire queste tematiche. Gödel è protagonista anche dell'articolo di Giovanni Sambin. Qui si spiega come i meccanismi logici essenziali del pensiero, non solo matematico, non sono univoci e universali, ma possono e debbono essere analizzati con spirito critico. Esistono infatti molte "logiche" cui si può ricorrere, e non ci può che giovare il prendere atto che ciò non solo è possibile ma in certi casi inevitabile, perfino in un ambito come quello matematico da sempre ritenuto perfetto e immutabile. Si tratta di un messaggio importante non solo dal punto di vista scientifico, ma anche da quello etico ed educativo, che la matematica può contribuire a diffondere. Un insegnamento di tolleranza, già presente nel contributo di De Giorgi, un antidoto alle tentazioni particolaristiche purtroppo sempre più presenti nella nostra società e un arricchimento del nostro modo di pensare.

A questi temi si ricollega anche l'articolo di Stefania Funari e Marco Li Calzi. Essi spiegano come perfino una cosa apparentemente così elementare, come la moltiplicazione di due numeri interi, non è sempre stata fatta in questo modo in passato. Ciò conferma che, in matematica come in tanti aspetti della nostra vita, non esiste un'*unica* maniera possibile per fare le cose. È probabile che l'algoritmo che si insegna a scuola sia quello più efficiente. Sapere però che a esso si è pervenuti dopo averne adoperato per secoli altri, può servire a capire la ragione delle difficoltà del suo apprendimento per i bambini delle scuole elementari, a giustificarne l'uso e a stimolare la curiosità dei discenti.

Presentiamo poi alcuni contributi più direttamente legati ad applicazioni. Bruno Betrò spiega in maniera efficace alcuni aspetti interessanti del Calcolo delle Probabilità. È forse inutile insistere sull'importanza di questa disciplina nella nostra vita quotidiana, la quale è spesso governata da eventi probabilistici. È fondamentale sfatare in questo ambito errori e false credenze che sembrano molto diffuse e sono spesso alla base di vere e proprie trappole in cui è facile cadere: basti pensare a tutti gli imbrogli connessi ai giochi d'azzardo, o il falso suggerimento di giocare al lotto un numero "fortemente ritardatario" con la presunzione che ciò dia maggiori probabilità di vincita.

Renato Betti propone poi un invito alla crittografia, mostrandoci come la teoria dei numeri, da sempre ritenuta disciplina tra le più teoriche, sia in tempi recenti inaspettatamente divenuta strumento essenziale per applicazioni che pervadono le nostre attività quotidiane. La nostra civiltà, per esempio, non esisterebbe se non potessimo utilizzare la crittografia a chiave pubblica quale si è sviluppata negli ultimi cinquant'anni.

Ci sono poi altri aspetti della matematica, di cui forse il grande pubblico è meno consapevole, ma che hanno tuttavia un'importanza notevole nel nostro quotidiano. Piergiorgio Odifreddi ci parla di sistemi elettorali, spiegandoci come non esista e non possa esistere il meccanismo elettorale per la democrazia "perfetta": il risultato fondamentale in questo senso è un teorema di Arrow, che nelle scienze sociali ha avuto lo stesso impatto dei risultati di incompletezza di Gödel per la matematica.

Roberto Lucchetti poi ci parla di scacchi e della sfida tra un uomo e una macchina. Prendendo spunto dalla famosa partita tra Kasparov e Deep Blue, presenta alcune considerazioni sul gioco forse più interessante e significativo che sia mai stato inventato.

Il libro si conclude con due inediti. Il primo, di Fioravante Patrone, è dedicato alla Teoria delle Decisioni e alla Teoria dei Giochi. Quest'ultima riguarda decisioni prese da più persone contemporaneamente, le quali con le loro azioni influenzano anche i risultati degli altri giocatori. Si tratta di un campo relativamente nuovo e in grande espansione, sia teorica sia applicativa. Se le sue prime applicazioni erano pensate per decisori umani, oggi alcune parti di queste teorie si applicano al comportamento delle specie animali, e, addirittura, all'uso dei computer.

Chiudiamo con l'inedito di Ciro Ciliberto e Enrico Rogora, che forse risulterà sorprendente per i non addetti ai lavori. L'articolo è dedicato alla matematica che viene adoperata nella biologia dell'evoluzione e particolarmente in biologia molecolare, la scienza che sta aprendo nuove frontiere alla medicina e alla farmacologia. In un passato anche recente il bagaglio matematico adoperato nelle scienze naturali non andava molto al di là di quello acquisito sui banchi di scuola o al più in un primo corso universitario di contenuto analitico. Di certo di tale bagaglio non faceva parte la geometria e, tanto meno, l'algebra astratta, che qualcuno vorrebbe peraltro mettere in un canto persino in curricola spiccatamente matematici. Già l'articolo di Robbiano ci fa invece riflettere sull'importanza dell'algebra in informatica. Qui Ciliberto e Rogora mostrano come le ricerche più avanzate in filogenetica, di grande utilità per la comprensione dei meccanismi dell'evoluzione e nella produzione di farmaci, utilizzino raffinati strumenti algebrico–geometrici.

Come abbiamo detto, questa raccolta è stata pensata per essere fruibile per un pubblico vasto, non costituito da soli specialisti, pur sperando che anche questi ultimi lo trovino interessante. Tuttavia ci è chiaro che alcune parti potrebbero essere un po' ostiche da digerire a una prima lettura. Non ci sembra peró un problema, se si accetta l'idea, certamente non standard, forse addirittura "eretica", di provare ad apprezzare questi scritti senza voler a tutti i costi capire nei dettagli *tutta* la matematica presente in ogni articolo. Non lo diciamo noi, stiamo solo parafrasando John Nash Jr. Nash: in un suo importante lavoro scientifico (non di divulgazione!) scrisse che in fondo capire tutte le parti più tecniche non è essenziale, quel che davvero conta è cercare di catturare le *idee*.

Questo è il *filo conduttore* di tutto il libro. Siamo infatti convinti che, al di là degli aspetti tecnici pure fondamentali, la matematica consista di *idee*, belle e importanti di per sé. Noi speriamo, con questo contributo, di portarne un'altra prova.

Giugno 2010
Ciro Ciliberto
Roberto Lucchetti

Indice

Il valore sapienziale della matematica*

E. De Giorgi

A differenza dello studente di fisica, ingegneria, biologia, economia, filosofia il ragazzo portato per la matematica non trova nei giornali, nella televisione, nell'opinione pubblica molto incoraggiamento a proseguire in studi, che sembrano un po' lontani dallo sviluppo della cultura e della vita contemporanea. Qualche incoraggiamento può venirgli dalla pratica acquisita nel campo dei calcolatori, che per lo più i giovani imparano a maneggiare molto più rapidamente degli adulti. Ma anche in questo campo resta un po' un equivoco di fondo sui rapporti tra matematica e informatica, la cui definizione è abbastanza difficile così come è difficile definire con chiarezza i rapporti tra la "matematica pura" e la "matematica applicata" o meglio ancora tra la matematica e altri rami del sapere. Penso che tutte queste difficoltà derivino in parte dallo scarso interesse dei mass-media per la matematica, ma anche da una certa sfiducia dei matematici nel valore della loro scienza, nella possibilità di comunicarla e nell'arricchimento umano che potrebbe venire a tutta la società da questa comunicazione. Gli stessi matematici in fondo sono spesso rassegnati all'idea che la loro disciplina sia troppo formale e astratta per suscitare un vero entusiasmo, paragonabile a quello che possono suscitare la musica,

* *Lettera Matematica Pristem*, n. 15, 1995.

la pittura, quel vero interesse per la vita e i problemi quotidiani degli individui, delle famiglie, dei popoli che è all'origine del lavoro di un economista, giurista o storico. Per questo cercherò di segnalare alcuni aspetti di quello che io chiamo il "valore sapienziale della matematica", intendendo la parola "sapienza" nel suo significato più ampio che comprende scienza e arte, immaginazione e ragionamento, giustizia e misericordia, prudenza e generosità, desiderio di comunicare le proprie idee e di comprendere le idee altrui in un'atmosfera di fraterna fiducia. Da questo punto di vista mi sembra importante il fatto che i matematici siano riusciti a sviluppare un linguaggio e un sistema di idee facilmente comunicabili tra persone di diverse nazioni, religioni, culture, che i matematici – quasi senza accorgersene – siano riusciti a superare tante barriere che ancora dividono gli uomini. Si può aggiungere che in fondo ogni persona naturalmente dotata di attitudine alla matematica può abbastanza rapidamente raggiungere degli ottimi risultati anche se parte da basi culturali molto limitate, che degli studi matematici di ottimo livello possono essere condotti anche in paesi economicamente poveri e tecnicamente arretrati, che la matematica meglio di altre discipline può essere per così dire "innestata" su tutte le culture, può attrarre sia persone con mentalità più pratica e più attiva che trovano nella matematica un potente strumento di lavoro e una potente forza di progresso, sia persone con mentalità più teorica e contemplativa che trovano nella matematica occasioni di riflessione e contemplazione del tutto disinteressate. Si potrebbe dire qualcosa di più: per esempio, che tutta la matematica pura e applicata è costituita in un continuo passaggio dal concreto all'astratto e dall'astratto al concreto, che le teorie rimandano agli esempi e gli esempi rimandano alle teorie. Potremmo dire che, pur rispettando la varietà dei caratteri e delle doti naturali delle diverse persone, una meditazione sulla matematica ci dice che non possono essere separati il mondo concreto e il mondo dei principi astratti, che la saggezza è soprattutto armonica intesa tra persone più o meno portate all'azione o alla contemplazione, alla concretezza o all'astrazione, ma ugualmente convinte della necessità di capirsi e di collaborare. Oltre a una reale possibilità di comprensione tra uomini dello stesso tempo penso che la matematica offra singolari possibilità di comprensione tra uomini di epoche diverse e che l'innovazione matematica è forse la meno "distruttiva" tra le diverse forme di innovazione proprie di altre discipline e di altre attività umane. Dopo millenni, i teoremi di Pitagora, Talete, Euclide, Archimede sono ancora pienamente validi anche se con il progresso della matematica è cambiato il linguaggio in cui vengono esposti e si è molto allargato il quadro generale in cui vengono presentati. Ugualmente la scoperta delle geometrie non euclidee nulla ha tolto all'importanza della geometria euclidea anche se ha molto allargato il campo delle realtà che la matematica cerca di esplorare. Avendo usato la parola "realtà" si può aggiungere che gli enti considerati in matematica, la loro natura reale o ideale o convenzionale, attuale o potenziale ecc., sono sempre stati tra gli oggetti più interessanti della riflessione filosofica e mi dispiace solo di non avere le cognizioni necessarie per dare un'idea sintetica di tutto ciò che i maggiori filosofi hanno detto su questo argomento. Mi mancano pure le cognizioni necessarie per parlare della storia della matematica e di tutto ciò che essa ci può insegnare. Mi limiterò solo a osservare che talvolta anche grandi matematici hanno commesso qualche errore nella dimostrazione di un teorema o per lo meno hanno fornito dimostrazioni incomplete e poco soddisfacenti, anche rispetto alle esigenze dell'epoca in cui sono state scritte. È invece assai difficile che un grande matematico enunci teoremi complicati, oscuri, poco interessanti per i quali in ultima analisi non vale nemmeno la pena di affaticarsi a stabilire se le dimostrazioni proposte siano corrette o meno. Direi che in fondo l'arte del matematico è in primo luogo l'arte del buon testimone che cerca di esporre con chiarezza le cose che sa e che ritiene importanti e solo in un secondo momento è l'arte del buon avvocato capace di convincere chi lo ascolta della verità di ciò che afferma. Con questo non voglio sottovalutare l'interesse delle dimostrazioni matematiche; con esse il matematico collega tra loro affermazioni apparentemente lontane, arrivando a una più profonda comprensione delle idee fondamentali di una teoria, e si accorge che un gruppo di assiomi apparentemente abbastanza povero può rivelarsi molto più ricco di conseguenze interessanti di quanto non appaia da una prima affrettata valutazione. Naturalmente il discorso può anche essere rovesciato, da parte di chi tenta di introdurre nuovi concetti matematici. La valutazione delle conseguenze di un determinato gruppo di assiomi può anche indurre ad abbandonare un'impostazione che sia meno interessante del previsto e scegliere nuove vie che si spera portino più lontano e raggiungano mete più interessanti. Uno degli insegnamenti della ricerca matematica che credo abbia un valore umano oltre che tecnico è la disponibilità che il ricercatore deve mantenere di fronte agli sviluppi più impensati del suo lavoro. La disponibilità a quello che in altre occasioni ho chiamato "lo sfruttamento dell'insuccesso". Accorgersi che una congettura la cui dimostrazione è stata tentata con molti sforzi e con grande fatica è falsa non è una tragedia; può anzi essere una buona occasione per scoprire nuove direzioni di lavoro prima impensate. Accorgersi dell'errore e riconoscerlo è un atto di onestà intellettuale senz'altro apprezzabile. Partire da questo riconoscimento per riprendere con maggiore slancio la propria ricerca muovendosi verso direzioni nuove e più promettenti è un atto di intelligenza, attraverso cui in fondo il ricercatore più moderno si ricollega alla sapienza più antica, a Socrate che diceva di sapere di non sapere, a re Salomone che chiedeva a Dio la saggezza necessaria a dirigere un regno per il cui governo non si sentiva abbastanza esperto.

Dovendo dare un consiglio a un giovane a cui piace la ricerca matematica, gli raccomanderei di mantenere sempre una grande disponibilità a uno sbocco inatteso del suo lavoro, a pensare che una vera ricerca è sempre quella di cui a priori non si può prevedere la conclusione. Nello studio dei problemi più difficili consiglierei sempre la tattica del lavorare su due fronti: cercare da una parte la dimostrazione che un certo teorema ritenuto interessante è vero e cercare dall'altra controesempi i quali provino che l'enunciato di cui si è cercata la dimostrazione è falso; le difficoltà incontrate in una direzione si trasformano allora in aiuti per procedere nella direzione opposta. Naturalmente la storia ci dà molti esempi di teoremi interessanti che per secoli sono rimasti refrattari sia alla dimostrazione sia alla confutazione, come il classico "ultimo teorema di Fermat" il quale afferma che se n è un intero maggiore di 2 non esistono tre interi positivi a, b, c tali che sia $a^n + b^n = c^n$. In questi casi occorre che il matematico non si disperi di fronte ai ripetuti insuccessi, ma sappia godere accorgendosi di aver trovato un "bel problema", dove nel termine "bel problema" includiamo due aspetti: un enunciato semplice, chiaro, elegante e una grande difficoltà nello smentire o confermare l'enunciato stesso. Alla contemplazione del bel problema il matematico può unire sia la ricerca intorno ad argomenti diversi abbastanza interessanti e meno difficili, sia le possibili variazioni sullo stesso tema – che possono consistere tanto nella considerazione di qualche caso particolare significativo quanto in quella di una classe più generale in cui rientra il problema precedente. Non si può dare una regola assoluta per stabilire a quale livello di generalità il matematico debba fermarsi; in questo entra in modo determinante quella dote indefinibile che è il gusto matematico, e che rende il lavoro del matematico partecipe un po' del lavoro dell'artista e dello scienziato sperimentale. Al pari dell'artista il matematico cerca le soluzioni e i problemi "più belli" e armoniosi, al pari dello scienziato sperimentale il matematico deve essere pronto a modificare le proprie ipotesi di lavoro sulla base dei risultati via via ottenuti. Queste attitudini sono importanti sia per il matematico che ha poca familiarità con i moderni calcolatori sia per il matematico che invece ha imparato a usare il suo calcolatore con la maestria con cui un musicista suona il suo strumento preferito. Per quest'ultimo, il calcolatore non sarà mai un surrogato dell'immaginazione e della fantasia ma potrà essere ciò che per un musicista è un violino o un pianoforte e per uno scienziato sperimentale un qualsiasi moderno apparecchio scientifico. Naturalmente se i calcolatori non sostituiscono ma accompagnano l'immaginazione matematica essi possono costituire a loro volta oggetto di riflessione matematica e di idealizzazione matematica. L'esempio più classico di idealizzazione delle macchine calcolatrici, noto anche ai matematici che come me hanno assai scarse informazioni nel campo della logica e dell'informatica, è la cosiddetta macchina di Turing. In sostanza si tratta di una macchina ideale – a prima vista molto più semplice e meno potente delle macchine reali – dotata della proprietà preziosa di poter lavorare per tempi comunque lunghi. In termini un po' grossolani potremmo immaginare che una macchina di Turing possa lavorare per miliardi di miliardi di secoli e che a noi sia concessa la possibilità di considerare i risultati che la macchina conseguirà dopo un lavoro così lungo. Questa ipotesi informale fantascientifica può essere trasformata in assiomi matematici perfettamente formalizzabili: da essi seguono molti teoremi interessanti riguardanti la vera macchina di Turing, che è un ente matematico ideale caratterizzato come tutti gli enti matematici da alcuni postulati da cui a loro volta seguono vari teoremi. Il discorso fatto sui rapporti tra matematica e informatica può in parte ripetersi studiando le relazioni con scienze sperimentali, tecnica, arti, filosofia ecc. Da una parte il matematico può trarre molte ispirazioni da tutti questi rami del sapere, ma deve avere piena libertà di svilupparli secondo la propria sensibilità, rispettando la logica interna e la tradizione di questa scienza senza sentirsi vincolato a introdurre soltanto gli oggetti che hanno "significato" fisico, economico, biologico ecc. Per esempio, nel calcolo delle variazioni hanno un notevole interesse i problemi del tipo delle ricerche di superfici minime liberamente "ispirati" allo studio della forma delle bolle di sapone. Alcuni dei risultati più recenti e interessanti sulle superfici minime riguardano le superfici immerse in spazi a otto dimensioni o con un numero di dimensioni più grande di otto. Evidentemente si tratta di risultati che non hanno un'immediata interpretazione fisica, almeno nell'ambito delle bolle di sapone che sono evidentemente realizzabili solo nello spazio fisico usuale a tre dimensioni. Tuttavia non si può escludere che oggetti matematici di cui inizialmente non si conoscevano interpretazioni fisiche possano successivamente avere interpretazioni del tutto inattese. Per esempio, quando Apollonio studiò le sezioni coniche (comprendenti ellissi, iperboli e parabole) nessuno poteva immaginare che molti secoli dopo Keplero avrebbe mostrato che i pianeti si muovono su orbite ellittiche. È importante per il progresso della scienza che il matematico possa sviluppare liberamente le suggestioni che provengono da altre discipline, ma è ugualmente importante che lo studioso di discipline sperimentali o il tecnico possano liberamente scegliere il modello matematico più adatto alla descrizione matematica dell'oggetto da essi studiato, cambiare i modelli di cui l'esperienza mostra l'inadeguatezza, modificare ove occorre i modelli proposti dalla letteratura matematica. Il fisico, il biologo, l'economista debbono sapere che la letteratura matematica descrive ciò che si sa oggi degli enti matematici ma non ciò che si potrebbe sapere e forse si saprà domani e che la realizzazione di queste possibilità può anche essere favorita dalle domande degli scienziati sperimentali i quali chiedono se si possono immaginare oggetti dotati di certe proprietà. In altri termini, le relazioni più fruttuose tra matematica e altri rami del sapere si possono avere quando da tutte le parti vi sia l'amore per la propria disciplina, la coscienza delle sue caratteristiche, della sua logica interna e della sua autonomia, la coscienza che nell'ambito di ogni disciplina ciò che conosciamo è una parte piccolissima di ciò che esiste e di ciò che potremmo sapere, la coscienza che tutte le forme del sapere umano sono rami dell'unico albero della sapienza e conservano la loro bellezza e fecondità se non vengono separati dal tronco comune. Questa coscienza mi sembra opposta a ogni forma di riduzionismo antico e moderno che in maniere diverse pretende di imporre l'egemonia di una disciplina su tutte le altre, per esempio lo scientismo che tendeva a imporre l'egemonia delle scienze matematiche, fisiche e naturali oppure lo storicismo che tende a imporre un'analoga egemonia delle scienze storiche. Ovviamente con questa affermazione e con tutte le altre contenute in questo articolo non si pretende di costituire delle "dimostrazioni" nel senso matematico della parola, ma di indicare alcune tra le tante considerazioni umanamente importanti che a mio avviso sono suggerite dall'esperienza matematica. Del resto gli stessi matematici che sono d'accordo sull'enunciato e sulla dimostrazione di un dato teorema, ritenuto da tutti molto importante, possono avere idee diverse sulle ragioni di tale importanza. Per esempio, il classico teorema di Gödel sull'esistenza di proposizioni indecidibili in aritmetica può essere letto per così dire sia in chiave pessimistica che in chiave ottimistica. Il pessimista dirà che il teorema di Gödel prova la debolezza della ragione umana, la sua incapacità a conoscere perfettamente persino un oggetto familiare da millenni come l'insieme dei numeri naturali; l'ottimista si rallegrerà constatando che questo teorema prova le infinite potenzialità della matematica, dimostra che sarà sempre possibile, senza distruggere le teorie tradizionali, proporre nuovi assiomi o nuove teorie originali molto ricche e interessanti. La meditazione su questo teorema e più in generale su tutta la storia passata della matematica e sulle sue potenzialità ancora inesplorate può alla fine portarci a conclusioni abbastanza simili a quelle cui era giunto Pascal che parlava insieme della grandezza e della miseria dell'uomo, della forza e della debolezza della ragione, raccomandava nello stesso tempo le virtù dell'umiltà e della speranza.

Non pretendo che le mie opinioni sul significato "sapienziale", sul "valore umano" della "matematica pura" siano condivise da tutti i matematici, molti dei quali preferiranno mettere l'accento sul valore delle applicazioni della matematica o sulle difficoltà della didattica della matematica. Nelle prime si può riconoscere più facilmente il contributo che il matematico può dare alla soluzione di problemi umani urgenti, malattie, povertà, inquinamento ecc.; nella seconda si potrà vedere il difficile impegno necessario per evitare che lo studio sia per molti ragione di delusione, fastidio, sfiducia in se stessi e diventi invece per tutti (sia per i più dotati che per i meno dotati) fattore importante di crescita umana e tutti arrivino a comprendere e amare questa disciplina nella massima misura consentita dalle loro naturali inclinazioni. D'altra parte può accadere che un ragazzo dotato di spiccate attitudini matematiche, ma poco favorito da altri punti di vista (per esempio a causa di condizioni sociali ed economiche sfavorevoli, difficili situazioni familiari, cattiva salute, carattere timido e introverso, ambiente ostile o poco accogliente ecc.), raggiunga nella matematica un successo che difficilmente otterrebbe in altri campi. Tra l'altro, pur sapendo che i matematici non sono privi di umane debolezze e possono, come tutti gli altri uomini, sbagliare più o meno in buona fede nei loro giudizi, è indubbiamente possibile – nel giudizio sui meriti di un matematico – un'obiettività maggiore di quella che si può avere in altri campi, e anche una persona poco nota può ottenere rapidamente la stima e l'ammirazione della comunità matematica se dimostra un teorema molto bello. Ciò che vale per gli individui vale del resto anche per i popoli; nazioni la cui storia è stata tragica possono in breve tempo raggiungere nella matematica il livello delle nazioni che la storia ha più favorito, e questo successo può essere un importante fattore di prestigio, fiducia in se stessi, progresso tecnico e umano. Ugualmente si può notare che non è facile l'insegnamento della matematica nel proprio paese, nella propria città, nel proprio ambiente culturale: esso richiede sempre intelligenza, sensibilità, cultura ma le difficoltà crescono meno che per altre discipline quando si passa a un paese lontano per lingua, tradizioni, mentalità e cultura. Probabilmente la matematica è uno dei settori in cui la cooperazione internazionale può avere maggiore successo o per lo meno incontrare difficoltà minori di quelle che si incontrano in altri campi. Del resto è sempre vivo in Cina il ricordo di un famoso missionario cattolico, Matteo Ricci, che portò ai cinesi la scienza europea e raggiunse una profonda comprensione della cultura cinese attraverso un dialogo con i dotti cinesi che ebbe come punto di partenza il comune interesse per le applicazioni della matematica all'astronomia e alla geografia. Inoltre penso che un confronto con le idee di persone più lontane dalla matematica aiuterebbe a superare il pregiudizio secondo cui questa disciplina studia soltanto gli aspetti quantitativi della realtà e non quelli qualitativi. Chi ha una familiarità sia pur modesta con la matematica moderna sa che ormai i risultati di carattere qualitativo sono assai più numerosi di quelli di carattere quantitativo, che nello studio di molti fenomeni è già importante poter disporre di un modello matematico avente proprietà qualitative simili a quelle del fenomeno considerato anche in casi in cui non è possibile disporre di dati abbastanza precisi e di metodi di calcolo abbastanza potenti per arrivare a previsioni quantitative soddisfacenti; notiamo a tale proposito che se è vero che nella ricerca scientifica non va troppo lontano chi rinuncia allo sfruttamento dell'insuccesso, cioè chi non cerca vie nuove per affrontare problemi che sembrano inaccessibili ai metodi conosciuti, è altrettanto vero che si arresta ancora prima chi rinuncia allo sfruttamento del successo e si propone solo problemi difficilissimi. Occorre saper adoperare con intelligenza i metodi conosciuti nello studio di problemi abbastanza belli di media difficoltà e l'unico errore da evitare sono i problemi insignificanti, brutti e artificiosi, inventati solo perché si possiede un metodo atto a risolverli.

Il ruolo della scuola per un'alfabetizzazione matematica di base*

V. Villani

Parto da una constatazione: nella formazione dei giovani, per la società del Duemila, la centralità della scuola si è drasticamente ridotta rispetto a cinquant'anni fa. Per quanto riguarda specificamente la Matematica, questa perdita di centralità si manifesta sotto due aspetti particolarmente appariscenti:

1. Ai fini dell'uso "pratico", nella vita quotidiana e professionale, la rilevanza di saper effettuare diligentemente calcoli faticosi e complicati (numerici, trigonometrici, di derivate e integrali, ecc.) o di saper "studiare una funzione" è stata in larga misura marginalizzata con l'avvento dei calcolatori.

2. Sono invece divenute assai più rilevanti le capacità "progettuali" del tipo:

   - modellizzare situazioni problematiche non completamente formalizzate;
   - conoscere e saper utilizzare in modo appropriato vari tipi di linguaggi (verbale, algebrico, simbolico, grafico, informatico, ecc.) e saper passare da un linguaggio a un altro;
   - effettuare valutazioni probabilistiche, interpretare dati statistici, stimare ordini di grandezza;

* *Lettera Matematica Pristem*, n. 61, 2007.

- controllare la sensatezza dei risultati dei calcoli effettuati con l'uso di un computer a partire da dati numerici approssimati, tenendo conto della propagazione degli errori.

La scuola, mentre ha iniziato a prendere atto di quanto segnalato al punto 1, stenta a fare altrettanto per quanto riguarda la sfida di cui al punto 2. E una ragione c'è. È ben più difficile esplorare situazioni aperte (magari prive di soluzioni, o suscettibili di una pluralità di soluzioni diverse) che risolvere un problema del quale si sa già che avrà una e una sola soluzione, ottenibile mediante l'applicazione diligente di un procedimento calcolativo standard. Ma difficoltà non deve significare rinuncia, bensì gradualità partendo da problemi non stereotipati, che siano alla portata degli allievi (a ogni livello scolastico, dalle elementari all'università). Esempi significativi di questi problemi matematici si trovano ormai in molte pubblicazioni rivolte agli insegnanti (tra cui quelle citate in bibliografia e dalle quali ho attinto numerosi spunti per questa esposizione). Purtroppo, però, nella prassi didattica corrente lo spazio loro dedicato è ancora troppo limitato.

1 La spendibilità della matematica scolastica di base nella vita adulta del cittadino "informato"

Fin qui ho parlato di scuola. Ma come si collegano queste riflessioni alle problematiche che gli attuali studenti dovranno affrontare nel loro futuro di cittadini (sperabilmente "informati")? Onde evitare possibili fraintendimenti, specifico che non mi riferirò a quel 5 % della popolazione che ha acquisito una buona preparazione matematica di livello universitario e la sa utilizzare in modo appropriato nella propria vita quotidiana e professionale, per modellizzare situazioni anche complesse. Mi riferirò invece a quel 95 % della popolazione che non possiede una siffatta preparazione matematica e deve pur tuttavia confrontarsi quotidianamente con situazioni nelle quali intervengono (spesso in forma surrettizia e fuorviante) nozioni matematiche relativamente semplici. Per uscire dal vago, propongo un elenco – ovviamente soggettivo e incompleto – di temi che ampie fasce di cittadini ritengono importanti. Nello stilarlo, ho tenuto conto degli esiti di sondaggi di vario tipo, di articoli e "lettere al direttore" pubblicate su giornali e riviste, di trasmissioni televisive, di annunci pubblicitari e – perché no – di argomenti ricorrenti nelle rubriche dedicate ad astrologia e oroscopi (a scanso di equivoci: considero queste rubriche non solo inutili ma addirittura dannose sotto tutti i punti di vista, tranne il fatto di essere utili come specchio abbastanza fedele di ciò che molti lettori, e non solo i più sprovveduti, vorrebbero sentirsi dire):

- salute;

- lavoro;

- tasse;

- risparmi;

- pensioni;

- immigrazione;

- lotto, lotterie e giochi a premi.

La mia tesi, che nel seguito cercherò di esemplificare, è che, anche rimanendo nell'ambito dei programmi tradizionali, è possibile coinvolgere i nostri studenti in attività che ne sviluppino un atteggiamento mentale critico, spendibile poi nella successiva vita adulta, abituandoli a riconoscere la Matematica (nascosta) nei più svariati contesti di vita reale e a individuare ambiguità, sofismi, tentativi di truffe vere e proprie, dove la Matematica (palese) viene spesso usata per ammantare di "scientificità" affermazioni ingannevoli o tendenziose.

2 Esempi

Sono tutti estremamente semplici dal punto di vista matematico. Le difficoltà derivano dal fatto che la matematizzazione delle situazioni ipotizzate va lasciata agli allievi, con un'alternanza di momenti di lavoro individuale e di discussioni collettive (che l'insegnante non dovrebbe mai chiudere anzitempo suggerendo un'unica soluzione "ufficiale"). Va da sé che questi esempi non vanno visti come episodi isolati, bensì inseriti in un percorso didattico globale coerente, in linea con le priorità evidenziate all'inizio. La scommessa culturale è – lo ribadisco ancora una volta – che

Il ruolo della scuola per un'alfabetizzazione matematica di base gli allievi sappiano poi riconoscere e utilizzare anche a distanza di anni le analogie esistenti tra la struttura logica degli esempi studiati a suo tempo in ambito scolastico e quella delle situazioni concrete con le quali dovranno confrontarsi da adulti. Ciascun esempio sarà seguito da brevi commenti, finalizzati proprio a illustrare la possibilità di utilizzare uno stesso schema matematico in una pluralità di contesti diversi.

Saper ragionare correttamente

Quesito 1. A partire dalla proposizione "Chi non gioca non vince", quali delle seguenti proposizioni ne conseguono?

1. Chi gioca vince.

2. Chi non vince non gioca.

3. Chi vince gioca.

Commento. Non è un caso che la proposizione iniziale (con la doppia negazione) venga usata in ambito pubblicitario per far passare un messaggio di significato ben diverso, ottenuto semplicisticamente con la soppressione dei due non: "Chi gioca vince". Nelle aspettative dei pubblicitari, lo scambio dei due significati dovrebbe avere (e probabilmente ha) l'effetto di aumentare la propensione al gioco. Si tratta di un tipico esempio di messaggio pubblicitario formalmente inattaccabile dal punto di vista logico, ma intenzionalmente fuorviante per quanti hanno difficoltà a decodificare proposizioni nelle quali compaiono negazioni o altri connettivi. L'esempio può servire da spunto per una riflessione più ampia sul tema "Lotto, Lotterie e Giochi a premi". Lo stesso schema logico si riscontra però anche in altre situazioni, afferenti per esempio al tema "Salute". Supponiamo di ricordare una frase pronunciata tempo addietro dal nostro medico di famiglia: *se non c'è febbre non si tratta di influenza.* L'erronea trasformazione della frase in: *se c'è febbre si tratta di influenza,* ci può indurre a non curare adeguatamente un'altra malattia manifestatasi con la febbre, nella convinzione che debba trattarsi di influenza. Esempi matematici più complessi, per mettere alla prova la capacità dei nostri allievi di decodificare correttamente frasi nelle quali compaiono connettivi e quantificatori, possono essere del tipo:

Quesito 2. Un poligono si dice regolare se ha tutti i lati uguali e tutti gli angoli uguali. Come si caratterizza, in termini di non-uguaglianze dei lati e degli angoli, un poligono irregolare (= non regolare)?

Da notare che costrutti del tipo non (*A* e *B*) sono particolarmente frequenti in contesti legislativi e contrattuali, nonché negli annunci pubblicitari (sempre con l'obiettivo di far apparire l'offerta di un prodotto o di un servizio più vantaggiosa di quanto non lo sia realmente).

Classificazioni

In vista di questo secondo esempio, conviene familiarizzare preliminarmente gli allievi con la costruzione di un cubo di cartone partendo dal suo sviluppo piano tradizionale (quello a croce). Quindi si può porre il seguente:

Quesito 3.

1. Esistono altri sviluppi piani del cubo?

2. Quanti sono?

3. Qualcuno di tali sviluppi presenta vantaggi o svantaggi rispetto a quello tradizionale?

Commento. La risposta alla prima domanda è concettualmente semplice, ma alquanto laboriosa. Infatti, dopo avere precisato cosa si debba intendere per sviluppo piano di un cubo, occorre individuare, tra tutte le (molte) possibili sestine di quadrati uguali tra loro e opportunamente affiancati, quelle che consentono la ricostruzione di un cubo. Nel determinare il numero complessivo di tali sestine, è probabile che sorga tra gli allievi una discussione sull'opportunità o meno di considerare uguali due sestine speculari: in Matematica, due figure geometriche vengono normalmente considerate uguali anche se sono speculari, mentre in altri ambiti vigono convenzioni diverse. Per esempio, nel nostro alfabeto, le quattro lettere b, d, p, q sono da considerarsi distinte. Anche un guanto destro non va considerato interscambiabile con uno sinistro.

Anticipo qui il risultato del lavoro sugli sviluppi del cubo. Le sestine che consentono la ricostruzione del cubo risulteranno essere 11, ossia tutte e sole quelle visualizzate in figura.

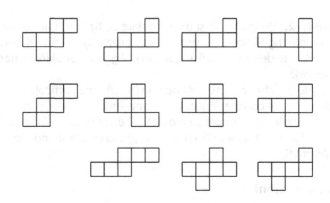

Fig. 1.

Naturalmente, sarebbe preferibile non mostrare tale figura agli allievi per lasciarli invece esplorare autonomamente tutte le configurazioni possibili. L'interesse di questo esempio, per la vita adulta, sta nell'acquisizione della consapevolezza che ogni lavoro impegnativo esige un'accurata pianificazione, chiarezza nella scelta degli obiettivi e dei criteri di classificazione, sistematicità nell'esecuzione. La seconda domanda del quesito è estremamente aperta, in quanto non si specifica a quali tipi di vantaggi o svantaggi si allude. Nel formulare la domanda, avevo in mente due aspetti collegati a un'ipotetica realizzazione su larga scala di scatole di cartone di forma cubica. Il primo aspetto riguarda il numero degli incollamenti tra le coppie di lati liberi di uno sviluppo piano, necessari per ricostruire gli spigoli del cubo (si constata che tale numero è sempre lo stesso, qualunque sia lo sviluppo piano dal quale si parte). Il secondo aspetto riguarda lo spreco di materiale, immaginando di ritagliare gli sviluppi da fogli di cartone rettangolari o – come avviene nella produzione industriale – da un rotolo di cartone cilindrico di lunghezza praticamente illimitata. Sotto questo aspetto, lo sviluppo a croce non è certo il più economico. Sono di gran lunga preferibili gli sviluppi atti a tassellare tutto il piano, o una sua striscia, senza lasciare zone scoperte. Al lettore, il facile compito di individuarne un paio (tra quelli illustrati in figura). Attività classificatorie intervengono in molte situazioni della nostra vita adulta e lavorativa: basti pensare, per esempio, al problema dell'archiviazione dei documenti personali o professionali secondo criteri che ne permettano una facile reperibilità, anche a distanza di tempo, o al problema di informatizzare la gestione di un magazzino, ecc.

Problemi insolubili e problemi con una pluralità di soluzioni

Com'è noto, la formula di Erone consente di calcolare l'area di un triangolo a partire dalla conoscenza delle lunghezze dei suoi tre lati. Quindi è abbastanza naturale porsi il seguente problema:

Quesito 4. Esiste una formula analoga a quella di Erone, per calcolare l'area di un quadrilatero (convesso) a partire dalla conoscenza delle lunghezze dei suoi quattro lati?

Per evitare una risposta laconica e poco significativa, del tipo sì o no, conviene aggiungere al testo del quesito una precisazione del tipo: *in caso di risposta affermativa, si espliciti la formula ipotizzata e si proponga una traccia di dimostrazione; in caso di risposta negativa, si dia un controesempio e si suggeriscano modifiche al testo del problema, atte a garantire l'esistenza di una soluzione.*

Commento. Anche senza conoscere l'espressione analitica della formula di Erone per i triangoli, l'esistenza di una formula atta a calcolarne l'area a partire dalla conoscenza dei suoi tre lati è facilmente congetturabile in base all'osservazione che il terzo criterio di uguaglianza assicura l'unicità di un triangolo di cui sono noti i tre lati. Nel caso dei quadrilateri convessi (a maggior ragione nel caso dei quadrilateri generici) la conoscenza dei quattro lati non è invece sufficiente per garantirne l'unicità. Basti pensare alla possibilità di deformare un rettangolo in un parallelogramma (non rettangolo), senza alterare le misure dei lati. E al variare della forma, varia anche l'area. Questo controesempio è dunque sufficiente per escludere l'esistenza di una formula (analoga a quella di Erone o di qualsiasi altro tipo) atta a calcolare l'area di un quadrilatero a partire dalla sola conoscenza delle lunghezze dei suoi quattro lati. Resta ancora da individuare qualche dato geometrico del quadrilatero che, aggiunto alla conoscenza delle lunghezze dei suoi quattro lati e all'ipotesi della convessità, consenta di calcolarne l'area. Infatti basta conoscere la lunghezza di una delle sue diagonali (specificando di quale delle due diagonali si tratta) per decomporre il quadrilatero in due triangoli e calcolarne quindi l'area come somma delle aree dei due triangoli. In alternativa alla diagonale, si può utilizzare la conoscenza dell'ampiezza di uno dei quattro angoli del quadrilatero (sempre specificando di quale angolo si tratta) e risalire alla lunghezza della corrispondente diagonale mediante la formula di Carnot. Ulteriori quesiti, circa possibili estensioni della formula di Erone, si possono trovare per esempio in [3] par. 16. Anche questo esempio ha – o almeno potrebbe avere – ricadute positive sulla vita adulta e professionale, come stimolo a non arrendersi di fronte alle prime difficoltà ma a cercare di superarle, acquisendo ulteriori informazioni e dati utili per risolvere il problema che ci sta assillando.

Numeri al di fuori dell'esperienza quotidiana

Quesito 5. Se 30 miliardi di euro fossero distribuiti in parti uguali tra tutti gli italiani, quanto toccherebbe a ciascuno?

Commento. In questo esempio, proponibile fin dalla scuola media, si richiede solo una stima grossolana dell'ordine di grandezza, mentre sarebbe poco significativo effettuare un calcolo "esatto" fino ai centesimi di euro. Quindi conviene approssimare (per esempio, per eccesso) a 60 milioni il numero complessivo degli italiani. Così facendo, la divisione dei 30 miliardi di euro tra i 60 milioni (di persone) può essere fatta mentalmente e l'unica difficoltà, tanto con l'uso di una calcolatrice tascabile quanto con il calcolo mentale, sta nel non sbagliare il numero degli zeri del risultato. La scelta numerica dell'importo da suddividere tra tutti gli italiani mi è stata suggerita da recenti fatti di cronaca (fallimenti miliardari, manovra finanziaria, costo di grandi opere, ecc.). In questi casi, numerosi giornalisti hanno cercato di rendere comprensibili ai loro lettori i dati globali, riconducendoli "a misura d'uomo" (più o meno come ho cercato di fare io stesso in quanto detto sopra). Ma in altri casi, altrettanto enfatizzati dai giornali, questi sforzi non vengono fatti e quindi le informazioni restano a livello di non-informazioni. Chi saprebbe dire, per esempio, a quanti euro al litro corrisponde il prezzo del petrolio espresso in dollari al barile? E quanti giornalisti si sono presi la briga di ricondurre a misura d'uomo la probabilità che si chiede di calcolare nell'esempio che sto per proporre?

Quesito 6. Qual è la probabilità di azzeccare un SEI giocando una sestina di numeri al superenalotto? Si confronti questa probabilità con quella di altri eventi "rari".

Commento. La probabilità che una data sestina esca a una data estrazione è di 1 su oltre 622 milioni. Quindi, piccolissima. Ed è la stessa, qualunque sia la sestina prescelta. Per esempio, la sestina formata dai numeri 1, 2, 3, 4, 5, 6 ha la medesima probabilità di ogni altra sestina! Quanto alla scelta di un evento raro da confrontare con la "rarità" dell'uscita di una data sestina, ognuno è libero di proporre l'esempio che preferisce. A me, sembra particolarmente efficace pensare a un evento del tipo: supponiamo che un astrologo abbia predetto – a mia insaputa – l'anno, il giorno e l'ora della mia morte, specificando inoltre che l'evento si sarebbe verificato a causa di un incidente stradale. Qual è la probabilità che la predizione si avveri? L'inciso *mia insaputa* serve a evitare che io possa essere indotto a modificare le mie abitudini proprio in quell'ora, per sfuggire alla predizione. Almeno chi non crede all'astrologia sarà d'accordo con me sul fatto che la probabilità del verificarsi dell'evento in questione è (fortunatamente) molto piccola. La possiamo stimare in circa 1 su 60 milioni, in quanto mediamente in Italia si verifica 1 incidente stradale mortale all'ora. Eppure, questo evento – nonostante l'estrema improbabilità del suo verificarsi nell'ora e nelle circostanze della predizione – ha una probabilità ancora dieci volte superiore a quella di azzeccare un "sei", giocando una sestina al superenalotto! La difficoltà psicologica che si incontra nel convincere un interlocutore non matematico che non esistono esperti, né astrologhi, né veggenti, né maghi capaci di dare consigli utili per accrescere la probabilità di vincita in giochi basati su estrazioni casuali, deriva dal fatto che quello delle estrazioni casuali è uno dei pochissimi esempi nei quali si tratta di eventi indipendenti, dove l'esperienza del passato non conta assolutamente nulla. Fatto che si usa esprimere efficacemente, con riferimento a eventi indipendenti, dicendo che il caso non ha memoria. In quasi tutte le altre circostanze della nostra vita, invece, si ha a che fare con eventi non indipendenti e dove quindi l'esperienza del passato conta pesantemente. Per esempio, se il primo figlio di una coppia è nato affetto da una patologia ereditaria, la probabilità che anche altri figli nascano affetti dalla medesima patologia aumenta drammaticamente. Anche in gran parte delle scommesse sugli esiti di eventi sportivi (come partite di calcio o simili), la conoscenza del valore delle squadre che si stanno per affrontare e delle condizioni di forma dei singoli giocatori, nonché di altre circostanze che possono influire sull'esito delle partite, aumenta la probabilità di prevedere correttamente il risultato.

L'argomento "Lotto, Lotterie e Giochi a premi" meriterebbe ulteriori approfondimenti anche sotto un diverso punto di vista. Nessuno di questi giochi è equo. Tutti favoriscono il banco e quindi portano, a lungo andare, a quella che i matematici chiamano l'inevitabile rovina del giocatore. Non credo che il problema di quanti si vengono a trovare sul lastrico nel vano tentativo di inseguire la fortuna possa essere risolto vietando le scommesse. Credo, invece, che la scuola dovrebbe trasmettere al futuro cittadino il messaggio che le scommesse vanno considerate solo come giochi divertenti e magari eccitanti, ma mai come scorciatoie per cercare di migliorare la propria condizione economica.

Il valore del denaro

Quesito 7. L'acquisto di un'automobile può essere effettuato scegliendo fra due tipi di pagamento:

- Si paga l'intero importo di 22.500 euro in un'unica rata al 1.1.2006.
- Si suddivide il pagamento in tre rate, ognuna da 8.000 euro, da pagare alle scadenze del I gennaio degli anni 2006, 2007, 2008.

Disponendo del denaro necessario e sapendo che le somme non ancora spese possono essere investite a un interesse annuo del 7 %, quale delle due forme di pagamento è più vantaggiosa?

Commento. A testimonianza della difficoltà che molti studenti incontrano nella modellizzazione di situazioni semplici, ma non del tutto formalizzate, cito un episodio che risale ad alcuni anni fa. Avevo proposto questo quesito (riportato anche in [1] p. 40) a studenti all'inizio del loro primo anno di università. Oltre il 20 % degli studenti non riusciva a comprendere il significato della specificazione *disponendo del denaro necessario*. Alla loro richiesta di chiarimenti, risposi suggerendo di indicare il denaro inizialmente posseduto con una lettera (per esempio K). Non ancora soddisfatti, alcuni studenti tornarono alla carica chiedendomi di quantificare numericamente l'importo K, al che io risposi: "se procederete nei calcoli, vi renderete conto che la conoscenza dell'importo esatto, inizialmente posseduto, è irrilevante", e aggiunsi, quasi per celia: "ma se proprio volete conoscere K, eccovi accontentati: K = 45.302 euro". Gli studenti fecero tutti i calcoli portandosi dietro tale numero, scaturito sul momento dalla mia fantasia, senza rendersi conto dell'inutile complicazione dei calcoli che ciò comportava.

Ecco invece un altro quesito, da me proposto e affrontato con maggiore successo dagli allievi di due sezioni dell'ultimo anno del Liceo scientifico Galilei di Perugia (sotto la guida delle insegnanti Angioletti e Menconi).

Quesito 8. Un giovane ventenne è solito fumare un pacchetto di sigarette al giorno. Decide improvvisamente di smettere di fumare e di mettere da parte ogni giorno i soldi così risparmiati. A quanto ammonterà il suo capitale dopo 50 anni?

Commento. Gli allievi si attivarono con entusiasmo a raccogliere i dati necessari per una modellizzazione matematica del problema e si concentrarono soprattutto su una valutazione delle modalità più redditizie di impiego dei soldi via via risparmiati. In questo lavoro di approfondimento, si resero conto dell'impossibilità di fare previsioni attendibili a distanza di tanto tempo. Si resero anche conto che gli investimenti – quanto più sono a rischio – tanto più possono rivelarsi redditizi (se tutto va bene) ma possono anche dare luogo a gravi perdite del capitale (se qualcosa va storto, rispetto alle aspettative). Non mi dilungo oltre, in quanto un resoconto dettagliato dell'esperienza è pubblicato in [4]. Entrambi questi quesiti si riallacciano in modo naturale all'argomento "Tasse, Risparmi e Pensioni", in quanto riguardano il valore del denaro speso o risparmiato durante un intervallo di tempo più o meno lungo, per cui nella matematizzazione occorre tenere conto sia dell'incremento nominale derivante dagli interessi (che quel denaro può fruttare) sia della diminuzione del suo potere d'acquisto, dovuto all'inflazione.

Progressioni geometriche e crescita esponenziale

Quesito 9. Una popolazione A formata inizialmente da 400.000 individui cresce a un tasso costante del 7 % annuo. Un'altra popolazione B, formata inizialmente da 1.200.000 individui, cresce a un tasso costante del 3 % annuo. Dopo quanti anni, la popolazione A diventerà più numerosa della popolazione B?

Commento. La schematizzazione matematica porta a cercare il minimo numero (intero positivo) di anni n, tale che $400.000 \times 1,07 \times n > 1.200.000 \times 1,03 \times n$. Disponendo di una calcolatrice tascabile, la soluzione può essere trovata facilmente per tentativi, attribuendo ad n valori interi via via crescenti. Ma, per chi conosce già le funzioni esponenziali e i logaritmi, è più comodo passare dal discreto al continuo e determinare il numero reale positivo n per il quale la disuguaglianza si riduce a un'uguaglianza. Dal punto di vista contenutistico, il quesito si ricollega palesemente ai dibattiti in corso nel nostro Paese sulla demografia e sull'immigrazione. Probabilmente, chi risolverà il quesito rimarrà sorpreso – come lo sono stato io stesso – nel constatare l'esiguità del numero di anni necessari per capovolgere la relazione tra le numerosità delle due popolazioni. Va detto tuttavia che il modello matematico qui utilizzato è decisamente troppo schematico, in quanto nel corso di una generazione è normale che i tassi di accrescimento possano variare. Inoltre, il modello adottato sottintende che le due popolazioni siano e rimangano completamente separate mentre, nella maggior parte delle società multietniche, si constata una progressiva integrazione tra popolazioni inizialmente separate. In proposito, ricordo che, se due popolazioni si fondono e gli accoppiamenti avvengono in modo "casuale", la legge genetica detta di Hardy-Weinberg (cfr. per esempio [1], pp. 252-253) stabilisce che la distribuzione dei vari genotipi raggiunge già alla prima generazione un punto di equilibrio (dipendente solo dalla frequenza relativa dei genotipi nelle due popolazioni) e che tale distribuzione rimane poi costante per tutte le generazioni successive. Concludo questo punto con un interrogativo. Non ho competenza specifica, ma sospetto che la possibilità di tenere a lungo separate colture di piante non geneticamente modificate in prossimità di colture della stessa specie geneticamente modificate sia alquanto illusoria. Sarebbe interessante che una ricerca interdisciplinare condotta da matematici e genetisti (come lo erano Hardy e Weinberg) approfondisse l'argomento e ne rendesse note le conclusioni, senza pregiudizi di parte e senza tenere conto di eventuali interessi commerciali in gioco.

Il significato delle parole

Quesito 10. Un giornale, riportando i dati di una rilevazione trimestrale dell'andamento dei prezzi dei prodotti di largo consumo nelle principali città italiane titolava: "Nell'ultimo trimestre, la città più cara è stata X". Ma il titolo distorce il significato dell'informazione fornita dalla rilevazione trimestrale. Quale avrebbe potuto essere un titolo più appropriato?

Commento. La rilevazione non riguarda i prezzi, ma la variazione dei prezzi nel corso del trimestre in questione. Si tratta di due aspetti diversi. Possono esserci città con prezzi elevati ma costanti; città con prezzi bassi ma costanti; città con prezzi già inizialmente alti e ulteriormente in forte crescita; città con prezzi inizialmente bassi e in forte crescita nel corso del trimestre (pur rimanendo, anche al termine del trimestre, inferiori a quelli registrati in altre città). Il titolo giornalistico è quindi fuorviante. Titoli più appropriati avrebbero potuto essere per esempio: "Nell'ultimo trimestre, X è stata la città dove si è registrato il più forte aumento dei prezzi" oppure: "Nell'ultimo trimestre, X è stata la città con il più alto tasso di inflazione". Non pretendo che gli studenti sappiano passare dal discreto al continuo ed esplicitare il legame matematico che intercorre tra la funzione della variabile tempo che descrive l'andamento dell'indice dei prezzi e la funzione che descrive l'andamento dell'inflazione (detto alla buona: la seconda funzione può essere vista come la derivata logaritmica della prima). Vorrei però che gli studenti si rendessero conto del fatto che si tratta di due funzioni diverse. Fraintendimenti grossolani di questo tipo si riscontrano frequentemente nelle informazioni giornalistiche, nei dibattiti politici e nelle relazioni interpersonali. Un esempio fin troppo banale è quello delle dispute tra politici di schieramenti opposti, dove gli uni sostengono che le tasse sono diminuite, gli altri invece che sono aumentate. La disputa può continuare all'infinito in mancanza di un accordo sul significato da attribuire al termine "tasse". Ecco un altro esempio, a mio parere più interessante, in ambito medico.

Quesito 11. La diffusione di una patologia genetica viene documentata statisticamente anno per anno. I dati relativi all'ultimo anno sono stati riassunti su due giornali con affermazioni contrapposte:

- Il numero dei casi registrati nel corso dell'ultimo anno ha subito una significativa flessione rispetto all'anno precedente.
- Nell'ultimo anno vi è stato un significativo aumento del numero dei malati rispetto all'anno precedente.

Queste due informazioni sono inconciliabili tra loro o evidenziano solo due aspetti diversi del problema?

Commento. Nelle documentazioni statistiche di questo tipo vengono forniti due dati quantitativi ben distinti: l'incidenza della patologia (numero dei nuovi casi registrati nel corso dell'anno) e la prevalenza della patologia (numero complessivo dei malati viventi alla fine dell'anno). È facile rendersi conto che la prevalenza può aumentare anche se l'incidenza diminuisce rispetto agli anni precedenti. Ciascuno dei due giornali ha inteso evidenziare uno solo dei due aspetti: nel primo caso l'incidenza, nel secondo la prevalenza. La decisione (giornalisticamente saggia) di evitare l'uso di questi termini tecnici ha però reso meno chiara la contrapposizione tra i due aspetti. Partendo da dati numerici reali o fittizi (ma realistici), si possono poi approfondire ulteriori aspetti del quesito. Per esempio, congetturare possibili cause della diminuzione dell'incidenza e dell'aumento della prevalenza oppure riformulare il quesito passando da un confronto tra i dati numerici a quello tra le rispettive percentuali.

Riferimenti bibliografici

1. Villani, V., "Matematica per le discipline biomediche", McGraw Hill (2001)
2. Villani, V., "Cominciamo da zero", Pitagora (2003)
3. Villani, V., "Cominciamo dal punto", Pitagora (2006)
4. Supplemento al Notiziario U.M.I. (1998), pp. 37-44 e 119-122
5. OECD, P.I.S.A. 2003, "Valutazione dei quindicenni", Armando Ed. (2004)
6. Matematica 2003, "La Matematica per il Cittadino", Liceo Scientifico Vallisneri (LU), (reperibile sul sito U.M.I.)
7. CREM, "La Matematica dalla Scuola Materna alla Maturità" (traduzione a cura di L. Grugnetti e V. Villani), Pitagora (1999)

Teoremi di geometria euclidea dimostrati automaticamente*

L. Robbiano

1 Prologo

Computers are not intelligent. They only think they are. (Anonymous)

Nella vita del matematico un concetto si pone in posizione dominante per il modo con cui permea la vita e l'attività quotidiana: il concetto di *dimostrazione*.

Si entra in classe e, dopo qualche discorso introduttivo, sulla lavagna compare la parola teorema seguita da un enunciato. Si assume un tono più o meno cattedratico e si dice: ora facciamo la dimostrazione. Finita la lezione si rientra nel proprio studio. La scrivania è in disordine, ci sono fogli scritti a metà con schizzi di grafici, abbozzi di formule, qualche parola qua e là. È chiaro, ci sono le prove tangibili di tentativi di dimostrazione di un teorema che ci sfugge e che noi tentiamo di inchiodare al rigore delle nostre armi tecniche e logiche.

Quanto detto sopra è una descrizione stereotipata della realtà, ma penso che ogni matematico farà poca fatica a trovare in essa un po' di se stesso.

---

* *Lettera Matematica Pristem*, n. 39, 2001.

In questo articolo cercherò di guidare il lettore attraverso le prime difficoltà che sorgono non appena si pone la questione di automatizzare alcuni processi dimostrativi. Nel testo ci sono molti punti interrogativi. La ricerca scientifica, quella matematica in particolare, ha la proprietà di produrre più domande che risposte e il tema in argomento è un formidabile generatore di questioni affascinanti. Costretto a riflettere sull'essenza stessa del concetto di dimostrazione, il matematico si trova di fronte a notevoli ostacoli, tra cui alcuni inaspettati.

2 Dimostrazione classica e dimostrazione automatica

Che cosa significa la parola dimostrazione? Quali meandri logici vengono percorsi dalla nostra mente quando vogliamo convincerci della validità di un enunciato? Si tratta davvero di una sequenza di tipo algoritmico, che parte dagli assiomi e arriva alla conclusione? Non tenterò neppure di dare risposta a tali domande. Generazioni di matematici e filosofi hanno provato e ancora oggi provano a risolvere i formidabili problemi che si nascondono dietro questo tipo di questioni. Mi limiterò a fare un'osservazione. Ogni volta che usiamo il nostro intelletto per cercare di spiegare i suoi stessi meccanismi, entriamo forzatamente in un sistema autoreferenziale, le cui regole non ci può essere dato di sapere. Fu così che il sogno di matematici eccelsi quali David Hilbert di poter dimostrare tutti i teoremi di una teoria in modo automatico si infranse nel momento stesso in cui Gödel tolse il velo dell'illusione. Segnalo su questo tema un interessante articolo di De Giovanni e Landolfi (vedi [1]).

Dobbiamo quindi arrenderci e rinunciare a utilizzare processi automatici, gestiti possibilmente da calcolatori, a supporto delle dimostrazioni? Certamente no, le sfide più sono difficili più sono affascinanti. L'uomo a un certo punto della storia, diciamo dopo la metà del secolo scorso, incominciò a pensare alla possibilità di affidare alla macchina il compito di dimostrare teoremi. E inventò per questo e per simili tipi di ricerche un nome altisonante e di sicura presa, Intelligenza Artificiale. Quale sublime ironia possiede questa dicitura con la sua implicita autocontraddittorietà! Un terreno di indagine molto fertile sul quale mettere alla prova l'intelligen-

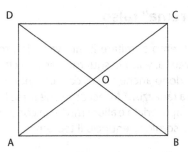

Fig. 1.

za artificiale è subito sembrato quello dei teoremi della geometria euclidea. Molti di noi hanno ancora qualche riminiscenza del professore di matematica, che nel liceo ci insegnava le meraviglie della dimostrazione cosiddetta sintetica. "E ora ragazzi dimostriamo il teorema delle diagonali del rettangolo.

Teorema 1. *In ogni quadrilatero rettangolo le diagonali si bisecano.*"

A questo punto il professore andava alla lavagna (o forse era già alla lavagna, il ricordo non è così nitido) e con maestria disegnava un rettangolo (vedi Fig. 1). "E ora tracciamo le diagonali e proviamo che AO = OC."

Si considerino i due triangoli AOD e COB. Essi sono uguali, perché hanno uguali le due basi AD = BC e inoltre gli angoli alla base sono uguali... e allora... (le precise parole sfuggono alla memoria)... e quindi si conclude che AO = OC. Ricordiamo quel senso di soddisfazione che illuminava il volto del professore. La nitida rappresentazione grafica sulla lavagna e le argomentazioni così convincenti, basate su un piccolo numero di assiomi (eravamo in grado di apprezzare questo fatto?) e su una sequenza ineccepibile di passaggi logici, consolidavano in tutti noi, o almeno in quelli appassionati al genere, la convinzione di avere assistito a una affermazione totale della ragione umana.

Purtroppo gli anni passano e alcune illusioni sono destinate a cadere. Contrariamente a quanto si crede, e cioè che siano i sentimenti a subire l'erosione del tempo, per il matematico più facilmente si deteriora il credo nella potenza della ragione. Davvero?

3 Un "teorema" falso

Proverò un momento a imitare il mio vecchio professore. Mi alzo, vado alla lavagna, volto lo sguardo verso la classe, nella quale stranamente siedono anche illustri colleghi matematici, e sto per enunciare: "E ora ragazzi..." Mi accorgo che forse la parola ragazzi non è del tutto appropriata e allora mi do un contegno più formale e con aria un po' sorniona enuncio il teorema:

Teorema 2. *Ogni triangolo è isoscele.*

Il pubblico non capisce immediatamente che cosa stia succedendo. Si tratta di una delle mie solite battute, di una provocazione, o che cosa? Accendo il proiettore e, come in un gioco di ombre cinesi, sullo schermo si staglia nitido un disegno (vedi Fig. 2). Con aria seria incomincio la dimostrazione. Si consideri il triangolo ABC. Dal vertice C si tracci la bisettrice dell'angolo ACB. Si consideri poi il punto medio O di AB e da esso si tracci la perpendicolare ad AB. Si indichi con D il punto di incontro delle due rette costruite. Da D si traccino la retta DE, perpendicolare ad AC e la retta DF perpendicolare a BC. Consideriamo i due triangoli CED e CDF. Essi sono rettangoli in E e F rispettivamente, hanno uguali gli angoli $\widehat{ECD}$ e $\widehat{DCF}$ e hanno in comune l'ipotenusa CD. Quindi sono uguali, dal che si deduce che CE = CF e che ED = DF. Consideriamo i due triangoli AOD e OBD. Essi sono rettangoli in O e hanno uguali i due cateti per costruzione. Quindi AD = DB. Consideriamo i due triangoli EAD e DBF. Essi sono rettangoli in E e F

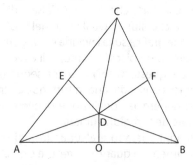

Fig. 2.

rispettivamente. Inoltre abbiamo dimostrato che ED = DF e che AD = DB, quindi i due triangoli sono uguali, dal che si deduce che AE = BF. Essendo CE = CF e AE = BF, si deduce che AC = CB, ossia che il triangolo ABC è isoscele.

Segue una lunga e voluta pausa. Ancora non è chiaro all'uditorio che cosa stia succedendo. Sono tentato dall'idea di lasciare tutti così un po' stupiti, ma poi ci ripenso. Qualche studente brillante in prima fila ha già notato che qualcosa non quadra nella figura. Ha ragionato così: dato che ABD è un triangolo isoscele per costruzione, se fosse vera la conclusione che ABC è un triangolo isoscele, si dedurrebbe che O, D, C sarebbero allineati, e... così non sembra proprio. A proposito, a guardare meglio la figura, i due triangoli uguali CED e CDF non sembrano uguali. La verità sta emergendo, la bisettrice dell'angolo $\widehat{ACB}$ e la perpendicolare ad AB in O si incontrano, ma il punto D non sta dove è disegnato, in verità è esterno al triangolo ABC. La conseguenza è che il ragionamento è ineccepibile, ma basato su una figura che non esiste. Sospiro di sollievo. Pare che questo esempio sia stato descritto per la prima volta da Klein nel 1939. È stato poi intensivamente studiato e citato dalla scuola cinese di Wu, Chou, Gao, Wang, che, a partire dagli anni '70, ha dato un formidabile impulso alla dimostrazione automatica dei teoremi della geometria euclidea.

Qualcuno non pensava che anche in matematica si può barare, ma ora che il trucco è stato scoperto tutti si sentono più tranquilli. Davvero? Il fatto che due rette quasi parallele descrivano geometricamente quello che gli analisti numerici chiamano un "sistema mal condizionato" è un fatto culturale di base per la comunità matematica (almeno lo spero). Che in un sistema mal condizionato una piccola variazione dei dati possa portare a un grande errore nelle soluzioni è anche ben noto. In altri termini, se due rette quasi parallele si incontrano in un punto D, spostando di poco una delle due rette, si può spostare D molto lontano. Nella nostra figura, una lieve, quasi impercettibile modifica della tracciatura della bisettrice dell'angolo $\widehat{ACB}$ ha spostato il punto D dall'esterno all'interno del triangolo ABC, creando così i presupposti per tutta la messa in scena. Ma, un momento, quando facciamo un disegno e su quello basiamo la nostra argomentazione, non siamo costretti a commettere sistematicamente errori di questo tipo? Nessuno ha la pretesa di disegnare figure perfette, tutti converranno sul fatto che i disegni sono approssimazioni grafiche di concetti astratti e allora, lungi dall'essere tranquilli, non ci viene il dubbio che tutte le bellissime dimostrazioni sintetiche potrebbero nascondere bachi di questo tipo? Perché siamo così convinti che ciò non avvenga? In generale, quando tracciamo il disegno di un triangolo, o di un trapezio, stiamo attenti a non disegnarli in modo troppo particolare, un triangolo non deve essere quasi isoscele, un trapezio non deve essere quasi un rettangolo. Se viene richiesto di disegnare un punto interno a un cerchio, non lo disegneremo né troppo vicino alla circonferenza né troppo vicino al centro. In tal modo crediamo di essere al riparo dagli errori, ossia di essere in una zona stabile di un astratto spazio di rappresentazioni. Questa presunzione è fondata? Purtroppo no. Se dovremo disegnare un rettangolo, staremo attenti a non disegnarlo troppo "quadrato", ma non potremo mai evitare di tracciare dei lati a due due "quasi" perpendicolari. Quindi ci troveremo certamente in una situazione simile a quella del nostro teorema truccato. E allora?

4 Passaggio all'algebra: la formula di Erone

Fu così che l'uomo pensò di utilizzare un'invenzione della sua mente ingegnosa, cercando di afferrare saldamente gli sfuggevoli concetti della geometria ancorandoli a solide leggi algebriche. Dunque, perché non ricorrere all'introduzione delle coordinate cartesiane ortogonali e tradurre i nostri teoremi in formule? E i passaggi logici delle nostre dimostrazioni? Niente paura, in definitiva a che cosa servono i passaggi logici, se non a provare che la tesi è conseguenza delle ipotesi? Questo aspetto della dimostrazione sarà sostituito convenientemente da qualcosa di molto più meccanico e cioè dal fatto che la tesi segue dalle ipotesi come "conseguenza algebrica". Che cosa significa in pratica? Supponiamo di volere dimostrare la formula di Erone, ossia la formula che esprime il quadrato dell'area di un triangolo in funzione delle lunghezze dei lati. Detta s l'area, a, b, c le lunghezze dei lati, p il semiperimetro, ossia $p = (a+b+c)/2$, la formula di Erone si scrive così:

$$s^2 = p(p-a)(p-b)(p-c),$$

o, se si preferisce,

$$s^2 - p(p-a)(p-b)(p-c) = 0.$$

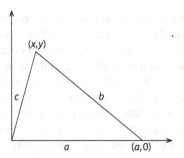

Fig. 3. Ogni triangolo è isoscele

Come possiamo sperare che il calcolatore "deduca" questa formula? Come detto prima introduciamo un sistema di coordinate cartesiani ortogonali nel piano e posizioniamo un triangolo come in Fig. 3.

Abbiamo piazzato un vertice nell'origine e dunque ha coordinate $(0, 0)$, un altro sull'asse x e dunque possiamo assegnargli le coordinate $(a, 0)$. L'altro vertice non ha vincoli e gli assegnamo coordinate (x, y). Intanto si osservi il fatto che questo posizionamento, diciamo così strategico, del sistema di assi, è stato frutto dell'intelligenza umana e non di una procedura automatizzata. Comunque sia, in questo modo speriamo di avere superato le ambiguità grafiche con il linguaggio algebrico. Un punto di coordinate $(a, 0)$ è un generico punto sull'asse x e un punto di coordinate (x, y) è un generico punto. Naturalmente ci sono dei legami tra le variabili a, b, c, x, y, s. Infatti il teorema di Pitagora ci dice che $x^2 + y^2 - c^2 = 0$ e che $(a - x)^2 + y^2 - b^2 = 0$. Inoltre $2s - ay = 0$. Siamo ora convinti di avere rappresentato algebricamente in modo corretto il nostro problema nella sua generalità e senza essere vincolati ad ambiguità grafiche. Non resta che provare che $s^2 - p(p - a)(p - b)(p - c) = 0$ è conseguenza delle relazioni $x^2 + y^2 - c^2 = 0$, $(a - x)^2 + y^2 - b^2 = 0$, $2s - ay = 0$. Che cosa significa? Qui il discorso si fa necessariamente un poco più complesso. Si ragiona così. L'insieme S (in realtà si tratta di una varietà semi-algebrica) di tutte le sestuple di numeri reali positivi (a, b, c, x, y, s) che verificano le relazioni $x^2 + y^2 - c^2 = 0$, $(a - x)^2 + y^2 - b^2 = 0$, $2s - ay = 0$ rappresenta i triangoli di lati a, b, c, di area s e con un vertice di coordinate $(0, 0)$, un vertice di coordinate $(a, 0)$ e un vertice di coordinate (x, y). Queste ultime non sono condizioni, dipendono solo dalla scelta degli assi, quindi con le tre equazioni precedenti riteniamo di avere convenientemente rappresentato lo spazio dei triangoli e della loro area. L'insieme Q delle quaterne di numeri reali positivi (a, b, c, s) non rappresenta i triangoli di lati a, b, c, e area s, basta considerare la quaterna impossibile $(1, 1, 1, 1)$; solo un suo sottoinsieme li rappresenta, quindi ci deve essere un legame tra a, b, c, s. In altre parole, quando proietto S su Q, mi aspetto che l'immagine del sottoinsieme di S, luogo delle soluzioni del sistema di equazioni polinomiali $x^2 + y^2 - c^2 = 0$, $(a - x)^2 + y^2 - b^2 = 0$, $2s - ay = 0$, sia un sottoinsieme proprio di Q. Come determinarlo? Si tratta di un problema che i geometri algebrici chiamano *problema di eliminazione* e che l'algebra computazionale moderna risolve con il calcolo di una opportuna base di Gröbner (vedi [3] per le spiegazioni tecniche). Senza entrare nei dettagli, accenno solo a come si fa. Intanto è bene dire subito che per la complessità dei calcoli necessari, il conto non si può fare a mano, si deve usare un sistema di calcolo simbolico. D'altra parte è quello che volevamo: eliminare le ambiguità di certi artifici logici, con la certezza di una procedura automatica. Se mi è permessa un po' di pubblicità, per questo tipo di calcoli propongo di usare CoCoA e suggerisco di dare un'occhiata alla pagina web http://cocoa.dima.unige.it, dove si può trovare tutta l'informazione relativa al suddetto sistema e altre cose interessanti. Eccoci pronti a far lavorare CoCoA. Gli si chiede di costruire l'anello dei polinomi a coefficienti razionali e indeterminate a, b, c, s, x, y, e in esso l'ideale I generato dai polinomi $x^2 + y^2 - c^2$, $(a - x)^2 + y^2 - b^2$, $2s - ay$. A questo punto gli si ordina di compiere l'operazione più complessa e misteriosa, eliminare le indeterminate x, y. Impartito l'imperioso comando Elim([x,y],I) il sistema calcola una base di Gröbner rispetto a un ordinamento di eliminazione. Alla fine restituisce come output il polinomio

$$s^2 + (1/16)a^4 - (1/8)a^2b^2 + (1/16)b^4 - (1/8)a^2c^2$$
$$- (1/8)b^2c^2 + (1/16)c^4 \,,$$

che, opportunamente riscritto, diventa $s^2 - p(p - a)(p - b)(p - c)$. La formula di Erone è dimostrata automaticamente!

Tutto risolto? Non proprio.

5 Altre difficoltà: i casi degeneri

Il discorso ora diventa veramente intrigante e si aprono scatole cinesi di questioni ancora più delicate di quelle affrontate precedentemente in relazione alla rappresentazione grafica. Ne citerò solo qualcuna. *Nella rappresentazione con gli assi cartesiani, siamo sicuri di non dare per scontate coerenze grafiche, che invece potrebbero nascondere insidie come quelle che portano alla dimostrazione che tutti i triangoli sono isosceli?* La richiesta che il polinomio tesi stia nell'ideale dei polinomi ipotesi, ossia che si possa scrivere come combinazione a coefficienti polinomiali dei polinomi ipotesi, è effettivamente la corretta traduzione del problema? E se non ci sta, posso concludere che l'enunciato è falso? E che dire del fatto che si calcola con i numeri razionali, si ragiona come se si calcolasse con i numeri complessi (questo permette delle notevoli semplificazioni algebriche legate al celebre *Nullstellensatz* di Hilbert) e si cerca di interpretare i risultati come se si fosse lavorato sui numeri reali positivi? Come detto, mi limiterò a fornire qualche spunto di riflessione mediante l'uso di semplicissimi esempi. Proviamo a dimostrare il seguente teorema: "Siano r una retta, C un punto nel piano, A, B punti di r. Allora C è allineato con A, B se e solo se C sta sulla retta r. Usando un po' di intelligenza naturale penso sia utile piazzare A nell'origine e dichiarare r come asse x. Dunque le coordinate dei punti sono A(0, 0), B(b, 0), C(x, y). L'ipotesi che C sia allineato con A,B si traduce nell'annullarsi del polinomio by. La tesi che C stia sull'asse x si traduce in $y = 0$. Al dimostratore automatico non resta che il compito di dimostrare che y è conseguenza algebrica di by. Non ci riuscirà mai! Anche se rilassiamo il concetto di conseguenza algebrica, la conclusione sarà sempre che l'enunciato è falso! Per fortuna in questo caso non è difficile scoprire perché e il lettore attento lo avrà già fatto. L'ipotesi $by = 0$ presenta due casi diversi, il caso $y = 0$, per il quale la tesi, coincidendo con l'ipotesi, è verificata, e il caso $b = 0$, ovvero il caso in cui A = B. Se A = B evidentemente C può stare dove gli pare ed essere comunque allineato ad A,B. Con questo ragionamento non solo abbiamo scoperto che il teorema che volevamo dimostrare è "falso", ma siamo anche riusciti a rimetterlo in piedi: l'enunciato che, forse inconsciamente, volevamo dimostrare è "Siano r una retta e C un punto nel piano, A, B punti *distinti* di r. Allora C è allineato con A, B se e solo se C sta sulla retta r. E ciò è vero! Questo banale esempio mostra alcune delle difficoltà a cui il dimostratore automatico va incontro. Sulla maggior parte dei teoremi classici, tradotti in relazioni algebriche mediante l'uso delle coordinate, i potenti motori gröbnerizzati pronunciano inesorabili la sentenza: *falso*. Perché? Il motivo è che quasi sempre noi facciamo delle assunzioni implicite, non tradotte poi in ipotesi algebriche. Per esempio, quasi sempre se parliamo di un triangolo intendiamo un triangolo che non degenera in un segmento. Altre volte componenti indesiderate nello spazio delle ipotesi emergono senza che ce ne rendiamo conto al momento in cui formuliamo le ipotesi. Per fortuna ci sono dei metodi più sofisticati che permettono di cercare le condizioni corrette sotto le quali l'enunciato diventa un teorema, ma questo discorso è troppo tecnico per includerlo qui (vedi [2]). Ne farò solo un cenno con i prossimi esempi.

Un "banale" teorema che pone difficoltà al dimostratore automatico è il seguente. *Cubi hanno uguale volume se e solo se hanno uguale lato.* Dovremmo dedurre che $x - y$ è conseguenza algebrica di $x^3 - y^3$ e che $x^3 - y^3$ è conseguenza algebrica di $x - y$. Poiché $x^3 - y^3 = (x - y)(x^2 + xy + y^2)$ si può dire che $x^3 - y^3$ è conseguenza algebrica di $x - y$ e dunque l'implicazione che cubi di uguale lato hanno uguale volume è provata. Ma $x - y$ non segue da $x^3 - y^3$, infatti $2^3 = (-1 + \sqrt{3}i)^3$. Che cosa sta succedendo? Naturalmente in questo caso non c'è molto da preoccuparsi, perché a tutti è chiaro che l'anomalia sta nel fatto di avere cercato soluzioni nei numeri complessi. Ma il calcolatore come può difendersi? In realtà il calcolatore utilizza corpi numerici di cardinalità numerabile. La questione diventa delicata da diversi punti di vista. Come accennavo prima, di fronte al fatto che $x - y$ non è conseguenza algebrica di $x^3 - y^3$ c'è la possibilità di usare un raffinato concetto algebrico, la saturazione di un ideale rispetto a un polinomio. Eseguendo questa operazione sull'ideale delle ipotesi e il polinomio tesi, si ottiene il cosiddetto ideale delle condizioni. Nel nostro caso, senza entrare in particolari, si chiede a CoCoA di eseguire il calcolo e si ottiene $x^2 + xy + y^2$. Il significato è il seguente. L'enunciato è vero sotto la condizione che $x^2 + xy + y^2$ sia diverso da 0. Qui scatta l'osservazione secondo cui $x^2 + xy + y^2 = 0$ ha solo la soluzione reale $(0, 0)$. Come si può notare, in questo caso prima si deve ricorrere a una raffinatezza algebrica e poi si deve tenere conto anche del fatto che le soluzioni che si cercano sono reali, il che complica non poco tutta la questione.

E che fine fa il teorema con cui è iniziato il nostro racconto, quel teorema sulle diagonali di un rettangolo, che ci ha fatto venire in mente il vecchio professore di liceo? Forse a questo punto non vi stupirete più se vi dico che per il dimostratore automatico, questo teorema presenta difficoltà non banali. La prima risposta è che tale enunciato è falso. Allora, come nel caso dei cubi, si cercano le condizioni per cui sia vero. Si trova che l'enunciato è vero per rettangoli che non degenerano in un segmento. Ma una analisi ancora più fine fa scoprire che il teorema è anche vero per rettangoli che degenenerano in un punto. Insomma il nostro bel teorema così nitido e così semplice rivela pieghe nascoste, che l'approccio algebrico-computazionale mette a nudo. Qui siamo solo all'inizio del discorso. Da questo punto in poi la situazione si complica ulteriormente. Come già accennato, recenti progressi tecnici di questa teoria si possono per esempio trovare nel lavoro [2]. Chi ne vuole sapere di più può consultare il sito web http://calfor.lip6.fr/ wang/GRBib/Welcome.html, dove troverà un'impressionante collezione di libri e articoli sull'argomento qui trattato, che Wang chiama Geometric Reasoning.

Con quale spirito dunque ci avviamo alla conclusione? La dimostrazione automatica risolve qualche problema inerente la dimostrazione sintetica, ma ne crea di nuovi ancora più complessi. Se vogliamo automatizzare alcuni passi della dimostrazione dei teoremi della geometria euclidea, dobbiamo fare ricorso a profonde interazioni tra la geometria algebrica, l'algebra commutativa e l'algebra computazionale. E ciononostante non si arriva a una soluzione veramente definitiva.

6 Conclusioni

The intelligent reader clearly understands that the work is artificial in its essence. (Anonymous)

Ora siamo proprio alla fine del racconto. Qualche lettore avrà notato che la citazione è la stessa con cui inizia il lavoro [2]. Concludere dove inizia qualcosa d'altro è un tratto comune delle attività umane, tra le quali la ricerca scientifica. Si aprono problemi, si formulano questioni, ci si appassiona all'idea di risolverle, e facendo così se ne generano di nuove, in un processo infinito e ciclico al tempo stesso. È questa la vera conclusione?

Riferimenti bibliografici

1. De Giovanni, F., Landolfi, T., "Le Dimostrazioni di Teoremi fondate sull'uso del Calcolatore", *Bollettino U.M.I., La matematica nella Società e nella Cultura* (8) 2-A (1999), pp. 69-81
2. Bazzotti, L., Dalzotto, G., Robbiano, L., "Remarks on Geometric Theorem Proving", *Proceedings of the ADG-2000 Conference*, LNAI 2-A (2001), pp. 69-81
3. Kreuzer, M., Robbiano, L., "Computational Commutative Algebra 1", Springer (2000)

Insiemi: nascita di un'idea matematica*

G. Lolli

> *Le idee grandi... sono fatte di un corpo che, come quello umano,
> è compatto ma mortale, e di un'anima eterna che ne costituisce il
> significato ma non è compatta, anzi, ad ogni tentativo di afferrarla con
> fredde parole, si dissolve nel nulla... sfiorisce, si fossilizza, e alla fine non
> ci resta in mano nient'altro che la misera impalcatura logica dell'idea*
>
> Robert Musil

Quella di "insieme" è una buona idea da esaminare, come esempio di nascita di un'idea matematica, perché non si perde nell'oscurità della preistoria come molte altre a proposito delle quali possiamo fare solo congetture e precari esperimenti mentali. La possiamo osservare come in laboratorio: è vicina a noi e documentata (anche se non perfettamente, perché troppo spesso ci si sofferma solo su Georg Cantor (1845-1918) e Richard Dedekind (1831-1916), come faremo anche noi del resto, giustamente perché loro hanno fatto la parte del leone – ma negli aperçus storici si trascura il tessuto diffuso). Anche in queste favorevoli circostanze, non è possibile arrivare a capire i meccanismi psicologici o addirittura quelli neurofisiologici sottostanti alla formazione dell'idea. La cosiddetta intuizione insiemistica si è sviluppata in una precisa epoca storica, il tempo è stato ridicolmente breve perché si possa pensare a una evoluzione biologica del cervello; non è possibile perciò portare questo esempio nella discussione se l'evoluzione del cervello

* *Lettera Matematica Pristem*, n. 17, 1995.

continui, e come, nel tempo della civiltà, quale evoluzione culturale – una rischiosa analogia. Quello che si può fare è senz'altro seguire l'introduzione della parola "insieme" nel vocabolario e nel magazzino delle idee.

Nel corso dell'Ottocento e in particolare dopo la metà del secolo si assiste a un rapido aumento della frequenza della parola nei testi e nei discorsi matematici (è questa diffusione che non è ancora sufficientemente documentata) e anche a un suo diverso uso. Le parole più o meno sinonime che vengono sempre più spesso utilizzate sono: *insieme, aggregato, gruppo, collezione, molteplicità, varietà, sistema, dominio,* e forse qualcun'altra. Ogni lingua poi ha ulteriori varianti. Le prime quattro sono proprio sinonime inizialmente, ma non lo saranno più quando "gruppo" assumerà il significato algebrico; "molteplicità" e "varietà" derivano da un uso geometrico; le ultime due sono usate anche in modo particolare, in sintonia con diversi aspetti dell'insiemistica di cui diremo.

La parola "insieme" in verità nel vocabolario c'è sempre stata (o quasi, diciamo che era presente il suo significato); un contesto in cui la parola compariva da tempo immemorabile era quello dei luoghi geometrici: il cerchio è il luogo dei punti... Più in generale, gli insiemi potevano fare la loro comparsa come insiemi di punti o di numeri che fossero l'insieme delle soluzioni di equazioni o sistemi, o formule; in notazione moderna $\{x : P(x)\}$.

Ma quello che interessava prima era appunto la formula: quella era matematica, non gli insiemi; proprio il loro farli scomparire sullo sfondo a favore delle formule, finché si può, era, ed è, il pregio e l'utilità della matematica. Si studiava $P(x)$ più che $\{x : P(x)\}$, e il passaggio dal modo precedente a quello posteriore di fare matematica si può riassumere con la sostituzione di $P(x)$ con $\{x : P(x)\}$ sulle T-shirt congressuali.

La frequenza aumenta sostanzialmente con lo studio di funzioni e insiemi eccezionali di punti speciali (punti di discontinuità o, nel caso del problema della rappresentazione in serie di Fourier, di massimi e minimi). Giova ricordare che quando una proprietà valeva sempre salvo che in un numero finito di punti si diceva che valeva in generale. Una sola citazione del periodo è già sufficientemente rappresentativa:

In questi ultimi tempi si cominciò a dubitare di un teorema che trovasi in tutti i migliori trattati di Calcolo differenziale e integrale, quello cioè che ogni funzione finita e continua di una variabile reale, tolti tutt'al più alcuni *punti eccezionali*, ammettesse sempre una derivata determinata e finita... ed è forza invece riconoscere che la continuità sola non è sufficiente ad assicurare la esistenza della derivata neppure soltanto *in generale*[1].

La parola "insieme" era usata, se era usata, ma più spesso no inizialmente, come costrutto linguistico della lingua naturale: se una funzione ha uno o due punti di discontinuità, si può dire così e l'affermazione è precisa; se ne ha di più, si può ancora dire "alcuni" come nella citazione di sopra, ma è ambiguo, alla luce degli eventi successivi, perché potrebbero essere in numero finito o infinito; se sono finiti, "un numero finito di punti" è buon italiano; "un numero infinito di punti" è invece solo una metafora, se non c'è una teoria dei numeri infiniti, che è appunto uno degli obiettivi e dei risultati della teoria degli insiemi. Per illustrare come si arriva in modo naturale a prendere in esame un numero infinito di punti, si consideri il seguente resoconto dell'epoca relativo alla rappresentazione in serie di trigonometriche:

Dirichlet giunse a dimostrare rigorosamente che una funzione $f(x)$ di x che è data arbitrariamente fra $-\pi$ e π, e che in questo intervallo è sempre finita e non ha un numero infinito di massimi e minimi, per tutti i valori di x compresi fra gli stessi limiti pei quali è continua può rappresentarsi per mezzo della serie... Dirichlet fece inoltre una estensione del suo teorema considerando anche alcune classi di funzioni che divenivano infinite in alcuni punti fra $-\pi$ e π, e che, avendo soltanto un numero finito di massimi e minimi, non potevano naturalmente essere infinite altro che in un numero finito di punti... [e in fine della sua memoria aggiunse senza neppure accennare alla dimostrazione, che] il teorema stesso sarebbe stato applicabile a tutte le funzioni, anche dotate di un numero infinito di massimi e minimi[2].

[1] U. Dini, "Sopra una classe di funzioni finite e continue che non hanno mai derivata", *Atti R. Acad. Lincei* (3) 1 (1877), 70-72, corsivo nostro. Si noti che solo nel 1870 Hankel aveva pubblicato l'esempio di Weierstrass di una funzione, continua in un intervallo, che non aveva derivata finita in nessun punto.

[2] U. Dini, "Serie di Fourier", Nistri, Pisa (1880). Nel lavoro: "Sulla unicità degli sviluppi delle funzioni di una variabile in serie di funzioni X_n", *Annali Mat. pura e appl.* (2) 6 (1873), 216-25, Dini cita Cantor 1870 come anche 1872, ricordati sotto.

La congettura di Dirichlet è errata, e dà origine a un filone di ricerche in cui si inserisce l'esordio di Cantor, che sulle orme di Heine inizia a interessarsi del problema nel 1870[3]. In questo anno Cantor affronta il problema della unicità della rappresentazione in serie trigonometriche, migliorando un teorema di Heine dove era assunta la convergenza uniforme. Anche per l'unicità della rappresentazione si pone il problema delle ipotesi che devono valere in generale o no. Il risultato di Cantor vale in generale, cioè salvo la rappresentabilità in un numero finito di punti, ed è quindi aperto alla generalizzazione. Nel 1872 Cantor ottiene l'estensione al caso di infiniti punti eccezionali con l'introduzione degli insiemi derivati; nello stesso lavoro è contenuta la sua definizione dei numeri reali. Gli insiemi derivati P' sono iterati per ogni naturale $P(v)$, e il teorema è esteso agli insiemi di punti eccezionali di prima specie, quelli cioè per cui $P(v) = 0$ per qualche naturale v. Ma nel 1880 Cantor dirà che dieci anni prima aveva concepito l'idea di una prosecuzione transfinita, e aveva colto l'occasione della presentazione dei numeri reali per alludere alla scoperta. L'allusione era invero scoperta, ancorché sul momento del tutto criptica, perché ivi Cantor aveva detto che "il concetto di numero, come è sviluppato qui, porta con sé il germe di una estensione necessaria e assolutamente infinita". Nello stesso anno 1872 Cantor conosce Dedekind e inizia un felice e proficuo rapporto, in cui il più anziano e autorevole Dedekind incoraggia gli sforzi di Cantor e lo aiuta con suggerimenti e commenti[4]. La prima questione che Cantor sottopone a Dedekind, insieme ai suoi tentativi di soluzione, è quella della corrispondenza biunivoca tra i numeri naturali e i numeri reali; una prima dimostrazione di impossibilità è corretta da Dedekind; nel 1891 Cantor darà come è noto una dimostrazione più generale, per la potenza di un insieme, che a differenza della prima non usa la nozione di continuità[5]; la seconda questione che Cantor propo-

---

[3] Un riassunto più accurato delle ricerche di Cantor e del contesto in cui si sviluppano si può leggere in G. Lolli, "Dagli insiemi ai numeri", Bollati Boringhieri (1994). Il testo di riferimento è il classico J. W. Dauben, "Georg Cantor", Harvard Univ. Press (1979).

[4] Cantor non si comporta sempre da gentiluomo, ma sorvoleremo su questi aspetti. La corrispondenza, curata da E. Noether e J. Cavaillès (1937), è pubblicata parzialmente in francese in J. Cavaillès, "Philosophie Mathématique", Hermann (1962).

[5] Sulle dimostrazioni di Cantor, e sul loro carattere costruttivo, si veda R. Gray, "Georg Cantor and Transcendental Numbers", Amer. Math. Monthly 101 (1994), 812-32.

ne a Dedekind nel 1874, e risolve nel 1877, è quella della corrispondenza biunivoca tra un segmento e un quadrato; è l'occasione del famoso "lo vedo ma non lo credo"; la questione è connessa alla difficile definizione della dimensione, che si protrarrà per alcuni anni; intanto Cantor con questi risultati arriva nel 1878 a delineare chiaramente l'esistenza di insiemi di due diverse e ben caratterizzate cardinalità infinite, quella del numerabile e quella del continuo.

Dal 1879 al 1884 Cantor pubblica una serie di sei articoli, dal titolo *Über unendliche lineare Punktmannigfaltigkeiten*, dedicati allo studio degli insiemi, infiniti, di punti della retta e di spazi a più dimensioni. Questi sono per ora gli insiemi. Il quinto della serie, nel 1883, ha un carattere diverso, di riflessione, bilancio e fondamento, ma anche di nuove aperture, ed è pubblicato con un titolo diverso, *Grundlagen einer allgemeinen Mannigfaltigkeitslehre*[6]. In questa serie di articoli sono introdotti tutti i concetti moderni di topologia e teoria della misura, gli insiemi densi, chiusi, perfetti e così via. Altri nello stesso periodo danno anche contributi in questa direzione, segnaliamo per tutti H. Hankel, A. Harnack e P. du Bois-Reymond[7]; ci sono discussioni e anche qualche polemica su priorità e su quali siano le migliori definizioni. Non interessa il fatto che quelle di Cantor siano migliori e meglio collegate, ma il volo che egli è capace di prendere da queste ricerche concrete.

Le prime definizioni sono date da Cantor per insiemi di punti della retta – lo scopo generale di inquadramento è quello di uno studio del continuo – e sono immediatamente estese a spazi a più dimensioni. La nozione di insieme con cui Cantor lavora è così da lui precisata nei primi lavori:

Chiamo ben definito un aggregato (collezione, insieme) di elementi che appartegono a un qualsiasi dominio di concetti, se esso può essere considerato internamente determinato sulla base della sua definizione e in conseguenza del principio logico del terzo escluso. Deve essere internamente determinato se un oggetto che appartenga allo stesso dominio di concetti appartenga all'aggregato come

---

[6] Le citazioni senza rimando sono dalle Grundlagen. Questi scritti sono tradotti in italiano in G. Cantor, "La formazione della teoria degli insiemi", a cura di G. Rigamonti, Sansoni (1992).

[7] Si può ricordare anche U. Dini, del cui libro del 1878 Cantor parla in modo lusinghiero in una lettera a Dedekind.

suo elemento o no, e se due oggetti che vi appartengano, nonostante differenze formali, siano uguali o no.

Gli insiemi sono ancora come si vede sottoinsiemi di un dominio dato. Nel corso dello sviluppo di queste ricerche si accumulano anche, man mano che servono, risultati sulle cardinalità, per esempio su insiemi numerabili (un sottoinsieme di un insieme numerabile è numerabile, l'unione di due insiemi numerabili è numerabile, e altri via via più complicati). Ma siamo proprio agli inizi, la notazione stessa per le operazioni elementari sugli insiemi deve essere inventata – si può vedere il momento in cui sono introdotti per la prima volta i segni per unione e intersezione, che non sono ancora i nostri, ma per esempio il D gotico per l'intersezione, da Durchschnitt. Cantor usa all'inizio della serie i suoi simboli dell'infinito, ∞ e $\infty + 1$, per gli indici degli insiemi derivati (osservando di aver sempre intuito che erano una prosecuzione naturale del numero). Questa intuizione ha il suo pieno sviluppo nel lavoro del 1883, dove afferma che ai numeri infiniti era già arrivato molti anni prima senza aver compreso che erano numeri concreti con significato reale. Nelle Grundlagen del 1883 Cantor esordisce dicendo che la sua ricerca sulla teoria delle molteplicità è giunta a un punto tale che "la possibilità di proseguirla dipende da un ampliamento del concetto di numero intero reale al di là dei limiti che esso ha avuto finora", e si dedica a precisare questo ampliamento. Quasi a segnalare il passaggio dai simboli a numeri reali, introduce ω come notazione al posto di ∞. "Reale", in tedesco real, non reel che è usato per i numeri reali, significa qui dotato di realtà vera. Cantor ritiene necessaria una discussione preliminare dei concetti di infinito improprio (potenziale) e infinito proprio, che nota come sia già usato in matematica con i punti all'infinito; nonostante questa presenza, tra i matematici vige un'opposizione all'infinito attuale che si manifesta e si trasmette nelle posizioni largamente maggioritarie di chi accetta solo i numeri naturali:

> Io sono arrivato quasi contro la mia volontà all'idea che l'infinitamente grande non vada pensato solo nella forma del crescente oltre ogni limite [o in quella del Seicento di successione convergente] ma vada anche fissato matematicamente, mediante numeri, nella forma dell'infinito-compiuto; questa idea infatti era in contrasto con le tradizioni che mi erano care. Ma mi si è imposta logicamente nel

corso di lunghi anni di laboriosi sforzi scientifici, tanto che non credo si possano addurre contro di essa argomenti ai quali non saprei rispondere.

Le obiezioni vengono da diversi quartieri; Locke, Descartes, Spinoza, Leibniz: tutti ciascuno a suo modo dicono che l'infinito, o assoluto, Dio, non ammette determinazione, solo il finito è suscettibile di essere numerato (Leibniz ammette l'infinito attuale ma non i numeri infiniti); Cantor accetta questa concezione su Dio, e su un infinito assoluto non passibile di determinazioni, ma afferma di aver scoperto la possibilità di un livello transfinitum o suprafinitum; il dominio delle grandezze definibili non è esaurito da quelle finite. Le obiezioni contro l'infinito in atto, al di là delle varie sfumature, hanno origine aristotelica, ma sono basate o su argomenti fallaci (come il fatto che il finito si annullerebbe a contatto con l'infinito[8] – a questo Cantor riponde con la non commutatività della somma ordinale), o su una *petitio principii*, secondo cui l'infinito non può essere misurato, o sottoposto a determinazione perché i numeri sono finiti. La finitezza dell'intelletto umano è anche invocata come sostegno dell'impossibilità di trattare l'infinito, ma di nuovo l'appello a essa è un circolo vizioso se con finitezza si intende che la sua capacità di concepire numeri è ristretta a quelli finiti; se invece risulta che l'intelletto può definire e costruire anche numeri infiniti, si dovrà dare alla sua finitezza un senso più generale o dire che in un certo senso è anch'esso infinito; la natura umana per quanto limitata ha moltissimi punti di contatto con l'infinito. Le difficoltà nel concepire numeri infinitamente grandi sono dovute al fatto che ci portiamo dietro le caratteristiche di quelli finiti, per esempio che un numero o è pari o è dispari:

Si assume tacitamente che quei caratteri che risultano disgiunti nei numeri addotti come esempio debbano rimanere tali anche in quelli nuovi, e da ciò si deduce l'impossibili-

---

[8] Nella riflessione prematematica sull'infinito (quella matematica si può far iniziare, come riconosce Cantor, con Bernhard Bolzano) si trovano sia intuizioni centrate, come quella di Galileo (tra gli altri) sulla possibile equivalenza tra parte e tutto, sia paralogismi e confusioni contraddittorie; per esempio Newton sosteneva che infinito più finito è maggiore di infinito con l'esperimento mentale di un corpo in equilibrio instabile soggetto a due forze infinite uguali e opposte, che viene sbilanciato da una sia pur minima aggiunta finita unilaterale. Gli esperimenti mentali richiedono cautela; spesso convincono solo chi si aspetta proprio quel risultato. Sarebbe interessante uno studio del loro uso nella storia del pensiero.

tà dei numeri infiniti. E non salta agli occhi il paralogismo? Dunque una generalizzazione o estensione di un concetto non è legata alla perdita di alcune note caratteristiche, e anzi impensabile senza di essa? [vedi i complessi]

Ed è possibile definire i numeri infiniti; essi differiscono dai numeri finiti in quanto per questi ultimi la cardinalità coincide con l'enumerazione bene ordinata, concetto decisivo per gli sviluppi della teoria che Cantor introduce qui per la prima volta; egli fa vedere però che nel caso infinito esiste più di una enumerazione non isomorfa di uno stesso insieme. Le leggi dei nuovi numeri sono radicalmente diverse da quelle che vigono nel finito (ma sono utili anche per studiare i finiti). Non è tuttavia per nulla ovvio come possano essere definiti i numeri infiniti, e che tipo di definizione sia quella che Cantor deve dare, e che tipo di realtà abbiano i suoi numeri. I numeri sono per Cantor, come per Aristotele, associati agli insiemi, ma non sono insiemi; il riduzionismo posteriore secondo cui ogni nozione matematica è definibile in termini di insiemi non appartiene all'orizzonte di Cantor. Se anche si intende la cardinalità come la classe di equivalenza degli insiemi equipotenti, il numero non è la classe, ma è solo associato a essa; Cantor parla spesso, senza troppa precisione (criticato per questo da Gottlob Frege (1848-1925)), di una sorta di astrazione, processo attraverso cui si creano i numeri; in questo momento ha anche la definizione degli ordinali infiniti attraverso i principi generatori (il successore, il passaggio al limite); ma con i principi generatori sembra si generino piuttosto i simboli, o si individuino i momenti in cui si introducono nuovi simboli; in seguito Cantor abbandonerà i principi generatori a favore, anche per gli ordinali, di una sorta di astrazione. Cantor si dibatte in una lotta titanica per trovare la giustificazione della esistenza reale dei suoi numeri, per liberarsi dal processo costruttivo e soggettivo per raggiungere una concezione realista. Questa vicenda ha un significato esemplare per la storia della creatività in matematica. C'è la tentazione del puro formalismo, innanzi tutto perché è posizione diffusa, è la posizione dei cosiddetti aritmetici, per i quali già "ai numeri irrazionali spetterà solo un significato formale, di segni per il calcolo che servono soltanto a fissare e descrivere in modo semplice e unitario alcune proprietà di gruppi di numeri interi[9]". Anche Cantor inizialmente parla di simboli nume-

---

[9] Il riduzionismo curiosamente si presenta come legato o motivato dal formalismo.

rici; e tuttavia non si ferma a essi quando vuole parlarne come di numeri *real*. Un'altra tentazione è quella di parlare dei numeri come di idee dell'intelletto divino. A volte sembra bastare la mente umana, e le immagini nette in essa contenute[10]. Altre volte Cantor sottolinea soprattutto le analogie con il caso finito. Una possibilità ancora è quella di affermare che il concetto si impone con evidenza non rifiutabile: "il concetto di enumerazione ha una rappresentazione oggettuale immediata nella nostra intuizione interna", e un numero è "una rappresentazione nella nostra intuizione interna" di un dato insieme; ma questa idea della intuizione non può essere del tutto soddisfacente. Si tenga conto che lo stesso lavoro del 1883 contiene anche la definizione aritmetica (in quanto opposta a geometrica) del continuo come insieme perfetto e connesso, a coronamento di una serie di risultati sulla possibilità del moto continuo in spazi ovunque non densi. Cantor riassume la situazione precedente dicendo che la nozione di continuo era considerata "un concetto non scomponibile o anche, come dicono altri, un'intuizione pura a priori non determinabile per mezzo dei concetti"; egli confuta la possibilità di basarsi su un'intuizione del tempo, così come su una forma dell'intuizione dello spazio, perché viceversa lo studio dello spazio richiede un continuo concettualmente già sviluppato. La rappresentazione oggettuale nell'intuizione interna deve venire perciò ulteriormente elaborata, ed è quello che Cantor riesce a fare:

Possiamo parlare di realtà o esistenza dei numeri interi, finiti come infiniti, in *due* sensi; a rigore, però, si tratta ancora degli stessi due rapporti sotto i quali può essere considerata in generale la realtà di concetti e idee qualsiasi. Innanzi tutto possiamo considerare reali i numeri interi nella misura in cui, sulla base di certe definizioni, essi occupano nel nostro intelletto un posto assolutamente determinato, sono perfettamente distinti da tutte le altre parti costitutive del nostro pensiero, stanno con esse in relazioni determinate e modificano quindi la sostanza del nostro spirito in maniera definita; mi sia concesso di chiamare intrasogget-

---

[10] "Un insieme e il numero cardinale che vi appartiene non sono cose assolutamente differenti? Non è forse che il primo ci sta davanti come un oggetto, mentre il secondo è una immagine astratta nel nostro intelletto?", dallo scritto *Mitteilungen zur Lehre vom Transfiniten*, del 1887-8.

tiva o immanente questa specie di realtà dei nostri numeri. Ma si può anche concedere una realtà ai numeri nella misura in cui essi sono da considerare espressione o immagine di processi e relazioni del mondo esterno che sta di fronte all'intelletto... Chiamo transoggettiva o transiente questa seconda specie di realtà dei numeri. Dato il fondamento totalmente realistico, ma insieme anche totalmente idealistico, delle mie riflessioni, per me non c'è alcun dubbio che queste due specie di realtà siano sempre unite, nel senso che un concetto che va giudicato esistente nella prima accezione possederà sempre, sotto certi aspetti (anzi sotto infiniti) anche una realtà transiente (il cui accertamento, senza dubbio, è da annoverare in genere fra i compiti più difficili e faticosi della metafisica... [e spesso è possibile solo dopo molto tempo].

L'idea della esistenza immanente è fatta risalire a Spinoza:

Con idea adeguata intendo un'idea che, anche se considerata in sé, senza relazione a un oggetto, possiede tutte le proprietà o denominazioni intrinseche della vera idea[11].

Ora "la matematica nell'elaborare il proprio materiale deve tenere conto *solo e unicamente* della realtà *immanente* dei propri concetti e non è *in alcun modo* tenuta a controllarne anche la realtà *transiente*". Questo giustifica l'attribuzione alla matematica della caratteristica di essere "libera", invece di quella ambigua di "pura"; libera nella costruzione dei suoi concetti, "salvo l'ovvia avvertenza che [essi] non possono essere contraddittori e devono stare in un rapporto certo, regolato da definizioni, con quelli costruiti in precedenza e già disponibili e consolidati". Sembra di sentire David Hilbert (1862-1943), che qualche anno più tardi dirà a Frege di aver sempre pensato, al contrario del logico tedesco, che se assiomi liberamente posti sono non contraddittori, allora gli oggetti di cui parlano esistono. Cantor non fa alcun riferimento a queste nozioni dell'assiomatica, non ha la terminologia logica, ma la sostanza che anticipa ed esprime è la stessa.

---

[11] "Per ideam adaequatam intelligo ideam, quae, quatenus in se sine relatione ad objectum consideratur, omnes verae ideae proprietates sive denominationes intrinsecas habet", Spinoza, "Ethica", II, def. IV.

Il processo di formazione dei concetti, quando è corretto, è a mio avviso sempre lo stesso: si pone un oggetto privo di proprietà, che all'inizio non è che un nome o un segno A, e gli si assegnano secondo un ordine dei predicati intelligibili (che possono anche essere infinitamente numerosi) i quali hanno un significato noto grazie a idee già date, e non possono contraddirsi fra loro. Si determinano così le relazioni fra A e i concetti preesistenti, e in particolare quelli affini; se si porta questo processo a compimento sono date tutte le condizioni perché il concetto A, che in noi era assopito, si risvegli, ed esso viene in essere già completo, provvisto di quella realtà intrasoggettiva che può essere pretesa, in generale, solo dai concetti. Constatarne il significato transiente sarà poi compito della metafisica[12].

Se si rispettano le condizioni descritte di inserimento nella rete dei concetti preesistenti si vede anche che c'è poco spazio all'arbitrio, e poi c'è una garanzia ulteriore, data dal fatto che ogni concetto matematico ha un correttivo: "se è sterile o inadatto allo scopo la sua inutilità si rivelerà assai presto, e lo si lascerà cadere per mancanza di risutati".

Oltre ai numeri anche gli insiemi hanno nel 1883 una maggiore attenzione come concetto in sé, sempre più sganciati dal dominio concettuale a cui si riferiscono; qui a differenza che con i numeri infiniti, la relazione a concetti preesistenti non è possibile, e la definizione è inevitabilmente solo logica: "ogni molteplicità che può essere pensata come un'entità, cioè ogni Inbegriff di elementi definiti che possono essere uniti in una unità da una regola", qualcosa di simile all'idea di Platone. Cantor lo collega al termine platonico di μικτον, un misto di απειρον e περασ.

Dopo questo strappo, quasi che si fosse liberata con la matematica anche la sua capacità di fare matematica libera, le indagini di Cantor diventano sempre più, come si direbbe dopo, astratte, rivolte a nuovi concetti, in particolare ai tipi di ordine; erano stati prima introdotti a partire dalla nozione di enumerazione, ma ora sono studiati di per sé (come insiemi di elementi imprecisati), inventando anche la terminologia relativa che oggi ritroviamo tutta nella teoria delle strutture d'ordine. Ancora il punto di partenza è

---

[12] Fisica matematica e meccanica analitica per Cantor sono metafisiche.

quello degli insiemi di punti, per esempio con il teorema sull'isomorfismo di insiemi numerabili densi, ma poi se ne stacca. E con un articolo del 1885 incomincia ad avere qualche noia seria con tali ricerche così astratte, se anche l'amico Mittag-Leffler glielo respinge perché lo avverte che ne danneggerebbe la reputazione. Per alcuni anni Cantor non pubblica più su riviste di matematica; si chiude ed è chiuso in un isolamento esacerbato dal senso di un'ingiustizia subita, con conseguenze negative anche sul suo equilibrio mentale.

Solo nel 1891 Cantor rientra nella comunità matematica tedesca, in occasione della costituzione della *Deutsche Mathematiker Vereinigung*, a cui collabora proprio con la volontà di trovarvi una difesa dai suoi nemici reali e immaginari, e nel 1895-97 pubblica la sua grande sintesi in *Beiträge zur Begründung der transfiniten Mengenlehre*. Questo articolo è sistematico sia nello studio della cardinalità, con la notazione degli aleph, e con un complesso di leggi aritmetiche che danno all'argomento una struttura algebrica, sia nella teoria degli insiemi bene ordinati; ci sono anche problemi aperti di carattere tradizionalmente matematico come quello della confrontabilità dei cardinali e quello del buon ordinamento. La problematica la diciamo tradizionale nel senso di come sono impostati i problemi, che sono di un tipo affrontabile in un quadro definito dopo aver appreso alcune definizioni e tecniche (dimostrare che i casi possibili per certe relazioni sono solo quelli specificati, dimostrare l'esistenza di una funzione particolare): normali, nel senso di Kuhn. A parte le applicazioni nella teoria delle funzioni che continuano e si arricchiscono – culminando nel 1899 con il teorema di Baire che, arricchendo la topologia cantoriana con gli insiemi di prima e seconda categoria, caratterizza le funzioni analiticamente rappresentabili, provando in particolare che la famosa funzione di Dirichlet che vale 1 sui razionali e 0 sugli irrazionali rientra in questa categoria – viene innescata anche una ricerca specifica sui cardinali e ordinali infiniti, e la teoria degli insiemi è accettata come teoria matematica. Negli ultimi anni Cantor si dedica al tentativo di dimostrare il teorema del buon ordinamento, che nel 1883, al momento della prima introduzione dei buoni ordini, aveva considerato una legge del pensiero. E poi è aperto il problema del continuo, che non abbiamo menzionato, ma era già presente nel 1884. Nei *Beiträge* è contenuta la definizione più generale di 'insieme" che sarà ripe-

tuta dai matematici fino all'imporsi della terminologia assiomatica:

Con insieme intendiamo ogni collezione (*Zusammenfas-sung*) M di oggetti *m* definiti e ben distinti della nostra intuizione o del nostro pensiero, riuniti a formare una unità.

A Hilbert nel 1897 dirà che per avere una *Zusammenfassung* bisogna *zusammenfassen*, e che lui anni prima si era reso conto che questa operazione non era sempre possibile con ogni collezione; da alcuni rimandi, si può far risalire questa prima scoperta delle antinomie proprio al 1883; la distinzione tra il transfinito e l'infinito assoluto era stata motivata da questa consapevolezza, non solo dalla teologia.

Nel frattempo i discorsi con gli insiemi invadono altri campi su cui ci soffermiamo solo brevemente perché volevamo parlare degli insiemi come di un'idea matematica, e non metamatematica, nel suo discusso aspetto fondazionale. Gli elementi essenziali per la nascita di questa idea li abbiamo dati. Ma qualcosa dobbiamo dire anche dell'aspetto metamatematico, e quel poco che serve può essere legato al nome di Richard Dedekind. Dedekind oltre ad aiutare e incoraggiare Cantor è autore, come è noto, nel 1888 della definizione della struttura dei numeri naturali come intersezione di tutte le catene semplicemente ordinate; queste sono sistemi, cioè insiemi, di elementi del tutto arbitrari e non specificati, con un ordine discreto e con un primo elemento. Questa realizzazione corona l'aritmetizzazione, che aveva già ridotto i vari sistemi numerici a costruzioni insiemistiche a partire dai naturali. Ma Dedekind apre la strada anche all'irruzione degli insiemi in algebra, nello studio delle strutture; nell'edizione da lui curata, con un suo supplemento, delle lezioni di Dirichlet la teoria moderna dei campi è impostata non su formule e calcoli ma su estensioni e automorfismi. Di Dirichlet sarà detto da Hilbert e Minkwoski che a lui è dovuto, oltre a quello che porta il suo nome, un altro principio che suona così: "sconfiggere i problemi con un minimo di calcoli e un massimo di pensieri illuminanti"; Dedekind nel suo supplemento anticipa questa idea, affermando che "una teoria basata sui calcoli non offrirebbe il massimo grado di perfezione; è preferibile, come nella moderna teoria delle funzioni, cercare di ricavare le dimostrazioni non più dai calcoli ma direttamente dai concetti caratteristici fondamentali, e costruire una teoria in cui sarà possibile al contrario predire il risultato dei calcoli".

Più in generale, gli insiemi intervengono in tutte le altre discipline nella forma di "domini" per descrivere la metodologia assiomatica: l'obiettivo di studio di un sistema assiomatico è un dominio di oggetti tra cui valgano le relazioni espresse dagli assiomi; l'enfasi è da porre sulla non rilevanza della natura degli oggetti, per soddisfare e dare espressione all'esigenza che i teoremi siano invarianti per cambiamento del senso delle parole che intervengono negli assiomi. Anche la struttura sul dominio (relazioni e funzioni) verrà poco più avanti presentata in termini insiemistici. Con il suo contributo a una semantica adeguata al metodo assiomatico, il linguaggio insiemistico si incontra di nuovo e fa da levatrice a quella logica che ne aveva permesso l'esistenza. Il metodo assiomatico in versione consapevole, cioè con i linguaggi logici e una semantica insiemistica, permette non solo la teoria degli insiemi, ma la fioritura della matematica libera auspicata da Cantor. Lo studio della nascita della teoria degli insiemi permette di verificare quindi non solo la nascita di un'idea matematica, ma la nascita della matematica libera[13].

1 Appendice

Vogliamo aggiungere due commenti alla storia. Il primo riguarda la domanda del titolo su come nascono le idee matematiche; Cantor ha dato una risposta, quando ha osservato che "il processo di formazione dei concetti, quando è corretto, è a mio avviso sempre lo stesso: si pone un oggetto privo di proprietà, che all'inizio non è che un nome o un segno *A*, e gli si assegnano secondo un ordine dei predicati intelligibili...". Questa mossa, sulla cui universalità non si può non essere d'accordo, a parte sfumature di terminologia, riguarda tuttavia solo gli aspetti logici dell'introduzione del concetto; ci sono aspetti storici che sono nascosti o rovesciati dalla mossa logica; la formazione di un concetto attraversa una fase storica solo in parte riflessa nella strategia della definizione logica. Nella sintesi cantoriana questi aspetti sono solo impliciti, ma

---

[13] Questo articolo riprende l'intervento dell'Autore al convegno Pristem: *Esistono rivoluzioni in Matematica?*, tenutosi a Milano presso l'Università Bocconi nel marzo 1995. L'appendice in particolare è motivata dalla domanda del titolo del convegno.

nella sua esperienza sono evidenti. Ecco un altro motivo per l'importanza della storia. Il nome iniziale, prima che gli vengano assegnati "predicati intelligibili", non è del tutto "privo di proprietà": esso è usato e con esso si fanno diverse affermazioni (e si dimostrano risultati nel caso della matematica) basandosi su significati precedenti, tratti da diversi settori in cui il nome è usato; questi significati sono solo parzialmente determinati dagli usi, e magari non del tutto coerenti tra loro. Nel caso degli insiemi, c'erano gli insiemi finiti presenti in molti discorsi comuni, e in matematica, e qualche esempio di insieme infinito. C'era l'idea che gli insiemi siano dati per elencazione, nel caso finito, o attraverso una definizione della proprietà comune agli elementi: gli insiemi come collezioni e gli insiemi come proprietà. Il nome con i suoi molteplici significati viene assoggettato a un lavoro di pulitura che consiste sostanzialmente nel sottoporlo ad algoritmi e teoremi, inserendolo in operazioni che, permesse da alcune delle accezioni e magari non in modo completo da altre, porta a una potatura di brandelli di significato che non sono condivise da tutte le accezioni. Si aggiungono via via nuove determinazioni man mano che si arricchisce il contesto degli algoritmi e delle proposizioni in cui il nome è usato. Si perdono i significati correnti e si aggiungono invece note caratteristiche che hanno la proprietà di non riferirsi a un unico significato ma di essere determinate dalle regole d'uso. Non corrisponde alla storia dire che "se si porta questo processo a compimento sono date tutte le condizioni perché il concetto A, che in noi era assopito, si risvegli, ed esso viene in essere già completo", almeno se con questo si immagina un atto immediato. Il processo è per l'appunto un processo, scandito da perfezionamenti e sistemazioni che saranno poi riconosciuti nella versione logica come le tappe progressive dell'assiomatizzazione. Nell'idea espressa da Cantor si intravvede la questione che tanto tormenterà gli assiomatizzatori della completezza dei sistemi assiomatici. Nella storia della teoria degli insiemi si vede l'accumularsi di risultati sugli insiemi infiniti, con o senza l'assioma di scelta, usato più o meno implicitamente, e in assenza di una teoria generale della cardinalità ma solo di alcune definizioni e risultati basati su esempi di insiemi infiniti; si mette a fuoco l'individuazione delle proprietà caratteristiche dei numeri finiti – di cui prima non era sentita la necessità di raccoglierle in una silloge, in una teoria – e si formulano progressivamente quelle valide per tutti, prescindendo dalla finitezza e dalla coincidenza di cardinalità ed enumerabilità che ivi si verifica, e utilizzando solo le corrispondenze biunivoche. Questa storia è un esempio illuminante e paradigmatico del processo di formazione di un concetto matematico, coronato dall'esempio illuminante e paradigmatico di introduzione di un nuovo concetto secondo la strategia descritta da Cantor. Come è noto, Zermelo arriverà per sua ammissione alla assiomatizzazione della teoria esaminando e riflettendo sul materiale così accumulato e analizzando i tipi di ragionamenti sviluppati per ottenerlo (fino al punto da proporre anche una modifica della logica, per quel che riguarda il principio di scelta). Quando un nuovo concetto entra in matematica, di solito non deve espellerne nessun altro, al massimo ne mette qualcun altro in ombra. Ma nel caso degli insiemi è stata un'intera concezione a essere stata messa da parte, quella del continuo geometrico, e più in generale insieme a essa il peso dell'intuizione geometrica in matematica. In questa occasione non abbiamo tempo di illustrare e discutere le conseguenze di una tale rivoluzione.

L'altro commento si riferisce appunto al titolo del convegno, e al possibile interrogativo se quella di Cantor sia stata una rivoluzione. Porsi una simile domanda conduce inevitabilmente a discutere non della matematica e delle sue vicende ma del termine "rivoluzione". L'uso di tale termine sembra sconsigliabile nell'analisi storica della matematica, perché esso è troppo caratterizzato politicamente e ideologicamente, e nello stesso tempo proprio per questo non è sufficientemente caratterizzato. Non è chiaro come debba essere usato, se sia vero per esempio che a una rivoluzione segua sempre una restaurazione, se una rivoluzione debba solo distruggere o anche costruire, se sia progressiva o neutra (cioè se il termine sia valutativo o no) e questioni del genere; le risposte sono diverse – e tutte proposte da qualche parte – a seconda del significato politico che viene dato al termine, e per di più in base allo stesso significato la sua applicazione può essere controversa; quella che per qualcuno è una rivoluzione (positiva) per altri è un colpo di stato; inoltre lo stesso episodio può essere considerato una rivoluzione in un momento storico, e non così in un altro momento, al cambiare della valutazione storica e del clima politico. Forse solo la Rivoluzione Francese è chiamata così da tutti, anche se i giudizi e il senso da attribuirle sono ancora controversi; per la Rivoluzione d'Ottobre sembrano sempre meno quelli che la considererebbero ancora una rivoluzione. Precisare l'uso e il riferimento del termine comporta in generale l'elaborazione e l'adesione a una filosofia della storia. C'è un'altra accezione, meno politica, del termine "rivoluzione", che si trova per esempio nel riferimento alla rivoluzione industriale. In questo caso l'uso del termine è universale e definitivo, se pure anche qui non tutti ne diano la stessa valutazione per quel che ha comportato per il bene dell'umanità. È comunque fuori discussione che la vita umana è cambiata con il passaggio attraverso la rivoluzione industriale, anche se i meccanismi biologici fondamentali non sono stati toccati; che non sono scomparse le attività precedenti, come l'agricoltura, ma che sono state investite anch'esse dalle trasformazioni; che non si può fissare una data d'inizio, neanche convenzionale (invenzione della macchina a vapore? prima manifattura in Inghilterra?) così come una data finale (si è accavallata la seconda rivoluzione industriale), ma si può solo indicare un lungo periodo nel corso del quale la rivoluzione ha avuto luogo. In questo senso dunque, così come si parla di rivoluzione industriale, è accettabile forse dire che (non solo la teoria degli insiemi) quello che è successo nella matematica dell'Ottocento rappresenta una rivoluzione, per usare le parole di Cantor la rivoluzione della matematica libera, con tutti i suoi vantaggi e tutte le sue perdite.

Matematica, miracoli e paradossi*

S. Leonesi, C. Toffalori, S. Tordini

1 Miracoli

L'attenzione del lettore che sfoglia sulla rivista *Fundamenta Mathematicae* del 1924 l'articolo [1] è certamente attratta alle pagine 260-261 da una sorprendente affermazione che suona all'incirca così: è possibile suddividere una sfera dell'usuale spazio a tre dimensioni in un numero finito di parti che, ricomposte opportunamente, vanno a formare due sfere uguali a quella di partenza. Come detto, la proposizione è per lo meno bizzarra, e certamente richiama alla mente (con rispetto parlando) i Vangeli ufficiali e il racconto che lì viene fatto del miracolo della moltiplicazione dei pani: nella versione di san Giovanni (capitolo 6), si narra per esempio come da cinque pani d'orzo si ottiene quanto basta a saziare cinquemila uomini (senza contare le donne e i bambini) e riempire dodici canestri di avanzi. Ma l'affermazione sulla duplicazione delle sfere non ha nulla di soprannaturale e divino: si tratta di un immanentissimo teorema di Matematica, certamente sorprendente, tant'è vero che viene usualmente chiamato paradosso di Banach-Tarski, ma comunque soltanto di un teorema di Matematica, con le sue brave ipotesi, tesi e dimostrazione. Ma proprio per

* *Lettera Matematica Pristem*, n. 46, 2001.

questo possiamo domandarci: la scienza, e in particolare la Matematica, può spiegare i miracoli? E se sì, perché non approfittarne? Magari potremmo applicare il meccanismo per fini assai più gretti e prosaici, per esempio per riprodurre lingotti d'oro, invece di sfere o pani, e prima duplicare, poi centuplicare in questo modo le nostre ricchezze. In ogni caso, anche a prescindere da queste argomentazioni assai terrene e superficiali, vale la pena di approfondire il discorso, e capire come mai possiamo matematicamente provare che la materia può raddoppiarsi e riprodursi nel senso sopra descritto.

2 Il teorema di Zermelo

Per abbozzare una spiegazione, dobbiamo momentaneamente abbandonare il 1924 e il problema delle sfere, e risalire a qualche anno prima, proprio all'inizio del XX secolo. Già da qualche anno Cantor aveva introdotto l'innovativa Teoria degli Insiemi e in particolare, al suo interno, i numeri cardinali: numeri che estendono gli usuali naturali 0, 1, 2, . . . con cui contiamo e che permettono di "misurare la grandezza" anche degli insiemi infiniti. Così l'insieme stesso dei naturali ha un numero di elementi che si denota $\aleph_0$ e si chiama infinità numerabile, mentre la retta reale $\mathbb{R}$ ha un numero di punti che viene detto potenza del continuo, si prova diverso da $\aleph_0$ e anzi uguale, in un senso opportuno, alla potenza $2_0^{\aleph}$. Ma all'inizio del Novecento lo sviluppo di una ragionevole aritmetica per questi numeri infiniti (il numerabile, il continuo, e così via), che estendesse le abituali proprietà dei naturali, non si dimostrava affatto agevole. Comunque, si osservò che molti importanti problemi in questo ambito sarebbero stati superati e risolti se si fosse potuto mostrare che ogni insieme si può bene ordinare. Vediamo di spiegare che cosa significhi quest'ultima proposizione. I numeri naturali, col loro abituale ordinamento $\leq$, soddisfano la proprietà che viene chiamata Principio del minimo: *qualunque sottoinsieme non vuoto dei numeri naturali ammette un minimo elemento.* Così diviene possibile metterli in fila e presentarli uno dietro l'altro: il primo 0, il secondo 1 (il minimo dopo 0), e via di seguito. Non altrettanto vale per i reali (ancora rispetto all'usuale ordinamento): per esempio, non esiste un minimo reale positivo, perché ogni reale è comunque maggiore della sua metà. Gli insiemi ordinati che condividono la proprietà del minimo dei numeri naturali, e dunque ammettono un primo elemento per ogni sottoinsieme non vuoto, si dicono bene ordinati. I reali, col loro ordine abituale, non formano un insieme bene ordinato, e molti altri controesempi li accompagnano. Ma niente esclude che gli stessi reali, riarrangiati opportunamente rispetto a qualche altro ordinamento, diventino un insieme bene ordinato e dunque consentano un minimo elemento per ogni sottoinsieme non vuoto. L'affermazione che stiamo discutendo è ancora più forte, e sostiene che qualunque insieme non vuoto A, e non solo $\mathbb{R}$, può essere dotato di una relazione che lo rende bene ordinato e mette in fila l'uno dietro l'altro i suoi elementi, così come avviene per i naturali. Un attimo di riflessione può convincere il nostro lettore, se non della plausibilità, almeno della potenza di questa ipotesi: se vera, essa garantirebbe un formidabile strumento tecnico per dominare qualunque insieme A, elencandone gli elementi nel modo che abbiamo descritto. In particolare, come già osservato, con questo mezzo si potrebbero risolvere i problemi dei numeri cardinali infiniti che abbiamo sopra accennato. Chi per primo avanzò questa congettura sul buon ordinamento fu Cantor nel 1883. Ma fu solo nel 1904 che il matematico tedesco E. Zermelo ne pubblicò una dimostrazione [14] sui Mathematische Annalen, una rivista di matematica di grande prestigio, che includeva allora tra i suoi responsabili nomi come quelli di Klein e Hilbert. La prova di Zermelo occupa sì e no tre pagine, e si conclude con qualche commento dell'autore. In particolare, poco prima della fine, Zermelo sottolinea che la sua dimostrazione si basa sul principio che "il prodotto di una totalità infinita di insiemi, ognuno dei quali contenga almeno un elemento, è esso stesso diverso dall'insieme vuoto. Questo principio logico non può, a rigore, essere ridotto ad uno più semplice, ma esso si può applicare ovunque nelle deduzioni matematiche senza esitazione". In altre parole, Zermelo si basa, per provare che ogni insieme non vuoto si può bene ordinare, sul fatto che il prodotto cartesiano di (eventualmente infiniti) insiemi non vuoti è non vuoto, e ritiene questa premessa assolutamente evidente e non bisognosa di ulteriori dimostrazioni. La cosa non parve però così ovvia ai contemporanei di Zermelo, se già nel numero successivo dei Mathematische Annalen apparvero articoli di matematici come Schoenflies e Bernstein, che si dichiaravano tutt'altro che convinti. Anzi, ci fu chi cercò di smentire Zermelo nel modo più diretto, producendo un controesempio e, più specificamente, mostrando che i reali non si possono bene ordinare. In realtà J. König aveva già presentato una prova di quest'ultimo fatto qualche mese prima del lavoro di Zermelo ma, non essendo soddisfatto delle sue argomentazioni e restando tuttavia persuaso, a dispetto di Zermelo, dell'impossibilità di bene ordinare i reali, propose nel 1905 una nuova dimostrazione, che adesso cerchiamo di riassumere. Ammettiamo per un attimo che i reali si possano bene ordinare rispetto a un'opportuna relazione $\leq$, e occupiamoci momentaneamente di un argomento che sembra a prima vista assai distante, e mescola disinvoltamente matematica e grammatica. Possiamo infatti convenire che le parole della lingua italiana formano un insieme finito: un dizionario basta a includerle tutte. Conseguentemente si prova in modo abbastanza semplice che le frasi che si possono formare nella lingua italiana (che sono comunque sequenze ordinate finite di parole) sono al più un'infinità numerabile (come i naturali). Consideriamo allora tutti i numeri reali che si possono definire con un frase di senso compiuto in italiano (zero, uno, radice di due, pi greco e così via). Il loro insieme è soltanto numerabile e, siccome l'intera retta reale è assai più grande e raggiunge la potenza del continuo, ci sono reali che non si possono definire con una frase di senso compiuto in italiano. In particolare, allora, esiste un reale r che ha questa proprietà ed è minimo rispetto al buon ordine $\leq$ che abbiamo riconosciuto ai reali. Ma allora r si può presentare come il numero reale più piccolo rispetto a cui non si può definire con una frase di senso compiuto in italiano, e questo lo determina con una frase di senso compiuto in italiano e ci porta ad una apparentemente insuperabile contraddizione. Con questo ragionamento, König supponeva di aver provato l'impossibilità di bene ordinare i reali, e di aver confutato irrimediabilmente Zermelo. In realtà l'argomento di König ha qualche imprecisione, che il lettore può cercare di individuare da solo, e che comunque segnaleremo più tardi nella nostra esposizione. Così la situazione torna al punto di partenza, e possiamo nuovamente chiederci: il teorema di Zermelo è corretto o no? Dobbiamo accettarlo o rifiutarlo? Quanto è condivisibile l'assunzione che il prodotto cartesiano di una famiglia infinita di insiemi non vuoti resta non vuoto? Infatti, al momento, possiamo solo ragionevolmente ammettere che Zermelo aveva provato, se non proprio che ogni insieme non vuoto si può bene ordinare, almeno che questa affermazione è vera se accettiamo l'ipotesi appena citata. Ma, come Borel osservò qualche anno dopo il lavoro di Zermelo, il fatto è che le due proposizioni, pur apparentemente così distanti tra loro, risultano invece equivalenti: due facce della stessa medaglia, due maniere differenti di dire la stessa cosa. Dunque Zermelo non aveva affatto provato che ogni insieme non vuoto si può bene ordinare, ma soltanto sottolineato il collegamento tra questa affermazione e l'altra sui prodotti cartesiani; più in dettaglio, aveva dimostrato che la seconda è condizione sufficiente per la prima. La seconda proposizione viene oggi usualmente chiamata Assioma Moltiplicativo, la prima, in modo improprio, teorema di Zermelo (infatti, a esser precisi, non è affatto un teorema dimostrato da Zermelo). Come detto, Borel segnalò che l'Assioma Moltiplicativo è condizione anche necessaria per il teorema di Zermelo, e gli è dunque equivalente. Dunque, in conclusione, nonostante il contributo di Zermelo, il problema del buon ordinamento restava all'inizio del secolo scorso un problema ancora aperto.

3 Paradossi

In effetti qualcosa di peggiore veniva a turbare in quegli anni di inizio Novecento lo sviluppo dell'ancor giovane Teoria degli Insiemi. G. Frege si era preoccupato di assicurarle una semplice impalcatura assiomatica, che si basava su due concetti primitivi, quelli di insieme e di proprietà, e su poche, apparentemente plausibili proposizioni, proposte come assiomi: in particolare, oltre al principio chiamato di estensionalità, che sostiene che due insiemi con gli stessi elementi sono uguali, si accettava il principio di comprensione, secondo cui ogni proprietà definisce un insieme. Ma nel 1901, Bertrand Russell osservò che quest'ultima affermazione è contraddittoria, e propose per confutarla il suo celebre paradosso. Il Paradosso di Russell fa lontano riferimento al famoso paradosso del mentitore, che viene attribuito all'antico Epimenide di Creta; è riferito anche da San Paolo nella "Lettera a Tito" e propone la situazione di una persona che afferma: *Io sto mentendo*, ma, così dicendo, mente esattamente se dice la verità (un circolo vizioso senza via di uscita o di spiegazione). Del resto, molte versioni divulgative del Paradosso di Russell, accessibili anche a chi non è esperto di Matematica o di Teoria degli Insiemi, sono disponibili. Per esempio, Grelling e Nelson nel 1908, ancora mescolando matematica e dizionari, parlano di aggettivi che descrivono se stessi. L'aggettivo "corto" è realmente corto, mentre "lungo" non è lungo. Introduciamo un nuovo aggettivo X per definire la proprietà di non descrivere se stessi. Allora X descrive se stesso esattamente quando non è capace di farlo: di nuovo, una situazione senza possibile spiegazione. Un'altra versione popolare del paradosso fu fornita dallo stesso Russell nel 1918, e parla di un paese in cui c'è un barbiere che rade tutti e soli quelli che non si radono da soli. La domanda stavolta è: chi rade il barbiere? In effetti il barbiere si rade da solo se e solo se non si rade da solo. Un'ultima versione divulgativa, proposta dal matematico inglese Jourdain nel 1913 e riferita per esempio in [10], necessita di un solo foglio di carta: su una facciata leggiamo "La proposizione sul retro è vera", sull'altra "La proposizione sul retro è falsa". Così, se vogliamo dar fede ad ambedue le affermazioni, dobbiamo prendere atto che il primo enunciato è vero esattamente se è falso. Come detto, il Paradosso di Russell riproduce le precedenti contraddizioni nell'ambito della Teoria degli Insiemi, così come essa era stata inquadrata da Frege. Per introdurlo, dobbiamo convenire su un'ovvia premessa, e cioè accettare senza scandalo che un insieme possa essere contemporaneamente un elemento di un insieme; per esempio, ogni insieme A fa parte, come elemento, dell'insieme dei sottoinsiemi di A. Allora possiamo chiederci se un insieme A può appartenere come elemento a se stesso, e comunque isolare la proprietà "A appartiene a se stesso", o anche la (più verosimile) negazione "A non appartiene a se stesso". Secondo il principio di comprensione di Frege, quest'ultima proprietà determina un insieme B, quello costituito da tutti e soli gli insiemi che non appartengono a se stessi. La domanda che ci poniamo è: B appartiene a se stesso? Ma la risposta è, nuovamente, un circolo vizioso senza via di uscita: B appartiene a se stesso se e solo se soddisfa la condizione di appartenenza a B, e dunque se e solo se non appartiene a se stesso. Russell comunicò il suo paradosso a Frege in una lettera del 1902, e Frege lo pubblicò nel 1903 in appendice alla sua opera [4], commentando tristemente che "ad uno scrittore di scienza ben poco può giungere di più sgradito del fatto che, dopo aver completato un lavoro, uno dei suoi fondamenti venga scosso". In effetti la scoperta e divulgazione del paradosso di Russell misero in seria crisi non solo l'approccio di Frege alla Teoria degli Insiemi, ma anche la stessa Teoria degli Insiemi: come possiamo continuare a studiare e approfondire un argomento in cui affiorano così evidenti – e, tutto sommato, elementari – contraddizioni? Al di là dell'amarezza di Frege, la reazione del mondo matematico fu ampia, polemica, varia e articolata; non stiamo comunque a descriverla qui in tutte le sue sfaccettature. Diciamo solo che, negli stessi anni, altre contraddizioni affioravano nelle basi della Matematica e in particolare nella Teoria degli Insiemi, accompagnando il Paradosso di Russell e accentuandone l'azione critica e, forse, disgregatrice. A questo proposito, ci limitiamo a citare un argomento, dovuto a Richard e Berry, che ha forti analogie con la presunta dimostrazione di König (sopra riferita) circa il fatto che l'insieme dei reali non si può bene ordinare. Consideriamo infatti la versione di Berry del paradosso. In essa si mescolano nuovamente aritmetica e dizionari, e si trattano i numeri naturali che si possono definire in almeno un modo con meno di 40 sillabe della lingua italiana. Siccome le sillabe cui attingere sono solo una quantità finita, e le loro possibili sequenze di lunghezza 40 sono di conseguenza ugualmente finite, ne deduciamo che i numeri che possono essere formati in questo modo sono, nuovamente, una quantità finita. Esistono dunque naturali che non si possono esprimere in nessun modo con meno di 40 sillabe in italiano, e quindi dal Principio del Minimo deduciamo che c'è un primo naturale n con questa proprietà: n è allora il più piccolo numero naturale che non si può definire con meno di 40 sillabe nella lingua italiana. Ma un rapido controllo mostra come le sillabe appena usate per descrivere n sono meno di quaranta (38, salvo errori). Quindi ci troviamo di fronte a una contraddizione. Come si vede, in questa atmosfera di profonda crisi, la questione del teorema di Zermelo può sembrare assai relativa e marginale e perdere molto del suo interesse di fronte a problemi più urgenti e precedenze più assolute, quali quelle di capire e superare in qualche modo le contraddizioni che vengono a minare le basi e lo sviluppo della Teoria degli Insiemi e forse della stessa Matematica, e rifondarne in modo coerente l'intera struttura.

4 Come evitare i paradossi

Come detto, i paradossi di Russell, Richard, Berry e altri portarono a reazioni molteplici e talora opposte, ma con una sorta di comune leit-motiv, e cioè l'esigenza di rimeditare e comprendere la reale natura della Matematica. Ora, rozzamente parlando, fare Matematica significa provare teoremi, almeno secondo una visione molto popolare, e certamente influenzata dal dibattito che proprio in quegli anni del primo Novecento si svolse. D'altra parte, qualunque testo di Matematica – Algebra, Analisi o Geometria – testimonia che un teorema si dimostra ragionando su risultati precedentemente accertati; proprio per questo motivo il primo teorema di un libro non può fare riferimento a niente di già provato, e deve fondarsi su qualcosa di così evidente che tutti possano accettarlo: quelle proposizioni, cioè, che siamo soliti chiamare assiomi. Questa concezione della Matematica come scienza che deriva teoremi da assiomi non era affatto nuova, e risaliva in realtà al mondo greco classico e a Euclide in particolare. Del resto la stessa parola assioma deriva dal greco antico, e vi denota "quel che è degno di considerazione e fiducia"; il primo ad adoperarla fu Aristotele, per indicare una proposizione da cui parte la dimostrazione e di cui tutti possono far uso perché appartiene all'essere in quanto essere". Le opere di Euclide – i suoi Elementi – avevano sottolineato questo ruolo degli assiomi nello sviluppo della Matematica, come base intuitiva necessaria per indirizzare le dimostrazioni. La visione di Euclide fu ripresa, proprio in quegli anni di fine Ottocento e inizio Novecento, principalmente a opera di David Hilbert. Anche per Hilbert, la Matematica si organizza nei suoi settori di interesse (come la Teoria degli Insiemi, l'Algebra, la Geometria, e qualunque altro argomento si intenda affrontare) stabilendo alla propria base un sistema di proposizioni elementari chiamati assiomi, derivandone le sue dimostrazioni come sequenze finite di affermazioni costruite tramite schemi prestabiliti di ragionamento (le regole di deduzione) e ottenendo i suoi teoremi come ultimi passi, appunto, di una dimostrazione. Come si vede, questa concezione sembra ricalcare abbastanza fedelmente la prospettiva di Euclide. Pur tuttavia, una differenza sostanziale distingue Euclide da Hilbert, ed è la seguente. Nella visione del primo, infatti, è fondamentale il riferimento all'intuizione: è l'intuizione che suggerisce gli assiomi, come proposizioni elementari evidenti e facilmente condivisibili; è l'intuizione, ancora, che guida la ricerca matematica e la deduzione dei teoremi. L'impalcatura costituita da assiomi e dimostrazioni costituisce un sostegno logico e scientifico per assecondare e aiutare, appunto, l'intuizione. La concezione di Hilbert, invece, è assai più fredda e formale: in particolare, il criterio guida per giudicare la bontà di un sistema assiomatico non è tanto la sua corrispondenza alla nostra intuizione e il suffragio di una presunta evidenza, quanto piuttosto la sua coerenza, l'assenza cioè di paradossi e contraddizioni, la certezza che le dimostrazioni che da quel sistema nascono non produrranno mai risultati assurdi e inconciliabili. A questo proposito, una buona domanda, cui vale la pena accennare, riguarda chi è delegato a controllare e assicurare la coerenza di un sistema assiomatico. Ebbene, nella visione di Hilbert, il sistema stesso dovrebbe autocertificare l'intrinseca assenza di contraddizioni, come un proprio particolare teorema e dunque al termine di un'appropriata dimostrazione. Ma qui il discorso diviene molto astratto, delicato e difficile, e ci limitiamo a questo breve cenno. Semmai, c'è da sottolineare un'altra buona qualità che un sistema assiomatico degno di questo nome dovrebbe possedere, oltre alla coerenza, e cioè la completezza: la capacità, in altre parole, di dimostrare, per ogni possibile proposizione che lo riguarda, o la proposizione stessa o la sua negazione (ma, naturalmente, non entrambe per non sacrificare la coerenza). Il sogno di Hilbert era quello di poter edificare l'intera struttura della Matematica come una famiglia di sistemi assiomatici, con le loro brave regole di deduzione, tutti coerenti e completi, e conseguentemente capaci di dominare senza contraddizioni qualunque questione in qualunque settore di ricerca. Questa concezione, e l'importanza del metodo assiomatico, appaiono già almeno in germe nelle opere che Hilbert dedicò nel 1899 a una sistemazione completa della geometria elementare ("Grundlagen der Geometrie") e l'anno dopo a un'analoga riflessione sui numeri reali ("Über der Zahlbegriff"), anche se, a essere onesti, la formalizzazione delle idee di Hilbert e del suo Programma doveva ancora attendere alcuni anni, e solo nel 1925 ebbe la sua espressione esplicita nel trattato "Sull'Infinito"; quel che successe dopo quella pubblicazione, e i conseguenti Teoremi di Incompletezza di Gödel, sarebbero (e sono stati) un ottimo spunto per molti articoli descrittivi. Ma ritorniamo al 1900 e agli albori del metodo assiomatico di Hilbert. Come detto, la visione della Matematica che ne risulta tende a cercare, in ogni possibile ambito di studio, un sistema di assiomi fondamentali su cui basare tutta la ricerca, e poi a determinare i teoremi come pure conseguenze formali delle regole di deduzione. Quello che a noi interessa sottolineare è la prima parte del programma, e cioè la determinazione degli assiomi. Come il lettore può facilmente in-tendere, non si tratta più soltanto di accumulare qualche eviden-te verità che faciliti poi la successiva attività di studio, ma di co-gliere i fondamenti essenziali della teoria che si intende affrontare.

L'esempio di Frege mostrava, proprio in quegli stessi anni, quanto delicato e difficile fosse questo lavoro; e, come Hilbert metteva in evidenza, gli assiomi vanno scelti e organizzati in modo da soddi-sfare le condizioni essenziali già menzionate: o la coerenza (gli as-siomi devono evitare ogni possibile contraddizione, che ne possa inficiare un domani la validità); o la completezza (gli assiomi de-vono permettere di provare, per ogni possibile proposizione, o la proposizione stessa, o la sua negazione). Come detto, l'importan-za del requisito della coerenza era già evidente a Hilbert nel 1900, se al secondo posto della celebre lista di problemi matematici da lui proposti al Secondo Congresso Internazionale tenutosi a Parigi quell'anno decise di porre la questione della coerenza dell'aritme-tica. Ci sarebbe poi da citare un ultimo requisito che un buon si-stema matematico dovrebbe possedere, e cioè l'indipendenza: in altre parole, tutti gli assiomi del sistema dovrebbero essere effet-tivamente indispensabili, e non dovrebbe succedere che, in modo magari nascosto e indiretto, uno di essi derivi dagli altri come loro conseguenza. In tal caso, sarebbe superfluo, passerebbe a essere un teorema, e potrebbe essere eliminato dalla lista degli assiomi.

Adesso torniamo finalmente alla nostra povera Teoria degli Insie-mi, così scossa e turbata dal Paradosso di Russell e da altre simili contraddizioni. Seguendo la prospettiva di Hilbert e il metodo as-siomatico, Zermelo cercò di riformulare la Teoria degli Insiemi di Cantor in termini non contraddittori. Anzitutto Zermelo si preoc-cupò di indebolire opportunamente il Principio di Comprensione di Frege; era in quella proposizione, infatti, e nella conseguente libertà di formare insiemi a partire da ogni proprietà, che si anni-dava l'origine del paradosso di Russell. Zermelo propose allora di sostituirla con quello che chiamò Assioma di isolamento, il quale consentiva, sì, di costruire insiemi di elementi che soddisfano una certa proprietà, ma solo ritagliandoli all'interno di un altro insieme già esistente. Per esempio, in riferimento al Paradosso di Russell, per ogni insieme A possiamo costruire l'insieme degli insiemi X che appartengono ad A e non sono elementi di se stessi, ma non sia-mo invece esplicitamente autorizzati a formare l'insieme di tutti gli insiemi X che non appartengono a se stessi. Zermelo accolse poi altri principi di Frege, per esempio quello della estensionalità che afferma che due insiemi con gli stessi elementi sono uguali, e poi si preoccupò di aggiungere ulteriori assiomi che assicurano l'esistenza dell'insieme vuoto e di un insieme infinito, e autorizzano elementari costruzioni di insiemi, come unione, insieme delle parti, coppie, e così via. Il sistema assiomatico di Zermelo per la Teoria degli Insiemi, che comparve per la prima volta nel 1908 in [15], includeva finalmente una proposizione che conosciamo bene, e cioè quello che abbiamo chiamato "Teorema di Zermelo", oppure, nella sua formulazione equivalente, Assioma Moltiplicativo. A essere pignoli, la versione con cui questa proposizione appariva nella lista di Zermelo era un'altra ancora, e asseriva: se A è un insieme di insiemi X non vuoti a due a due disgiunti, allora c'è un insieme S che interseca ogni X in esattamente un elemento, e cioè, in altre parole, sceglie un elemento in ogni X. Questa nuova formulazione, fornita da Russell nel 1906, si mostra comunque in modo molto semplice essere equivalente all'Assioma Moltiplicativo. Là, infatti, si afferma che il prodotto cartesiano di una famiglia infinita di insiemi non vuoti rimane non vuoto. Ora, se riflettiamo un attimo su come si definisce il prodotto cartesiano di una famiglia di insiemi, o magari andiamo a consultare i testi di Matematica sull'argomento, ci rendiamo conto che, se $\{A_i : i \in I\}$ è la nostra famiglia e I il corrispondente insieme di indici, allora $\prod_{i \in I} A_i$ viene introdotto come l'insieme delle funzioni f da I in $\bigcup_{i \in I} A_i$ che associano a ogni i un elemento di A_i. Dunque asserire che esiste una tale funzione f (come l'Assioma Moltiplicativo fa) significa ammettere che c'è modo di scegliere un elemento in ogni A_i, il che ci conduce abbastanza facilmente alla formulazione di Russell sopra menzionata. Anzi, c'è un'ulteriore maniera di esprimere la stessa cosa, che si chiama Assioma della Scelta e recita più o meno così: "se A è una famiglia non vuota di insiemi X non vuoti, allora esiste una funzione f definita su A che a ogni X associa un elemento $f(X)$ di X. Comunque lo vogliamo formulare, l'Assioma della Scelta è l'ultima proposizione del sistema di Zermelo. È da notare che, in questo modo, inserendo l'Assioma Moltiplicativo, o il suo "Teorema" nella lista degli assiomi della Teoria degli Insiemi, Zermelo risolveva in modo forse troppo sbrigativo e certamente discutibile la questione del buon ordinamento, allontanandola dal pericoloso terreno dei risultati da dimostrare e collocandola nell'apparentemente più tranquillo settore dei dogmi da accettare. Del resto, questa opzione corrispondeva al suo originario parere sull'Assioma Moltiplicativo stesso, del quale, come sappiamo, aveva detto che si può applicare ovunque senza esitazione; ma a questo proposito conosciamo anche quanto discussa fosse stata tra i suoi contemporanei matematici questa opinione, o comunque la conseguenza dello stesso Assioma Moltiplicativo a proposito del buon ordinamento. Completata la sua lista, Zermelo si preoccupò giustamente di verificarne la coerenza, in accordo con lo spirito di Hilbert. Ma dovette ammettere onestamente di non riuscire a dimostrare che i suoi assiomi evitavano ogni contraddizione, anche se, fortunatamente, escludevano e superavano tutti i paradossi affiorati in quegli anni, incluso soprattutto quello di Russell. Qualche anno dopo, Fraenkel rielaborò (insieme a Skolem e Von Neumann) il sistema di Zermelo e ne propose una revisione [3], che viene usualmente chiamata la teoria di Zermelo-Fraenkel e denotata, dalle iniziali dei nomi di chi l'aveva costruita, ZF. Quali erano i vantaggi della nuova formulazione? Anzitutto essa adottava un linguaggio logico formale più preciso e rigoroso, che evitava certe ambiguità linguistiche e certe imprecisioni dell'originaria versione di Zermelo. Secondariamente, Fraenkel escluse il discutibile Assioma della Scelta dalla lista. Le proposizioni restanti furono, come già detto, opportunamente rielaborate e integrate. Per esempio si eliminarono alcune ridondanze del primitivo sistema di Zermelo, garantendone così il requisito della indipendenza. In particolare, poi, il fondamentale Assioma di Isolamento (l'indebolimento del Principio di Comprensione di Frege) fu nuovamente adattato e cambiò anche il suo nome, diventando l'Assioma di Separazione; inoltre fu aggiunta una nuova affermazione, chiamata Assioma di Fondazione o Regolarità, la quale, per evitare il Paradosso di Russell e altre simili contraddizioni, esclude che ogni collezione di oggetti che ci può venire in mente sia per ciò stesso un insieme, e afferma in dettaglio che ogni insieme non vuoto X contiene un elemento Y che, come insieme, è disgiunto da X (come già accennato prima, non dobbiamo scandalizzarci di vedere insiemi Y che disinvoltamente diventano elementi, o viceversa: un minimo di confidenza con la Teoria degli Insiemi comunica sufficiente elasticità a questo proposito). La sistemazione di Fraenkel, se ovviava a certi difetti dell'approccio di Zermelo, ne manteneva i pregi, escludendo in particolare il Paradosso di Russell. Ecco il perché. Anzitutto, ricordiamo ancora che non ogni possibile collezione C di insiemi è un insieme. Talora questo è vero, come capita per esempio se C è l'insieme dei sottoinsiemi di un dato insieme A: c'è infatti un assioma esplicito di ZF, quello della potenza, che assicura che C è in questo caso un insieme. Ma, altre volte, la cosa si dimostra, ancora sulla base di ZF, assolutamente falsa.

Teorema 1. *La collezione C di tutti gli insiemi non è un insieme.*

La dimostrazione adatta opportunamente proprio il Paradosso di Russell. Assumiamo infatti per assurdo che C sia un insieme. C non è vuoto. Usiamo allora l'Assioma di Isolamento o, se preferiamo chiamarlo con il nuovo nome, di Separazione e formiamo l'insieme B degli elementi X di C che non appartengono a se stessi. Allora $B \in B$ se e solo se $B \notin B$, il che produce una contraddizione e conduce a negare l'ipotesi non autorizzata, e cioè che C sia un insieme.

Si prova poi:

Teorema 2. *Nessun insieme X appartiene a se stesso.*

Procediamo infatti nuovamente per assurdo e supponiamo di avere un insieme $X \in X$. Usiamo l'Isolamento e costruiamo l'insieme Y degli $Z \in X$ che soddisfano la proprietà $Z \in Z$. Y contiene X come elemento e dunque non è vuoto. Adesso adoperiamo l'Assioma di Fondazione e otteniamo un elemento $U \in Y$ disgiunto da Y. Ma $U \in Y$ impone $U \in U$, il che produce la desiderata contraddizione.

A questo punto, il Paradosso di Russell è facilmente superato. La collezione degli insiemi che non appartengono a se stessi coincide con la collezione di tutti gli insiemi, e dunque non è un insieme. Ma allora non ha più molto senso ragionare se appartiene a se stesso oppure no: una soluzione che può forse comunicare al lettore quella stessa impressione di delusione di certi libri gialli, che tengono inchiodati per ore con la loro tensione, e poi si concludono con la banale scoperta che l'assassino è il maggiordomo. Pur tuttavia, sempre di una soluzione si tratta, e completamente logica. Dunque, possiamo procedere. Magari, visto che siamo in tema di paradossi, vale la pena di spendere qualche parola su quello di Berry, o di Richard, o di König, o come preferite chiamarlo. Ma qui il difetto sta nella già sottolineata confusione tra matematica e lingua e sull'equivoco di quel che realmente significa "definire un numero con una frase compiuta in italiano" (o, se è per questo, in inglese, francese e ogni altra lingua conosciuta): che zero si chiami zero non è, per esempio, legge matematica universale, ma solo una convenzione passeggera; lo stesso vale per il nome che vogliamo assegnare al presunto buon ordine dei reali. Dunque non c'è nulla di definitivo nel modo in cui chiamiamo i numeri o le relazioni, e nulla di rigoroso in quanto possiamo dedurre a questo riguardo.

Per concludere il paragrafo, accenniamo al problema della coerenza di ZF. Come abbiamo ricordato, Zermelo non fu capace di provarla (per il suo originario sistema assiomatico); nessuno comunque riuscì neppure a confutarla, né c'è riuscito fino a oggi, producendo qualche nuovo paradosso. D'altra parte, una delle conseguenze dei fondamentali Teoremi di Incompletezza di Gödel del 1930 è che, se pure ZF è coerente e quindi esclude contraddizioni, non è comunque lo stesso ZF che riesce a dimostrarlo come un suo specifico teorema: nessuna autocertificazione nello stile desiderato da Hilbert è qui possibile. E l'Assioma della Scelta (nelle sue varie formulazioni)? Escluso dalla lista dei fondamenti di ZF e tornato nell'incerto territorio delle proposizioni da dimostrare o contraddire, si può finalmente provare o trova, appunto, controesempi? Questo è l'argomento che cercheremo di discutere nel prossimo paragrafo.

5 L'assioma della scelta

Come abbiamo appena finito di dire, quello che chiamiamo Assioma della Scelta è in realtà una delle possibili formulazioni di una proposizione matematica assai poliedrica, che può anche indifferentemente ed equivalentemente presentarsi nelle vesti dell'apparentemente innocuo Assioma Moltiplicativo, o in quelle del controverso "Teorema di Zermelo", o ancora in quelle della versione dell'Insieme di Scelta proposta da Russell. E l'elenco non finisce certamente qui, e si potrebbe allungare assai, come il lettore interessato può facilmente verificare consultando il libro di Jech [6], o il successivo articolo [7], o molti siti Internet dedicati all'argomento, dove numerose altre formulazioni del principio della scelta sono presentate. Semmai qui, nei ristretti limiti di queste pagine, vale la pena di ricordarne ancora una, abbastanza ostica e complicata, e pur tuttavia popolare, perché spesso utilizzata nelle dimostrazioni e quindi facile da incontrare nei manuali di matematica: il Lemma di Zorn. Questo principio, equivalente a tutti i precedenti, fu individuato da M. Zorn nel 1935 [16], e afferma quanto segue: "Ammettiamo di avere un insieme *A* non vuoto e parzialmente ordinato da una relazione $\leq$. Ammettiamo poi che ogni sottoinsieme *X* di *A* totalmente ordinato da $\leq$ abbia qualche limitazione superiore in *A*, esista cioè qualche $a \in A$ tale che $a \geq x$ per ogni $x \in X$. Allora *A* ammette elementi massimali rispetto a $\leq$; in altre parole esiste qualche $m \in A$ che non è necessariamente più grande di tutti gli altri elementi di A, ma tuttavia non ammette elementi maggiori di lui, nel senso che ogni $b \in A$ confrontabile con *m* rispetto a $\leq$ risulta $\leq m$".

Va detto che la denominazione Lemma è, come nel caso del teorema di Zermelo, imprecisa e fuorviante; a sgombrare il campo da equivoci, ripetiamo dunque che, anche in questo caso, il Lemma di Zorn non dimostra nulla di definitivo, se non il fatto che il suo enunciato è, appunto, equivalente all'Assioma della Scelta nelle sue varie formulazioni. Va anche riconosciuto che il Lemma di Zorn ha un enunciato assai più articolato e indigesto delle altre proposizioni equivalenti; e pur tuttavia è il più immediato e diretto da utilizzare nelle applicazioni (delle quali avremo presto modo di menzionare qualche esempio). Ma a questo punto, a prescindere dalla particolare versione con cui intendiamo presentare l'Assioma della Scelta, dobbiamo riproporci la stessa domanda che già interessava Cantor e Zermelo: l'Assioma della Scelta (o il teorema di Zermelo, o l'Assioma Moltiplicativo, o il Lemma di Zorn) è vero o falso? Nessun progresso sembra derivare da tutte le considerazioni che abbiamo sviluppato nel frattempo. Eppure, abbiamo un qualche vantaggio rispetto a Cantor e allo Zermelo del 1904, perché essi dovevano comunque riferirsi ad approcci naïf alla Teoria degli Insiemi, quale quello di Frege, e noi possiamo invece disporre del più fine (?) sistema ZF. Così il nostro interrogativo si può riformulare come segue. Assumiamo preliminarmente che ZF sia coerente (altrimenti ZF contiene contraddizioni, ed è conseguentemente capace di provare qualunque conseguenza). Allora: l'Assioma della Scelta può essere dimostrato da ZF? O semmai si può dedurre da ZF la sua negazione? Ma neppure il riferimento a ZF riesce a chiarirci la situazione. È infatti vero che Kurt Gödel provò nel 1938 in [5] che:

Teorema 3. *Se ZF è coerente, allora è impossibile che ZF dimostri il contrario dell'Assioma della Scelta,*

il che, sempre assumendo che ZF sia coerente ed escluda contraddizioni, può interpretarsi come un argomento a favore dell'Assioma della Scelta. Pur tuttavia, sotto questo punto di vista, la partita tra assioma e negazione è perfettamente in pari, perché solo qualche anno dopo, nel 1963, P. Cohen [2] arrivò a concludere:

Teorema 4. *Se ZF è coerente, allora è anche impossibile che ZF dimostri l'Assioma della Scelta.*

Dunque ZF non è un sistema completo di assiomi, e proprio l'Assioma della Scelta pregiudica questo requisito di completezza, perché né affermato né negato riesce a venir provato da ZF. In altre parole ancora, possiamo accogliere l'Assioma della Scelta, oppure la sua negazione, come nuovo enunciato da aggiungere ai fondamenti di ZF. Per i citati teoremi di Gödel e di Cohen, l'una e l'altra opzione, pur opposte tra loro, sono ugualmente plausibili: la prima che corrisponde al vecchio punto di vista di Zermelo, ma anche l'altra che lo rifiuta. D'altra parte, visto che la nostra proposizione sfugge al rigore meccanico dei teoremi e ritorna all'ambito più vago e indistinto degli assiomi, possiamo tornare a considerarla e giudicarla dal punto di vista della mera intuizione e domandarci: che cosa è più plausibile, l'Assioma della Scelta o la sua negazione? Ma neanche ridotta in questi termini la questione riesce ad acquisire maggior nitore. Il fatto è che l'Assioma della Scelta ha tante possibili formulazioni, e quel che pare evidente per una sembra assai meno condivisibile per un'altra. Per dirla con J. Bona, "l'assioma moltiplicativo è ovviamente vero, il principio del buon ordinamento è ovviamente falso e, circa il lemma di Zorn, chi è capace di capirci qualcosa?" Il guaio è che questa battuta (o presunta tale) oltrepassa i limiti dello scherzo, e descrive perfettamente una ragionevolissima e variabilissima reazione di fronte ai tre enunciati coinvolti (che tuttavia sono tra loro equivalenti). Comunque, c'è una caratteristica che li accomuna (insieme alle altre affermazioni gemelle) e che li rende, appunto, discutibili e non così convincenti come si vorrebbe. Infatti tutti affermano l'esistenza di un qualche oggetto (una funzione di scelta, un insieme di scelta, un buon ordinamento, un elemento massimale, a seconda dei casi), ma nessuno ci dice come costruire effettivamente quello di cui si assicura l'esistenza. Per chiarire questo punto possiamo citare ancora una volta Bertrand Russell e la sua osservazione: "per scegliere un calzino da ognuna di infinite paia di calzini occorre l'Assioma della Scelta, mentre per le scarpe l'assioma non è più necessario". In effetti, se ci troviamo di fronte a tante (eventualmente infinite) paia di scarpe, abbiamo un ovvio criterio generale per scegliere una scarpa da ogni paio, per esempio prendere sempre la scarpa destra, o la sinistra. Ma davanti a infinite paia di calzini lo stesso procedimento non funziona più, perché i calzini di un paio sono identici, e non c'è nessuna certezza che quello che infiliamo a destra una mattina non sia lo stesso che indossiamo a sinistra la volta dopo. È in situazioni come queste che, per ottenere una funzione di scelta f, non possiamo che postularne l'esistenza. Quando però procederemo nelle successive dimostrazioni e vi coinvolgeremo la nostra f, dovremo onestamente ammettere che f è, appunto, un atto di fede, e in realtà non sappiamo fornirne alcun esempio esplicito o algoritmo di costruzione. In effetti, uno dei maggiori argomenti a sfavore dell'Assioma della Scelta è proprio questo suo carattere non costruttivo. E pur tuttavia, ci sono ottime ragioni a sostegno del nostro assioma. Infatti, tanti fondamentali teoremi in Algebra, Algebra Lineare, Topologia, Analisi Matematica, comunemente adoperati e accettati, basano la loro dimostrazione su un uso decisivo dell'Assioma della Scelta: il solo sistema ZF, orfano della scelta, non è capace di provarli. Per esempio, leggiamo nei manuali di Algebra che un anello commutativo unitario ammette sempre ideali massimali – un famoso teorema di Krull del 1929. Ma, quando scorriamo la successiva dimostrazione, è assai probabile che vi vediamo coinvolto il Lemma di Zorn, e comunque sicuro che la vediamo dipendere dall'Assioma della Scelta in una sua qualche formulazione. Allo stesso modo, siamo abituati ad ammettere in Algebra Lineare che ogni spazio vettoriale ha una base e una dimensione. Eppure anche questa certezza deriva in modo decisivo dall'Assioma della Scelta che viene impiegato tramite il Lemma di Zorn, oppure mediante il teorema di Zermelo, nella corrispondente dimostrazione. Potremmo continuare a citare per alcune pagine nuovi esempi, attinti dall'Analisi (come il teorema di Hahn-Banach), o dalla Topologia (come il teorema di Tychonoff). In tutti questi casi, l'Assioma della Scelta è fondamentale strumento della prova, tant'è vero che, se per un attimo vi rinunciamo e imbracciamo la strada della negazione, ecco che dobbiamo prepararci a rivedere molte nostre certezze e per esem-

Matematica, miracoli e paradossi

pio abituarci ad ammettere, a proposito dell'Algebra Lineare, che ci sono spazi vettoriali senza base, oppure con due basi di cardinalità diversa e quindi senza dimensione (due risultati di Lauchli degli anni Sessanta [8]). In tutti questi casi, assumere l'Assioma della Scelta può essere un'opzione rassicurante, atta a tranquillizzare la nostra sensibilità di matematici benpensanti.

6 Come spiegare i miracoli

Ed eccoci tornare finalmente al teorema di Banach-Tarski, e al suo presunto miracolo di moltiplicazione delle sfere, per cercarne una qualche spiegazione. Dopo tutte le considerazioni dei precedenti paragrafi, possiamo ragionevolmente accettare di muoverci in una Matematica che ha ZF e, perché no, anche l'Assioma della Scelta come suoi fondamenti. Una famosa conseguenza di questa assunzione, che abbiamo volontariamente omesso finora, è un teorema di Analisi Matematica dell'italiano Vitali [12] che afferma:

Teorema 5. *Ci sono sottoinsiemi della retta reale* $\mathbb{R}$ *che non sono misurabili.*

Si fa riferimento qui alla misura secondo Lebesgue, quella che, per esempio, assegna a ogni intervallo (chiuso o aperto) della retta reale di estremi la lunghezza ed estende questa definizione rispettando ragionevoli condizioni (come quella che richiede che più largo è un insieme, maggiore deve esserne la misura – se esiste). Si ottengono così insiemi di lunghezza infinita, come l'intera retta, oppure insiemi di misura nulla: quello vuoto, o anche certe unioni – eventualmente infinite – di tanti punti isolati. La misura secondo Lebesgue può poi proporsi anche nell'usuale piano, o nello spazio reale a tre dimensioni, o anche per dimensioni più alte. In questo ambito, il teorema di Vitali afferma comunque che già sulla retta, per la dimensione 1, e addirittura all'interno del segmento chiuso di estremi 0 e 1, si possono inventare insiemi talmente complicati da sfuggire ogni possibile misura. Come si vede, si tratta di un risultato profondo e pur tuttavia, forse a causa della sua stessa profondità, apparentemente innocuo e facile da accettare: una sorta di quelle diavolerie matematiche, di quei ragionamenti così sottili da trascendere ogni ragionevole controllo intuitivo e quindi digeriti per pigrizia se non proprio per convinzione; comunque, nulla di scandaloso. Eppure esso include già in germe tutta la bizzarria del Paradosso di Banach-Tarski: vedremo tra un attimo perché. A suo proposito, vale infatti ancora la pena di aggiungere che la dimostrazione non è affatto costruttiva e diretta, non produce cioè esplicitamente quell'insieme senza misura che promette, ma ne deduce l'esistenza basandosi in modo decisivo sull'Assioma della Scelta. Anzi, se si cercasse di evitare l'uso del nostro assioma e si preferisse prescinderne, ci troveremmo di fronte a una situazione analoga a quelle citate nello scorso paragrafo: Solovay [11] propose infatti nel 1970 un modello di ZF (e non dell'Assioma della Scelta) nel quale ogni insieme di reali ha una misura secondo Lebesgue. Ma a questo punto, dopo una così lunga attesa e preparazione, è davvero il caso che arriviamo finalmente a trattare il risultato da cui siamo partiti, e cioè il Paradosso di Banach-Tarski. Anzitutto, a sgombrare il campo da ogni possibile equivoco, sarà bene chiarire che il termine paradosso non è qui usato nello stesso senso di Russell, o di Berry; non si tratta più di una contraddizione e di un'incoerenza, ma piuttosto di un risultato strano, bizzarro, stupefacente, e pur tuttavia pienamente in linea con la Matematica ufficiale. Come detto, la dimostrazione del Paradosso di Banach-Tarski ricalca per certi versi, con maggiori complicazioni, gli argomenti usati da Vitali per la retta reale. Anzi, a essere precisi, fa riferimento a un'analoga analisi svolta da Hausdorff nel 1914 nello spazio a tre dimensioni, a proposito di una superficie sferica S invece che del segmento: con l'aiuto decisivo dell'Assioma della Scelta e con l'uso altrettanto fondamentale di proprietà delle rotazioni nello spazio tridimensionale, Hausdorff provò che S si può decomporre in quattro parti non vuote e tra loro disgiunte, delle quali tre sono uguali tra loro (e fin qui non c'è nulla di strano) ma anche uguali alla loro unione (e qui si sconfina in terreni che paiono contrastare l'intuizione). Banach e Tarski proiettarono questa decomposizione di Hausdorff dalla superficie esterna all'interno della sfera, deducendone la sorprendente e appariscente duplicazione di cui abbiamo già avuto modo di parlare. Come si può immaginare, la dimostrazione è lunga e sofisticata. Alcuni spunti vi richiamano il ragionamento di Vitali; per esempio, l'uso dell'Assioma della Scelta è decisivo. Ma, al di là di questo comune fondamento, riesce difficile cogliere un'analogia tra un risultato profondo ma innocuo come sembra quello di Vitali e i paradossi di Hausdorff e di Banach-Tarski, i quali invece sconcertano e urtano le nostre intuizioni naturali e in particolare, per voler parlare in termini più ufficiali e scientifici, il principio newtoniano della conservazione della massa. Infatti, si può anche concordare che ci siano insiemi senza misura; ma come possiamo accettare che la materia si duplichi? D'altra parte, proprio le formule della fisica elementare ci ricordano che la massa di un corpo di densità uniforme è data dal prodotto della densità e del volume. Ora, dall'Assioma della Scelta possiamo dedurre che esistono insiemi senza misura, e in particolare, nell'usuale spazio a tre dimensioni, solidi senza volume: questa è la conclusione che accomuna il teorema di Vitali e quelli di Hausdorff e Banach-Tarski. Ma, a proposito di questi ultimi, dobbiamo prendere atto che, se il volume non esiste e non può essere calcolato, non possiamo neppure controllare che raddoppi: porzioni di sfera prive di misura possono riaggregarsi in modo da duplicare la loro unione proprio perché sfuggono alle leggi che la misura deve ragionevolmente rispettare. È proprio l'assenza di volume che, combinata con l'uso di appropriate rotazioni, permette un incantesimo matematico sorprendente ma non scandaloso. Così, in definitiva, il Paradosso di Banach-Tarski, lungi dal violare il principio della conservazione della massa, mette piuttosto in evidenza che la nozione di volume è molto più complicata e delicata di quello che ingenuamente potremmo pensare, e che non è affatto automatico o assodato che tutti i corpi, in particolare tutte le porzioni di sfera, abbiano la loro misura. V'è poi da sottolineare il ruolo non secondario che le proprietà delle rotazioni della sfera in uno spazio tridimensionale svolgono nella dimostrazione; tant'è vero che, se scendiamo alla dimensione 2, nel piano, il paradosso non sussiste più, e duplicazioni magiche non sono possibili: per insistere con l'analogia azzardata nel primo paragrafo, si possono moltiplicare pani, o pesci, o lingotti d'oro, ma non banconote. Va infine nuovamente ribadito che, come accade quando si applica l'Assioma della Scelta, così anche nella dimostrazione di Banach-Tarski la decomposizione di cui si afferma l'esistenza non è prodotta esplicitamente in modo effettivo, e dunque non è affatto garantito che la suddivisione miracolosa possa davvero svolgersi sotto i nostri occhi. In effetti, ancora una volta tutta la costruzione dipende dal nostro assioma: se lo accettiamo, dobbiamo accogliere anche questa sua conseguenza; se lo rifiutiamo, dobbiamo rivedere molte altre delle nostre certezze. In compenso, però, possiamo sapere quale sia il numero minimo di parti in cui si può suddividere una sfera per poi duplicarla. Un articolo di Raphael M. Robinson del 1947 [9] fissa in 5 questa magica quantità. Questa è il termine del nostro itinerario. Non sappiamo prevedere la reazione del lettore; forse avrà la stessa infastidita delusione dei lettori di certi libri gialli, che descrivevamo qualche pagina fa, o magari sarà attratto da tutte le nostre superficiali argomentazioni e portato a più seri approfondimenti (che potrà trovare, per esempio, in [13]). Da parte nostra, riesce difficile tracciare conclusioni, o trarre morali, se non quella, forse scontata, che la Matematica è scienza sottile e meritevole di rispetto, e che talora quel che apparentemente vi sembra ovviamente falso (come il nostro paradosso), oppure ovviamente vero (come la classica opinione che due più due fa sempre quattro) nasconde inaspettate profondità.

Riferimenti bibliografici

1. Banach, S., Tarski, A., "Sur la décomposition des ensembles des points en parties respectivement congruentes", *Fundamenta Mathematicae* 6 (1924), pp. 244-277
2. Cohen, P., "Set theory and the continuum hypothesis", Benjamin (1966)
3. Fraenkel, A., "Zu den Grundlagen der Cantor-Zermeloschen Mengenlehre", *Mathematische Annalen* 86 (1922), pp. 230-237
4. Frege, G. "Grundgesetze der Arithmetik, II", Pohle, Jena, 1903
5. Gödel, K., "The consistency of the axiom of choice and the generalized continuum hypothesis", *Proc. Nat. Acad. Sci.* 24 (1938), pp. 556-557
6. Jech, T., "The axiom of choice", North Holland (1978)
7. Jech, T. "About the axiom of choice", pp. 345-370 in *Handbook of Mathematical Logic*, North Holland (1977)
8. Lauchli, H., "Auswahlaxiom in der Algebra", *Commentarii Mathematici Helvetici* 37 (1962-63), pp. 1-18
9. Robinson, R., "On the decompositions of spheres", *Fundamenta Mathematicae* 34 (1947), pp. 246-260
10. Smullyan, R., "Quale è il titolo di questo libro", Zanichelli (1981)
11. Solovay, R., "A model of set theory in which every set of reals is Lebesgue measurable", *Annals of Mathematics* 92 (1970), pp. 1-56

12. Vitali, G., "Sul problema della misura dei gruppi di punti di una retta", Bologna, 1905 (si veda anche G. Vitali, "Opere sull'analisi reale e complessa – Carteggio", Unione Matematica Italiana, Bologna, 1984)

13. Wagon, S., "The Banach-Tarski paradox", Cambridge University Press (1985)

14. Zermelo, E., "Beweis, dass jede Menge wohlgeordnet werden kann", *Mathematische Annalen* 59 (1904), pp. 514-516

15. Zermelo, E., "Untersuchungen über die Grundlagen der Mengenlehre, I", *Mathematische Annalen* 65 (1908), pp. 261-281

16. Zorn, M., "A remark on method in transfinite algebra", *Bulletin American Mathematical Society* 41 (1935), pp. 667-670

Gödel al bar*

R. Lucchetti, G. Rosolini

Un mantovano (M) che vive e lavora a Genova, un genovese (G) che vive vicino a Como e lavora a Milano. Dove si incontrano? Di solito al bar. Dove si mettono a parlar delle cose più svariate. Alcune classiche, come i figli o il calcio, altre più particolari, come il Festival della Letteratura di Mantova o quello della Scienza di Genova, i giochi matematici, o proprio di matematica. Matematica da bar, s'intende. Quello che segue, un dialogo nato spontaneamente un 31 dicembre in un bar di Albaro a Genova, è uno dei primi che hanno fatto assieme.

M. – A pensarci bene i risultati più importanti di Gödel suonano tutti sostanzialmente ovvi. Prendi il teorema di incompletezza: esistono affermazioni indecidibili sui numeri naturali, che non si possono dimostrare, ma che non si possono neppure confutare. Per forza deve essere così.

G. – Con un numero finito di premesse, in un numero controllabile di passi, come si fa a "raggiungere" tutte le proposizioni vere? Per fortuna che è finita così! Altrimenti cercare la dimostrazione di un teorema diventa solo un gioco di pazienza, e forse di abilità, ma senza invenzione alcuna: questo avrebbe svilito il ruolo dei matematici e del loro pensiero!

* *Lettera Matematica Pristem*, n. 62-63, 2007.

M. – Considera però come negli anni Venti del secolo scorso i matematici erano quasi più convinti del contrario. Nell'introduzione del *Über formal unentscheidbare Sätze der "Principia Mathematica" und verwandter Systeme I* s'intuiscono chiaramente le preoccupazioni di Gödel di spiegare al suo lettore quanto il risultato che ha dimostrato sia accettabile e sensato; dichiara addirittura che l'argomento centrale del suo lavoro si riduce al paradosso del mentitore – quello che dice "Io sto mentendo" – e che il lettore non si deve lasciar disturbare da possibili difficoltà tecniche, ma consideri piuttosto che le regole del ragionamento costituiscono un calcolo algebrico che funziona né più né meno come quello dell'aritmetica.

G. – D'altra parte, considera che Gödel stesso aveva fuorviato i matematici del suo tempo col suo primo risultato, che è di completezza (della logica del prim'ordine)! Con la mente geniale che aveva, c'è il sospetto che l'abbia fatto apposta, che avesse già in mente che per l'aritmetica non avrebbe funzionato.

M. – Già, era ovvio pure quello. Era così ovvio che tutti lo usavano già implicitamente: un enunciato è dimostrabile se e solo se è verificato in tutti i modelli della teoria. In effetti, la dimostrazione prodotta da Gödel è estremamente accurata: basandosi sulla forma dell'enunciato, esibisce una dimostrazione formale per esso oppure, in un modo che sembra quasi esplicito, un modello che non lo verifica. Bisogna fare molta attenzione perché le denominazioni dei primi due teoremi di Gödel possono risultare fuorvianti; il suo primo risultato si chiama "di completezza della logica del prim'ordine", perché stabilisce che, per un dato enunciato *A*, i casi sono due: *A* è un teorema oppure si può costruire un modello che rifiuta *A*. La situazione è descritta *completa*mente. Nel successivo teorema di "*in*completezza dell'aritmetica", Gödel dimostra che non si può fare meglio di quanto aveva dimostrato nel primo teorema, cioè che ci sono teorie per cui non è possibile in generale rafforzare la mancata dimostrazione di *A* a una dimostrazione che la negazione ¬*A* di *A* è un teorema. Ma questa volta, la parola "incompleto" si riferisce a una singola teoria logica del prim'ordine, l'aritmetica appunto. Quando si considera una teoria – per esempio quella dei numeri, o quella degli insiemi o quella dei gruppi o quella degli spazi di Hilbert – ci si immagina spesso un esempio standard, ma poi le dimostrazioni si fanno in generale, senza fare riferimento all'esempio particolare che ci prefiguriamo in testa.

G. – Dunque c'è una differenza incolmabile tra verità e dimostrabilità: è bellissimo che in matematica si sia in grado di dimostrare esattamente quali sono i propri limiti. La matematica (meglio, quella gran parte della matematica che richiede l'uso dei numeri e del principio di induzione) non è in grado di assicurare la propria coerenza; però è in grado di *misurare* come non ci riesce. La misurazione avviene attraverso la formalizzazione dei "processi finiti" (meglio finitistici) cui aveva fatto riferimento Hilbert: un processo è finito se può essere eseguito in tempo finito seguendo istruzioni finite. Gödel determinò matematicamente il concetto vago espresso sopra definendo le funzioni *ricorsive*. Non vuol dire che si usano espressioni ricorrenti! Il concetto di funzione ricorsiva fissa l'intuizione di funzione calcolabile meccanicamente: quello che oggi fanno i computer.

M. – L'aritmetica non riesce ad assicurare la propria coerenza, e non ci riesce infinitamente tanto. Se aggiungiamo la richiesta di coerenza come assioma, allora la nuova teoria – l'aritmetica con il postulato di coerenza per l'aritmetica – sa dimostrare la coerenza dell'aritmetica (facile: per assioma!), ma non è in grado di dimostrare la *propria* coerenza! E così via, aggiungiamo a questa nuova teoria il postulato di coerenza: l'incapacità di dimostrare la propria coerenza rimane. E Gödel, per fare questa catena di teorie, tutte troppo deboli per dimostrare la propria coerenza, ha dimostrato un teorema solo.

G. – Il singolo teorema dimostrato da Gödel si riferisce non tanto alla teoria dei numeri – come di solito viene menzionato – ma a una qualunque estensione della teoria dei numeri i cui assiomi siano riconoscibili meccanicamente, il che significa che c'è un processo finito (o meglio, una funzione ricorsiva) che calcola se una formula sia un'assioma oppure no. Praticamente tutte le teorie che usiamo in matematica sono riconoscibili meccanicamente; però è proprio quello il limite da superare se si vuole sperare di arrivare a una teoria capace di verificare la propria coerenza.

M. – È un risultato bellissimo: un teorema gigantesco! Sarebbe stato il più importante teorema del XX secolo se Wiles non avesse dimostrato l'ultimo teorema di Fermat.

G. – A parte che questa è una sciocchezza, ti prego di non cominciare con queste storie del risultato più importante del secolo... Lo so che è una mania di tutti gli uomini, quella di fare sempre classifiche, e i matematici non fanno eccezione. Ma se devo far classifiche preferisco discutere se è meglio Milito, quello che ha giocato nel Genoa, s'intende, o Del Piero, anche se per me non c'è discussione, ovviamente!

M. – Ho capito, torniamo al teorema di incompletezza: sarà ovvio come abbiamo detto, ma ha cambiato radicalmente il modo di riflettere sulla matematica, che non è più quella zona franca di sicurezza dove tutto è noto con certezza, dove un enunciato è dimostrabile oppure confutabile. Non è così: non c'è speranza di trovare *tutte* le proprietà numeriche "vere" di per sé – che non ha senso – ma anche di inventare nuove astrazioni, accettabili e utili per dimostrare teoremi che potranno poi essere applicati per spiegare in astratto eventi nella realtà. Gli assiomi di Peano per la teoria dei numeri sono molto ragionevoli e utili, ma saremo sempre alla ricerca di nuove proprietà utili per vedere il quadro più compiutamente, in un modo che sarà sempre relativo e non potrà diventare assoluto. Il teorema di incompletezza di Gödel ha trasformato totalmente l'immagine usuale e preconcetta della matematica: è necessario accettare il fatto che la matematica non sia una scienza esatta! E non potrà mai esserlo. Questa certezza di insicurezza offre al matematico un punto di vista sul sapere scientifico stupefacente – assolutamente impensabile fino agli anni Venti del secolo passato. E si allinea con i problemi di indeterminazione in fisica.

G. – A questo proposito, ti dirò che a me in effetti è capitato che più di una persona, magari laureata in una disciplina scientifica, mi abbia chiesto che senso abbia far ricerca in matematica, sottintendendo che in una scienza come questa tutto ormai dovrebbe essere scoperto. Credo che la responsabilità di questa credenza, che Gödel ha seppellito *per sempre* e che mi sembra comunque un po' folle, sia molto nostra, di come trasmettiamo le conoscenze matematiche.

M. – Sono d'accordo, e dopo Gödel non abbiamo più scuse: dato che le teorie matematiche sono costruzioni arbitrarie, per nulla certificate dal mondo reale, è ora opportuno, diciamo pure necessario, operare con discrezionalità, concedendo il beneficio del dubbio all'interlocutore e permettendogli di discutere le scelte di definizioni e teoremi.

G. – Cambiando discorso, anche il suo risultato che, supponendo coerente l'assiomatica della teoria degli insiemi di Zermelo-Frænkel, se ad essi si aggiunge l'Assioma della Scelta, la teoria rimane coerente, è sostanzialmente ovvio: l'Assioma della Scelta vale banalmente per gli insiemi finiti; inoltre, ogni volta che si definisce un nuovo insieme a partire da insiemi già definiti e ben ordinati, si fa attenzione a definire anche un buon ordinamento su esso. Dato che gli insiemi che si usano dovranno per forza essere definiti, tutti questi potranno essere ben ordinati. Questo assicura la coerenza dell'Assioma della Scelta.

M. – Però non dimenticare che Gödel riesce a definire il buon ordinamento in maniera *canonica*, oltre a chiarire quali siano i possibili modi per "definire un nuovo insieme". Per cui alla fine tutta l'architettura della costruzione è incredibilmente complessa.

G. – A proposito, a me sembra inconcepibile che un matematico con profondi interessi per la filosofia quale era Gödel possa analizzare aspetti di matematica così profondamente diversi tra loro: passa dalla coerenza dell'Assioma della Scelta in teoria degli insiemi a problemi di logica intuizionista, passa da aspetti estremamente poco costruttivi dei fondamenti per la matematica alla teoria costruttiva per antonomasia.

Prendo la palla al balzo! Dunque, per quel che riguarda la logica intuizionista, è certamente facile la definizione della traduzione "per doppia negazione" della matematica standard (spesso denominata *classica*) nella matematica intuizionista. L'idea della traduzione è semplice, sta tutta scritta su un tovagliolo di carta:

$$mat.stand. \rightsquigarrow mat.intuiz.$$
$$A \quad \rightsquigarrow \quad \neg\neg A$$

La matematica intuizionista è un po' diversa dalla matematica standard in quanto prevede che una condizione di esistenza sia verificata esplicitamente. Nel 1893, Hilbert fissava molto precisamente il significato di esistenza in matematica: un oggetto matematico esiste quando le condizioni che lo definiscono non sono contradditorie. In altre parole, l'esistenza di un oggetto con certe proprietà è assicurata dimostrando che è impossibile che tutti gli oggetti non verifichino le condizioni richieste. In matematica intuizionista, questa *possibilità* di esistenza non basta: bisogna esibire esplicitamente la costruzione dichiarata. Per esempio, si vuole dimostrare che "esiste un numero razionale che si scrive come potenza di due numeri irrazionali". Si suppone il contrario, cioè che nessun numero razionale si scriva come potenza di due numeri irrazionali; perciò la potenza $\sqrt{2}^{\sqrt{2}}$ non è razionale. Si considera ora $\left[\sqrt{2}^{\sqrt{2}}\right]^{\sqrt{2}}$: è la potenza di due numeri irrazionali ed è razionale (= 2), che è assurdo in base all'ipotesi fatta. Dunque, *non è vero che non è vero che* esiste un numero razionale che si scrive come potenza di due numeri irrazionali – sembra uno *scioglilingua*, ma questo è lo scheletro delle dimostrazioni per assurdo.

Infatti il matematico standard conclude la dimostrazione dicendo che le due negazioni si elidono e ottiene quanto desiderato: ha dimostrato che esiste un numero razionale che si scrive come potenza di due irrazionali, ma è chiaro che *non sa quale sia* questo numero razionale. Dalla dimostrazione sembra ragionevole aspettarsi che il numero sia 2, ma per *esserne certo* deve dimostrare che $\sqrt{2}^{\sqrt{2}}$ è irrazionale – nella dimostrazione sopra si afferma questo fatto *sotto l'ulteriore ipotesi* che non ci siano potenze di due numeri irrazionali che danno un numero razionale. Quindi il matematico intuizionista si ferma prima del matematico standard: non ammette l'elisione delle due negazioni. Il teorema su cui concorda di conoscere una dimostrazione è lo scioglilingua.

M. – Dunque, Gödel ha fatto vedere che un enunciato si dimostra in matematica standard (usando anche le dimostrazioni per assurdo) se e solo se la traduzione per doppia negazione dell'enunciato si dimostra in matematica intuizionista. Perciò, quando si comunica un teorema, dimostrato con metodi per assurdo, a un intuizionista si deve anteporre una coppia di negazioni davanti all'affermazione che dimostra: la frase non cambia significato dal punto di vista classico dato che due negazioni consecutive si elidono, ma l'intuizionista accetta sicuramente la dimostrazione prodotta dal matematico classico con tutti passaggi logici decorati con scioglilingua di doppie negazioni.

G. – Quindi ne consegue che la proprietà delle potenze di numeri irrazionali di prima appare molto meno importante al matematico intuizionista: non è vero che nessuna potenza di due numeri irrazionali è irrazionale. Però sarebbe un errore pensare che l'intuizionista ha dimostrato "un teorema meno interessante"! È assolutamente lo stesso teorema, ma l'enunciato intuizionista mantiene traccia dell'insoddisfazione prodotta dalla dimostrazione e del fatto che il teorema richiede un miglioramento: determinare se $\sqrt{2}^{\sqrt{2}}$ è realmente irrazionale.

M. – Anche il risultato ottenuto da Gödel sulla traduzione per doppia negazione è bellissimo: lo si può rovesciare per leggervi un'informazione molto utile e poco nota. La matematica sviluppata secondo le regole intuizioniste è più precisa della matematica classica/standard. Grazie alla traduzione di Gödel, si vede che ogni connettivo standard viene con una copia intuizionista. Per esempio, insieme al solito connettivo *disgiunzione* ce n'è uno intuizionista ∨i, insieme al solito quantificatore *esistenziale* ∃ ce n'è uno intuizionista ∃i. Questi sono strettamente legati proprio dalla traduzione per doppia negazione

$$A \vee B \Leftrightarrow \neg\neg(A \vee i\, B) \qquad \exists x.D(x) \Leftrightarrow \neg\neg(\exists i x.D(x))$$

e così via. Insomma, i connettivi classici servono per abbreviare affermazioni costruttive complicate!

G. – Bello! Mi hai fatto capire che, grazie alla traduzione proposta da Gödel, la matematica intuizionista contenga tutti i risultati che si ottengono con la matematica classica – che un intuizionista presenta nella forma "non è vero che non…" – ma contiene anche molti altri risultati che, in matematica classica, molto semplicemente non possono neppure essere espressi.

M. – Ti faccio notare che la doppia negazione della tua ultima frase è una normale forma retorica della lingua italiana, non uno scioglilingua intuizionista! Comunque, un enunciato che assicura l'esistenza di un qualche oggetto matematico – nel senso di ∃i – contiene sicuramente una costruzione dello stesso, in modo che questa sia estraibile dalla dimostrazione; è molto di più di un'affermazione di esistenza classica che, molte volte, si limita ad assicurare che è impossibile non trovare esempi – però, se vuoi trovarne uno, devi solo provare e riprovare, e non sai *quando* lo troverai…

G. – Quindi secondo il logico intuizionista può essere interessante dimostrare teoremi usando anche il metodo di dimostrazione per assurdo, ma occorre dare il corretto valore a un enunciato: prendi il teorema di Zermelo sull'esistenza di una strategia vincente nel gioco degli scacchi. La dimostrazione non ti dà nessuna informazione su quale strategia giocare, ma ti assicura che ce n'è una. Ci sono giochi, come l'Hex, in cui il teorema di Zermelo, non costruttivo, è ancora più stringente che non nel caso degli scacchi. Nash per esempio, ha dimostrato che nell'Hex vince sempre il primo che gioca. Poi quando giocava, anche per primo, gli capitava, non raramente, di perdere! È chiaro comunque che sapere che la strategia vincente da cercare è del primo, orienta e aiuta nella sua ricerca, anzi cambia proprio l'attitudine logico-mentale per affrontare il problema.

M. – Tornando a Gödel, la sua interpretazione nell'articolo sulla rivista *Dialectica* rimane in ambito costruttivo: però questa è proprio complicata. Da un certo punto di vista, analizza in che senso l'intuizionismo sia effettivamente una proposta di matematica costruttiva; propone un metodo per estrarre informazione esplicita da una dimostrazione, fatta magari ricorrendo anche a procedimenti per assurdo di un certo tipo. Viene chiamata "interpretazione" anche se è più una traduzione, perché associa a una affermazione in matematica intuizionista un'altra formula a struttura canonica che rappresenta un *gioco* a due, tra un *dimostratore* e un *confutatore*. Dimostrare l'affermazione data produce una strategia vincente per il dimostratore che gli permette di battere sempre il confutatore. E la strategia è molto simile a un programma che realizza la costruzione suggerita nella dimostrazione. Però questa non è proprio una descrizione fedele dell'interpretazione in *Dialectica*: è molto più complessa di quanto ho descritto.

G. – A me sembra che l'intuizione dietro all'interpretazione di *Dialectica* si riallacci al primo, grande risultato ottenuto da Gödel. Era stato lui a capire quanto grande era la separazione tra dimostrabilità e verità; con l'interpretazione di *Dialectica* si lancia dentro quella separazione per cercare che cosa possa mancare nel concetto comune di dimostrazione razionale, visto che questa si è rivelata insufficiente per assicurare la coerenza di una teoria così intuitivamente corretta come l'aritmetica.

M. – È tardi, quindi vorrei tornare al tuo primo discorso. Sarà anche che i risultati ottenuti da Gödel sono ovvi, come dicevamo sin dall'inizio; però, prima che li dimostrasse, sembrava "ovvio" anche il contrario, addirittura quel contrario poteva apparire più rassicurante. Prova a pensarci:

- un asserto matematico è dimostrabile oppure confutabile; la pensiamo sempre così quando ci troviamo davanti un problema;

- un buon ordine dei numeri reali è inimmaginabile: l'Assioma della Scelta deve essere aggiunto come postulato;

- la matematica intuizionista utilizza meno principi della matematica standard: non può esserci modo per cui sia più utile.

G. – Ehi, aspetta, anch'io ho le mie conclusioni. Intanto, direi che Gödel ha qualcosa in comune con Giotto, almeno secondo un bellissimo monologo di Giorgio Gaber. Dove si racconta che, al tempo di Giotto, tutti dipingevano i cieli d'oro. Cieli piccoli, cieli sempre più grandi, sempre più raffinati, ma tutti rigorosamente, implacabilmente d'oro. Eppure, almeno agli addetti ai lavori, sembrava che qualcosa non andasse. Anche il giovane Giotto, stella nascente della pittura, dipinge con maestria cieli d'oro sempre più belli. Però è inquieto, capisce che qualcosa non va. Comincia a viaggiare, si abbona ai giornali più in, parla e litiga ai congressi, consulta persino Umberto Eco... Risultato: un enorme, magnifico cielo tutto d'oro! Basta, basta: sfinito, se ne ritorna al suo campo, alle sue pecore, e dopo un po', si mette a disegnare su una pietra. Con le matite colorate Giotto, naturalmente (straordinario esempio di autoreferenzialità, senza bisogno di scomodare Gödel). A un certo punto, alza quasi per caso lo sguardo verso il cielo e mormora: boh, a me il cielo sembra azzurro. E da quel momento lo dipinge d'azzurro, il bestione ignorante! E tutti gli altri a dirgli: ma no, ma non vedi che tutti lo dipingono d'oro? Nulla da fare, lui continua a dipingerli d'azzurro, e piano piano... Con Giotto, i contemporanei ci hanno messo un po' a capire. Con Gödel, meno. Forse anche perché tra loro c'era von Neumann, di cui mi piace ricordarti la frase seguente, detta parlando di Gödel, e che mi sembra dovremmo dire ad alta voce a tutti coloro che credono che la matematica sia fatta di verità da sempre e per sempre: *Durante quel periodo, le mie vedute circa le verità assolute della Matematica cambiarono con una facilità umiliante, e cambiarono tre volte di seguito.*

M. – Siccome voglio l'ultima parola, chiudo dicendo che forse la cosa più ovvia di tutte è che Kurt Gödel è stato un pensatore di straordinario coraggio, un gigante del pensiero, non solo matematico, che ha influenzato e influenza tuttora molto profondamente logica, filosofia, matematica e forse non solo.

Logica intuizionistica e logica classica a confronto*

G. Sambin

1 La Rivoluzione di Brouwer

Nel mare di incertezze che è la vita, la specie umana, come tutte, è sempre alla ricerca di stabilità. Ogni fonte di sicurezza è vista con entusiasmo e protetta con cura. La logica ha svolto per millenni una funzione importante in questa direzione. Nelle *quaestiones* sulla verità astratta e la correttezza delle deduzioni c'era la certezza assoluta che logica e verità coincidessero.

Il Novecento ha messo in dubbio questa fiducia assoluta nella logica. Come accadde in tanti campi del sapere e dell'arte (Einstein e la relatività in fisica, Schönberg e la dodecafonia in musica, Picasso e l'astrattismo in pittura...), l'inizio del Novecento segnò un periodo di svolta anche in logica. Così, se il 2006 è il centenario della nascita di Gödel, il 2007 è il centenario della dichiarazione della crisi e della rivoluzione della logica. Nel 1907 L. E. J. Brouwer nella sua tesi di dottorato, e ancor più esplicitamente l'anno successivo in un breve articolo (*De onbetrouwbaarheid der logiche principes*, "L'inaffidabilità dei principi logici", 1908), apre gli occhi di chi vuol vedere, e le porte a chi vuole entrare in un mondo del tutto inaspettato: quello della molteplicità delle logiche.

* *Lettera Matematica Pristem*, n. 62-63, 2007.

L'osservazione di Brouwer è, in una prospettiva storica, addirittura ovvia: se la logica classica ben si adatta a strutture finite, in cui la verità di una proposizione può essere decisa con la "semplice osservazione", questo cessa di essere corretto per le strutture infinite, come gli insiemi introdotti da Cantor in matematica pochi anni prima.

Come Brouwer osserva, quando il dominio degli oggetti è infinito, anche per una proprietà P che sia decidibile su ogni specifico oggetto, ci si può trovare nella situazione in cui da un lato non si sa mostrare che tutti gli oggetti soddisfano la negazione di P, e dall'altro non si sa nemmeno trovare un oggetto specifico che la soddisfi: questo infatti richiederebbe un'osservazione su tutto il dominio infinito, cosa umanamente impossibile. Utilizzando la simbologia della logica formale, non si conosce la verità di $\forall x \neg P(x)$, ma nemmeno quella di $\exists x P(x)$. Dato che $\forall x \neg P(x)$ equivale a $\neg \exists x P(x)$, ci si può quindi trovare nella situazione in cui non possiamo dire che $\exists x P(x) \lor \neg \exists x P(x)$ sia vero. Brouwer conclude che alcuni principi logici, *in primis* il principio del terzo escluso, secondo cui $A \lor \neg A$ è vera qualsiasi sia la proposizione A, non sono affidabili.

La critica di Brouwer non mira a dimostrare che il principio del terzo escluso è *sempre* falso. Questo sarebbe davvero insensato: se A è una proposizione di cui si conosce il valore di verità, come $7 + 5 = 12$ e $7 + 5 = 13$, oppure se A è decidibile, come "L'Italia ha vinto i mondiali di calcio del 1986", allora chiaramente vale $A \lor \neg A$. Brouwer non ritiene invece che $A \lor \neg A$ sia sempre vero *solo* in virtù della sua forma logica. Quando egli parla di inaffidabilità si basa su un'interpretazione severa delle costanti logiche.

Nella logica proposta da Brouwer, chiamata intuizionistica, conoscere $\exists x P(x)$ come vera significa essere in grado, almeno idealmente, di produrre un individuo specifico d del dominio di quantificazione D per cui $P(d)$ è vera. E similmente, conoscere la verità di $A \lor B$ significa, almeno idealmente, sapere che vale A oppure sapere che vale B.

Un esito della critica di Brouwer è che il principio del terzo escluso, e altri principi a esso equivalenti come il principio della doppia negazione $\neg \neg A \rightarrow A$ o il principio di prova per casi $(A \rightarrow B) \land (\neg A \rightarrow B) \rightarrow B$, non sono verità incontrovertibili, ma dipendono dall'interpretazione assegnata alle costanti logiche $\lor, \neg, \exists$, ecc.

È proprio sulla interpretazione delle costanti logiche che si basa la reazione, esplicita o implicita, della maggioranza dei logici e dei matematici, tra cui principalmente Hilbert. Per poter conservare la validità universale e incondizionata del principio del terzo escluso, ci si deve arrendere e ammettere che la verità di una proposizione è assoluta, cioè indipendente dalla nostra capacità di provarla. Solo assumendo che la verità esista di per sé, anche quando è umanamente inaccessibile, si può pensare che una proposizione esistenziale possa essere vera anche quando non abbiamo modo di trovare un individuo che la convalidi. Solo assumendo che la verità esista di per sé, si può pensare di dimostrare una disgiunzione senza saper indicare quale dei due disgiunti sia vero.

La critica di Brouwer ha quindi apportato un decisivo chiarimento: per poter estendere la validità della logica classica dal finito all'infinito, la verità di una proposizione deve essere concepita come un assoluto in sé e per sé, indipendentemente dal fatto che un soggetto sia in grado di coglierla o meno.

Questo ha un impatto concreto nel modo di fare matematica e un esempio, tra i molti possibili, può illustrarlo. La fondazione usualmente adottata dai matematici è la teoria assiomatica degli insiemi chiamata ZFC, che prende nome da Zermelo, Fraenkel e dal fatto che si assume l'Assioma della Scelta (*Choice* in inglese). In ZFC si definisce l'insieme $\mathbb{R}$ dei numeri reali (tramite le sezioni di Dedekind sui numeri razionali, o altri metodi classicamente equivalenti) che esprime il concetto della retta continua. Usando l'Assioma della Scelta, Zermelo dimostrò che l'insieme $\mathbb{R}$ ammette un buon ordinamento, cioè esiste un ordine lineare di $\mathbb{R}$ che gode anche della proprietà per cui ogni sottoinsieme ha un primo elemento.

Non è facile visualizzare un buon ordinamento di $\mathbb{R}$. E questo per una semplice ragione: in oltre cent'anni non ne è stato mostrato nemmeno uno! Quindi l'approccio classico accetta l'esistenza di un oggetto (nel caso specifico: la relazione di ordine) con una certa proprietà, anche se sa che non è in grado di esibirlo. La matematica d'oggi abbonda di esempi simili.

Molti ritengono che la causa di questa situazione imbarazzante, o almeno poco piacevole, sia da individuarsi nell'uso dell'Assioma della Scelta. Questo ha dato luogo a un intenso dibattito, ancora aperto, sulla sua validità. Ma è un fatto che l'Assioma della Scelta non è il solo responsabile dei guai. Lo è anche l'adozione della logica classica. Prova ne sia che, tolto di mezzo il principio del terzo escluso, e cioè in una teoria degli insiemi basata su una logica diversa da quella classica, si può assumere la validità dell'Assioma della Scelta senza che con ciò risulti $\mathbb{R}$ ben ordinabile (cioè si risolve la tensione evitandola). Questo mostra che anche l'adozione della logica classica è causa, o almeno una concausa, del disagio. Nonostante queste difficoltà, ancora oggi la massima parte della matematica è sviluppata sulla base della logica classica e della teoria degli insiemi ZFC, forse per via della loro apparente semplicità. Infatti, mancando in matematica la controprova della verifica sperimentale, l'unico criterio ineludibile rimane quello della pura assenza da contraddizioni, e questa può essere garantita anche da un concetto inaccessibile di verità.

Mi sembra del massimo interesse sapere che è possibile seguire la proposta di Brouwer e sviluppare una matematica che segua criteri più stringenti di aderenza alla realtà, e quindi sia basata sulla logica intuizionistica e su teorie degli insiemi alternative a ZFC. Lo sviluppo di una tale matematica, generalmente chiamata costruttiva, per decenni è rimasto solo una possibilità. In tempi recenti, anche per l'avvento dei calcolatori, l'approccio costruttivo è una realtà che si sta via via espandendo in tutti i rami della matematica.

2 Molteplicità delle logiche e importanza delle traduzioni

La critica di Brouwer ha mostrato che la logica classica non è una necessità, semplicemente perché non è l'unica possibile. Oltre alla logica intuizionistica, il Ventesimo secolo ha visto, di fatto, l'introduzione di molte nuove logiche, ciascuna con proprie caratteristiche e vantaggi. Se per la matematica rimangono essenzialmente solo la logica classica e la logica intuizionistica, per le applicazioni ad altre discipline e per l'indagine filosofica oggi c'è davvero una grande varietà: logica rilevante, logica quantistica, logica lineare, fuzzy logic, ecc. Ogni logica nasce da un diverso concetto di proposizione, e cioè da quale tipo di informazione si vuole privilegiare affinché una proposizione sia valida: consistenza, dimostrabilità, disponibilità, precisione, sperimentabilità. Se poi nella stessa logica si vogliono trattare anche modi diversi di concepire la validità, si possono aggiungere varie modalità e allora si assiste a una vera esplosione di scelte possibili: logiche modali, logiche temporali, logiche deontiche, logiche epistemiche, ecc.

La pluralità delle logiche non deve essere vista come fonte di caos (tra le mille possibili, una vale l'altra), ma di ricchezza: ogni logica vuole corrispondere a diversi aspetti della realtà, o a diversi criteri di interpretazione di uno stesso aspetto. Per poter scegliere, è necessario conoscere. E per avere una conoscenza almeno sommaria, ci limiteremo a presentare e confrontare tra loro la logica classica e la logica intuizionistica, le due concezioni che più esplicitamente trattano le proposizioni e la loro verità nel senso più astratto, e che per questo sono quelle adottate dalla matematica.

La differenza tra le due concezioni, e la loro coesistenza, è ben visibile, prima ancora che nella matematica, nella vita di tutti i giorni. Anche se nel quotidiano non compare l'infinito in senso matematico, ci sono comunque riferimenti a un numero illimitato o incontrollabile di possibilità. Talvolta conviene distinguere tra asserzioni di esistenza positiva, che prevede l'esibizione di un "testimone" e sono espresse intuizionisticamente da $\exists$ (per esempio "ho un antenato francese", "esistono gli extraterrestri"), e la loro versione negativa, espressa da $\neg\neg\exists$ oppure $\neg\forall\neg$, (per esempio "non è escluso che abbia un antenato francese", "non si può escludere che esistano gli extraterrestri").

Similmente, le complessità della vita spesso richiedono di distinguere tra una proposizione e la sua doppia negazione. Una porta aperta non è lo stesso che una porta non chiusa. Un politico che dica "non si può negare che il partito avversario non sia andato male alle elezioni", mai sottoscriverebbe il suo equivalente classico "il partito avversario ha avuto successo". E uno spasimante alla cui domanda "mi ami?" la persona amata risponda "non dico di no" non è sollevato come da un "sì" deciso (magari accompagnato da una manifestazione non verbale dell'emozione corrispondente).

D'altra parte, non sempre (che non significa "mai"!) ci si vuole sottomettere alla inesorabilità del terzo escluso, su qualunque proposizione. Talvolta si presentano casi per cui conviene astenersi. Se un condottiero esaltato proclama "o con me o contro di me", ci si vuole riservare la possibilità di rifiutare sia il "con me", e andare a bombardare qualcuno, sia il "contro di me", ed essere bombardati.

In fondo, la distinzione tra la visione classica e la visione costruttiva non è dissimile dalla nota *querelle* tra ottimisti e pessimisti (o tra spigliati e severi) di fronte a un bicchiere a metà: c'è chi lo vede mezzo pieno e chi mezzo vuoto. Anzi, l'immagine, per quanto umile, è suggestiva e abbastanza fedele: se il bicchiere è la proposizione e il liquido la sua prova, vuoto significa che è certamente falsa e colmo significa che è certamente vera. Un classico considera vera la proposizione quando non è falsa-vuota, mentre un intuizionista solo quando la vede come vera-colma, o sa che può essere dimostrata-colmata.

La distinzione non è puramente verbale, ma anzi è la manifestazione di una diversità profonda nel modo di organizzare il proprio pensiero. Lo testimonia per esempio la resistenza a modificare la propria visione e passare a un'altra.

Una logica è un sistema di proposizioni specifiche considerate vere (assiomi, postulati) e di metodi per ottenere la verità di proposizioni a partire da altre proposizioni ritenute vere (regole di deduzione o inferenza).

Per ciascuno di noi, vero è ciò che si considera come aderente alla realtà dei fatti. Il concetto di verità, e la logica che lo gestisce, sono profondamente incarnati nella persona, perché sono il suo strumento di interpretazione della realtà. È naturale quindi che ciascuno di noi abbia la propria verità, perché ciascuno ha la propria visione del mondo, degli altri e di se stesso. In questo senso, la "logica" di ciascuno è parte integrante della sua soggettività. Ed è naturale che non ce ne sia una unica e obbligatoria per tutti.

La ricerca e lo studio di un concetto di verità e di logica astratto dalle verità e dalle logiche soggettive è dovuto al sacrosanto desiderio di trovare un accordo intersoggettivo. È qui che si manifesta una profonda diversità concettuale tra la logica classica e la logica intuizionistica. Per aderire alla logica classica, sembra necessario pensare che tale accordo sia ottenuto per autorità, assumendo l'esistenza di una verità "oggettiva" in sé, calata dall'alto, che rimane viva anche quando nessuno può coglierla. Il problema della ricerca di sicurezza è risolto in modo statico, ponendola come postulato.

La logica intuizionistica, invece, sembra compatibile con una visione dinamica, in cui l'accordo sulla verità intersoggettiva è visto come la meta, mai raggiunta, di un processo dialettico tra le verità dei singoli soggetti, e quindi è costruita dal basso. In tale prospettiva, non si sacrificano le verità soggettive sull'altare di una verità metafisica unica e obbligatoria per tutti, ma si accetta la loro molteplicità e si cerca di farle interagire tramite la comunicazione. La sicurezza è costruita, e la comunicazione diventa essenziale. Questo è quel che si osserva in natura.

In breve, e con una certa approssimazione, in logica classica (intesa come apparato formale, indipendentemente dal campo di applicazione) è vero tutto quello che potrebbe essere vero per almeno un soggetto, purché sia fatta salva l'assenza di contraddizioni; in logica intuizionistica è vero tutto quello che ogni soggetto accetta come vero, perché ne vede la prova.

Affinché possa iniziare un dialogo autentico tra due persone, ciascuno deve riconoscere la soggettività dell'altro e accettare la diversità e dignità del suo modo di leggere e interpretare il mondo, cioè la sua "logica". Anche nell'ambito scientifico, che pur dovrebbe essere il più aperto al dialogo, spesso purtroppo si osserva il contrario. Per esempio, il fatto che la comunità dei logici classici tenda a indicare come non-classico (invece che costruttivo, intuizionista, modale, predicativo, ecc.) ogni individuo che non la pensa come loro, sembra già una qualifica, un giudizio di sovversione all'ordine costituito.

Ma anche quando ci siano le migliori intenzioni, sappiamo quanto sia difficile la comunicazione tra due persone, perché difficile è abbandonare o modificare la propria visione della realtà. E a guardar bene non è nemmeno giusto farlo: in fondo si tratta della lotta per la sopravvivenza. Piuttosto, quel che si può fare è cercare di capire la visione dell'altro, pur mantenendo la propria.

Per capire la logica dell'altro, non possiamo semplicemente aggiungere al nostro bagaglio un diverso criterio di verità. Se anche fosse possibile, non aggiungerebbe nulla di più alla nostra comprensione (e anzi diventeremmo scissi). Il risultato sarebbe, infatti, una copia precisa di quel che pensa l'altro, senza che i due mondi entrino davvero in comunicazione. Quel che serve è piuttosto un legame tra i due criteri di verità, legame che si ottiene non pretendendo di capire tutto dell'altro in profondità, ma descrivendo il suo criterio di verità per mezzo del nostro.

Quel che si può fare è fornirci di due tipi di proposizione, aggiungendo al nostro linguaggio una modalità, vale a dire un operatore $\circledast$ che per ogni proposizione A dia luogo a una nuova proposizione $\circledast A$ che noi interpreteremo come: l'altro dice che A è vera. $\circledast A$ sarà quindi vera per noi quando ci renderemo conto che A è vera per l'altro. Ciò significa che per mezzo di $\circledast$, simuleremo con le nostre asserzioni le asserzioni dell'altro.

Putroppo anche questo non è sufficiente a capire attraverso quale processo l'altro arrivi a dire che A è vera. Ma almeno ora siamo in grado di capire la struttura esterna della sua logica, possiamo studiarne il comportamento formale, stabilendo quali assiomi e regole dovremo aggiungere per gestire la modalità ⊛ e arrivare almeno a prevedere quello che è dimostrabile per l'altro.

Per esempio, è vero per noi che ⊛$A \to A$, cioè, che tutto quello che l'altro considera vero è vero anche per noi? Possiamo dire che vale ⊛$(A \to B) \wedge$ ⊛$A \to$ ⊛B, cioè che anche per l'altro vale la regola del modus ponens? Lo scopo è trovare degli assiomi per ⊛ in modo che valga: ⊛A vera per noi se e solo se A vera per l'altro.

Con questo "trucco", potremo trattare attivamente, all'interno della nostra logica, quello che l'altro afferma. E cioè potremo giungere a una traduzione della logica dell'altro all'interno della nostra.

Prendendo come esempio il caso della logica classica e della logica intuizionistica, nei prossimi paragrafi mostreremo che ciò è possibile. Descriveremo in modo più formale le due logiche, e mostreremo come si può tradurre l'una all'interno dell'altra.

3 Logica classica e logica intuizionistica

Racconteremo quali traduzioni sono possibili tra la logica classica e la logica intuizionistica attraverso un ipotetico dialogo tra due persone. Alfredo e Berto saranno i protagonisti della nostra simulazione[1].

Alfredo e Berto devono innanzitutto mettersi d'accordo sul tema del loro discorso, devono cioè convenire sulla scelta delle proposizioni da considerarsi date, o proposizioni atomiche.

Devono in seguito decidere quali sono le particelle con cui, a partire dalle proposizioni atomiche, verranno costruite proposizioni via via più complesse. Si tratta in altri termini di mettersi d'accordo sulla scelta di connettivi e quantificatori, le costanti logiche. L'accordo è relativamente facile. Le costanti logiche sono *apparentemente* le stesse: congiunzione $\wedge$, disgiunzione $\vee$, implicazione $\to$, per ogni $\forall$, esiste $\exists$. Inoltre, entrambi concordano sul

---

[1] Alfred era il nome di battesimo di Tarski, uno dei principali sostenitori dei metodi "infinitari" classici in matematica. Bertus era il modo con cui Luitzen Egbertus Jan Brouwer, padre dell'intuizionismo, veniva chiamato in famiglia.

fatto che la negazione ¬ è definibile usando implicazione → e una proposizione falsa ⊥.

A essere pignoli, qui Alfredo fa una piccola concessione a Berto, perché nella logica di Alfredo ∧, →, ⊥ e ∀ sarebbero già sufficienti. Ma poiché l'intento dei due è di cercare di capirsi, Alfredo accetta di trattare anche ∨ e ∃.

Come nella vita di tutti i giorni, Alfredo e Berto devono tener presente che una fonte di malintesi è il significato diverso che due persone possono dare alla stessa parola. Poiché hanno visioni diverse, in questo contesto stabiliamo che Alfredo userà i simboli $\wedge^c$, $\vee^c$, $\to^c$, $\exists^c$, $\forall^c$ per le sue costanti logiche, e Berto i simboli $\wedge^i$, $\vee^i$, $\to^i$, $\exists^i$, $\forall^i$ per le sue. Come si vede, i termini usati per indicare le costanti logiche sono gli stessi (a parte gli apici che abbiamo aggiunto noi), così come comunemente si usano le stesse parole per i concetti verità, congiunzione, disgiunzione, implicazione, quantificazione esistenziale ed universale, anche se individui diversi attribuiscono loro significati diversi. Anche Alfredo e Berto, nel loro tentativo di dialogare, devono quindi fare molta attenzione a non cadere nelle trappole dell'omonimia. E ancor più attento deve stare Berto, perché è lui che mantiene distinzioni concettuali che l'altro ha scelto di ignorare, come vedremo meglio più avanti.

Sarà anche nostra cura, e cioè di chi scrive e di chi legge questo testo, fare molta attenzione a quale dei due protagonisti farà una certa asserzione perché, viste da fuori, le loro asserzioni suoneranno apparentemente le stesse, mentre ciascuno intenderà cose diverse. È quindi molto importante distinguere *chi* sta parlando. D'altronde, non è forse questo ciò che accade in modo quasi automatico nella vita di tutti i giorni? "Le tasse scenderanno" acquista un significato molto diverso se a dirlo è Tremonti oppure Visco.

Alfredo e Berto con molta pazienza cercano allora di chiarirsi vicendevolmente sul significato che ciascuno dà a connettivi e quantificatori.

Qualunque sia il concetto di verità che Alfredo e Berto assumono per le proposizioni atomiche, nelle proposizioni composte il concetto di verità di Berto è più severo. Per convincersi della verità di una proposizione, Berto ha bisogno di un'informazione positiva, e cioè deve avere (esibire a se stesso) la prova della verità.

Alfredo non sente questa esigenza. Anzi, gli sembra un fardello gravoso, da cui ritiene di potersi liberare. Il suo criterio di verità non è la prova, ma l'assenza di contraddizione: affinché una proposizione A sia vera, basta che A non sia falsa, cioè non conduca a contraddizione. Per Alfredo, la negazione di A, cioè $\neg A$, è vera se e solo se A è falsa, ed è falsa se e solo se A è vera. Quindi la verità della doppia negazione $\neg\neg A$ equivale alla falsità di $\neg A$, che a sua volta equivale alla verità di A. Inoltre, ogni proposizione A può essere solo o vera o falsa, *tertium non datur*. Ovvero, A può assumere solo due valori di verità, il valore vero o il valore falso (spesso indicati da 1 e 0). E naturalmente, A non può assumere nello stesso momento entrambi.

Come conseguenza, per considerare A vera ad Alfredo basta sapere che $\neg A$ non è vera. Vedremo che per Berto questo non è sufficiente e tantomeno intuitivo. Inoltre, per decidere la validità di una proposizione composta, ad Alfredo non serve nient'altro che conoscere il valore di verità dei componenti, e anche questo per Berto è inaccettabile.

Berto considera $A \wedge B$ vera quando sia A sia B sono vere, cioè quando sa esibire una prova della verità di A e una prova della verità di B. Analogamente, considera $\forall x A(x)$ vera quando sa esibire un metodo preciso che, applicato a ogni elemento d, produce una prova di $A(d)$. Alfredo è d'accordo, anche se non capisce l'insistenza di Berto sulla questione dell'esibizione delle prove.

Su tutte le altre costanti logiche, cioè i connettivi $\vee$, $\rightarrow$ e il quantificatore $\exists$, è anche più evidente la necessità di Berto di avere una informazione positiva, che ad Alfredo non è necessaria.

Per poter riconoscere $A \rightarrow B$ come vera, Berto deve sapere che dalla verità di A può dedurre la verità di B. A questo fine, poiché per lui la verità è data da una prova, deve avere un metodo che, quando sia applicato ad una qualunque prova di A, gli permetta di ottenere una prova di B.

Per Alfredo invece la verità di $A \rightarrow B$ è riconducibile a un calcolo sui valori di verità di A e di B. Gli basta infatti determinare quando $A \rightarrow B$ è senz'altro falsa, e questo accade quando A è vera e B è falsa (per esempio "piove, governo ladro"). In tutti gli altri casi, $A \rightarrow B$ è vera. Quindi $A \rightarrow B$ è falsa soltanto quando A è vera e B è falsa, cioè $A \wedge \neg B$ è vera. Ed è vera esattamente quando è falso che A sia vera e B falsa, cioè quando $\neg(A \wedge \neg B)$ è vera. Per Alfredo quindi $A \rightarrow B$ e $\neg(A \wedge \neg B)$ sono perfettamente equivalenti.

A Berto certamente non basta sapere che non si dà il caso che A sia vera e B falsa (cioè $\neg(A \wedge \neg B)$ vera) per poter ricostruire il metodo che trasforma ogni prova di *A* in una prova di *B*, che è l'unico modo per convincerlo della verità di *A* → *B*.

Anche sul concetto di negazione Alfredo e Berto divergono, anzi, soprattutto su quello. Per Berto, ¬*A* può essere definita come *A* → ⊥, dove ⊥ è una qualunque proposizione certamente falsa, o una contraddizione. Ancora una volta Alfredo, pur non vedendo la necessità di questo, può convenire sul risultato formale. Ma per il diverso concetto di implicazione che hanno, diverso diventa anche il loro concetto di negazione. Per Alfredo, ¬*A* vera significa che *A* non è vera, mentre per Berto ¬*A* vera significa sapere che, nel tentativo di esibire una prova di *A*, si giunge a una contraddizione. Per Berto la negazione è un risultato, e non un'assenza. Alfredo non ha alcun problema a vedere che ¬¬*A* equivale ad *A*; Berto invece, come conseguenza della sua definizione di negazione, si trova a distinguere *A* da ¬¬*A*.

Si noti però che anche per Berto vale *A* → ¬¬*A*, perché ha un metodo che trasforma ogni prova di *A* in una prova di ¬¬*A*. Ecco come fa: da una qualunque prova *a* di *A*, deve estrarre una prova di ¬¬*A*, cioè un metodo che trasformi una qualsiasi prova *b* di ¬*A* in una prova di ⊥. Ma *b*, in quanto prova di ¬*A* e cioè *A* → ⊥, è per definizione un metodo che trasforma una prova di *A* in una prova di ⊥. Quindi il metodo che dimostra *A* → ¬¬*A* vera consisterà nell'applicare il metodo *b* alla prova *a* per avere la prova di ⊥.

Conviene soffermarci ora sulla disgiunzione, perché qui è più visibile la differenza tra le due concezioni. Per Berto *A* ∨ *B* è vera quando, almeno idealmente, sa che *A* è vera oppure sa che *B* è vera. In altri termini, per avere una prova di *A* ∨ *B* Berto deve poter produrre una prova di *A* oppure una prova di *B*.

Ad Alfredo basta che almeno una delle due proposizioni *A* e *B* non sia falsa, ovvero che sia escluso che entrambe siano false. *A* ∨ *B* per Alfredo è lo stesso che ¬(¬*A* ∧ ¬*B*), mentre per Berto no, perché dalla prima segue la seconda, ma non viceversa.

Alfredo si domanda: per quale strano motivo Berto dovrebbe asserire *A* ∨ *B*, se questo per lui significa che già deve conoscere la verità di una delle due proposizioni, per esempio *B*? In questo caso, tanto varrebbe affermare direttamente *B*. Le ragioni di Berto risultano chiarite dalla seguente considerazione. La proposizione *A* ∨ *B* può comparire come parte di una proposizione più complessa, per esempio come antecedente di una implicazione *A* ∨ *B* → *C*. Questo per Berto significa sapere come passare dalla verità di *A* alla verità di *C* e sapere come passare dalla verità di *B* alla verità di *C*. La stessa proposizione, letta da Alfredo, diventa equivalente a ¬(¬*A* ∧ ¬*B*) → *C*, un'equivalenza che non si dà nella logica di Berto. Per lui *A* ∨ *B* → *C* può essere vera, mentre ¬(¬*A* ∧ ¬*B*) → *C* può non esserlo. Infatti, dalla verità di ¬(¬*A* ∧ ¬*B*), cioè dalla falsità del fatto che sia *A* sia *B* sono false, non c'è modo di ottenere la verità di una delle due (quale?) e quindi Berto non può più ottenere la verità di *C* che prima poteva ottenere da una prova di *A* oppure da una prova di *B*. Si vede allora che la definizione della verità di *A* ∨ *B* è essenziale nelle argomentazioni ipotetiche: una prova di *A* ∨ *B* → *C* può sfruttare a fondo l'informazione data da una ipotetica prova di *A* ∨ *B*, che viene persa quando l'antecedente è ¬(¬*A* ∧ ¬*B*).

L'interpretazione di Berto, quindi, rifiuta la validità del principio del terzo escluso, così come del principio della doppia negazione. Se non si conosce nulla della proposizione *A*, certamente non si può essere nella condizione di produrre una prova di *A* oppure una di ¬*A*. Si noti invece che per Alfredo *A* ∨ ¬*A* è vera semplicemente per un calcolo dei valori di verità, senza nemmeno andare a vedere cosa è *A*.

È importante qui notare che, se Berto rifiuta la validità di un principio che Alfredo accetta, per esempio il principio della doppia negazione, non significa che Berto si auto-costringa a considerare ogni proposizione ¬¬*A* come distinta da *A*. Anch'egli in certi casi, e cioè almeno quando è possibile decidere la verità di *A*, come per esempio per $7^3 = 353$, accetta ¬¬*A* → *A* come vera. Infatti certamente vale $7^3 = 353$ ∨ ¬($7^3 = 353$) (basta fare il calcolo) e Berto sa che, per ogni *A*, dalla verità di *A* ∨ ¬*A* segue quella di ¬¬*A* → *A*. In altre parole, il rifiuto di un principio da parte di Berto non vuol dire che non se lo consente mai, ma che vuole riservarsi la possibilità di stabilire caso per caso cosa succede.

Va da sé infine che ∃*xA*(*x*) è vera per Berto quando sa di poter produrre, almeno idealmente, un elemento *d* del dominio per il quale *A*(*d*) vale. Poiché ∃, come tutti sappiamo, è simile a una disgiunzione infinita, Berto potrà dimostrare la verità di ∃*xA*(*x*) solo esibendo la prova di almeno uno dei termini della disgiunzione.

Questa è la spiegazione di Brouwer-Heyting-Kolmogorov delle costanti logiche nella logica intuizionistica. Anche altre spiegazioni sono possibili, ma certamente non è possibile ridurre la logica intuizionistica a un calcolo di valori di verità, che invece caratterizza la logica classica di Alfredo. E questo rimane vero anche se si passa da 0,1 a un qualunque numero finito di valori di verità.

Questo lo si può intuire facilmente, con la seguente argomentazione. Per Alfredo, $A \to B$ equivale in tutto e per tutto a $\neg(A \wedge \neg B)$ cioè al fatto che A e $\neg B$ assieme sono incompatibili (contraddittori), in quanto le due proposizioni hanno la stessa tavola di verità. E abbiamo visto che per Berto questa equivalenza non vale, poiché la verità di $\neg(A \wedge \neg B)$ non gli permette di ricostruire il metodo richiesto per provare $A \to B$. La complessità di un metodo che prova $A \to B$, che potrebbe richiedere la considerazione di una infinita variazione di prove di A possibili, non è rappresentabile mediante una sola tabella finita, per quanto grande (e che inoltre si dovrebbe applicare a tutte le proposizioni). Per questi motivi il tentativo di Alfredo di rappresentare con una tabella il concetto di verità di Berto, compresa la sua richiesta di esibire il metodo, risulta vano.

Gödel ne ha dato una dimostrazione rigorosa in *Zum intuitionistischen Aussagenkalkül*, 1932.

Prima di iniziare la trattazione delle traduzioni vere e proprie dobbiamo ancora sgomberare il campo da un comune equivoco. Visto da fuori, l'apparato deduttivo di Alfredo è apparentemente più esteso di quello di Berto, perché per Alfredo valgono tutti gli assiomi e le regole di Berto, e anche qualcuno in più (come per esempio il terzo escluso). Tutte le proposizioni che sono vere per Berto, rimangono vere anche per Alfredo. Ma questo è possibile solo a patto che Alfredo le legga "a modo suo", semplicemente sostituendo gli apici ^{i} delle costanti logiche di Berto con apici ^{c}.

Questo non significa affatto (come purtroppo comunemente si crede) che la logica di Alfredo sia più forte, e che quindi sia inutile adottare quella di Berto. Se davvero fosse più forte, adottare la logica di Berto sarebbe come imporsi arbitrariamente una rinuncia che non ha motivazioni oggettive. Ma non è affatto così. Perché le regole di deduzione di Berto sono sì tutte valide anche per Alfredo, ma *nella interpretazione di Alfredo*! E abbiamo visto che Alfredo non fa le distinzioni che fa Berto. Detto in altri termini, la traduzione fatta da Alfredo sostituendo gli apici non è fedele.

Un esempio può essere utile per cogliere l'importanza delle distinzioni. Si dice che nella lingua degli eschimesi ci sia una dozzina di termini diversi per indicare il colore che in italiano si indica con la sola parola bianco. Si può immaginare che questa "complicazione" abbia una funzione vitale nell'ambiente in cui vivono gli eschimesi. Per esempio, può essere che sia sicuro camminare sopra un'area in cui la neve ha il colore bianco$_1$, mentre questo non sia affatto garantito quando la neve ha colore bianco$_2$. Se B'_1 significa che la neve è bianco$_1$, B_2 che è bianco$_2$ e C che è possibile camminarci sopra, allora per gli eschimesi vale $B_1 \rightarrow C$ ma non $B_2 \rightarrow C$. Non sarebbe forse stupido e pericoloso trascurare la distinzione tra B_1 e B_2 e considerare "più forte" la logica in cui vale una legge in più, per cui B_1 equivale a B_2?

4 Le traduzioni di Gödel

Alla luce della considerazioni precedenti, per ottenere una traduzione fedele di quel che dice Berto, Alfredo non ha altro modo che introdurre una modalità, che indicheremo con $\square$. Grazie a $\square$, per ogni proposizione A, Alfredo potrà rappresentare, nella propria logica, l'asserzione A vera di Berto. Così Alfredo dirà che $\square A$ è vera quando A è vera costruttivamente, ovvero A è dimostrabile. $\square A$ è un sostituto per Alfredo dell'asserzione A vera per Berto, anche se non ne comprende interamente il senso. Tramite $\square$, Alfredo può simulare, dentro il suo linguaggio, i connettivi di Berto aggiungendo ai propri i connettivi $\wedge^i, \vee^i, \rightarrow^i, \forall^i, \exists^i$ definiti nel modo seguente:

$$A \wedge^i B =_{\text{def}} \square A \wedge^c \square B$$

$$A \vee^i B =_{\text{def}} \square A \vee^c \square B$$

$$A \rightarrow^i B =_{\text{def}} \square A \rightarrow^c \square B$$

Questo significa che, per capire quello che dice Berto, ora Alfredo deve operare una traduzione di ogni proposizione A nel linguaggio di Berto. La traduzione A° è ottenuta traducendo *tutte* le occorrenze delle costanti logiche che compaiono in A (la traduzione non può limitarsi all'ultimo connettivo o quantificatore usato da Berto, altrimenti "dentro" la proposizione complessa possono restare connettivi con apice i incomprensibili per Alfredo). Questo è espresso sinteticamente da una definizione di $^\circ$ per induzione, con le clausole seguenti:

$$P^\circ =_{\text{def}} P \quad \text{per ogni formula atomica } P$$

$$(A \wedge^i B)^\circ =_{\text{def}} A^\circ \wedge B^\circ$$

$(A \vee^i B)^\circ =_{def} \Box A^\circ \vee \Box B^\circ$

$(A \to^i B)^\circ =_{def} \Box A^\circ \to \Box B^\circ$

Poiché ora i connettivi di Berto sono sempre sotto il segno di $^\circ$, non ci sono ambiguità e quindi si può trascurare la noia di indicare ogni volta l'apice.

Si tratta, quindi, di scegliere degli assiomi per $\Box$ in modo che Alfredo possa simulare il concetto di verità di Berto. Gödel ha dimostrato, in *Eine Interpretation des intuitionistichen Aussagenkalküls*, 1933, che basta aggiungere agli assiomi e regole di Alfredo gli assiomi:

$$\Box A \to A, \quad \Box A \to \Box\Box A, \quad \Box(A \to B) \wedge \Box A \to \Box B$$

e la regola:

se A è dimostrabile, allora $\Box A$ è dimostrabile

che gestiscono la modalità $\Box$. Questa è una logica modale nota col nome di S4. Anche altri sistemi di assiomi e regole su $\Box$ svolgono lo stesso ruolo ai fini della traduzione.

A questo punto si può dimostrare che per ogni proposizione A (del linguaggio di Berto) si ha:

A° è dimostrabile per Alfredo se e solo se

A è dimostrabile per Berto

Non è necessario avere una clausola che traduca la negazione $\neg$, perché la negazione è definita da $\neg A =_{def} A \to \bot$, e quindi la clausola su $\to$ dice che vale $(\neg^i A)^\circ =_{def} \neg \Box A^\circ$. Infatti, $(\neg^i A)^\circ =_{def} (A \to \bot)^\circ =_{def} \Box A^\circ \to \Box \bot^\circ =_{def} \Box A^\circ \to \bot =_{def} \neg \Box A^\circ$ perché $\bot^\circ =_{def} \bot$ e $\Box \bot$ equivale a $\bot$.

Una delle caratteristiche più tipiche del sistema formale per la logica intuizionistica, e delle teorie matematiche basate su di esso, è la proprietà di disgiunzione: se $A \vee B$ è dimostrabile nel sistema, allora anche uno dei due, A oppure B, risulta dimostrabile. Vale spesso anche la proprietà di esistenza: se $\exists x A(x)$ è dimostrabile nel sistema, allora anche $A(t)$ è dimostrabile, per qualche termine t. Si può dimostrare che anche la traduzione $^\circ$ conserva questa proprietà: $\Box A \vee \Box B$ è dimostrabile in S4 se e solo se $\Box A$ è dimostrabile in S4 oppure $\Box B$ è dimostrabile in S4.

Una traduzione da Alfredo a Berto, che permetta a Berto di comprendere fedelmente ciò che afferma Alfredo, segue la stessa strategia adottata nella traduzione da Berto ad Alfredo. La si ottiene aggiungendo una modalità $\Diamond$ al linguaggio di Berto, con cui egli rappresenta le asserzioni di verità di Alfredo. Così Berto dirà che $\Diamond A$ è vera quando A è vera per Alfredo, ovvero A è potenzialmente vera. La traduzione * si definisce per induzione con le seguenti clausole:

$$P^* =_{def} \Diamond P \quad \text{per ogni proposizione atomica } P,$$
$$(A \wedge^c B)^* =_{def} A^* \wedge B^*,$$
$$(A \vee^c B)^* =_{def} \Diamond(A^* \vee B^*),$$
$$(A \to^c B)^* =_{def} A^* \to B^*,$$
$$(\forall^c x A(x))^* =_{def} \forall x A^*(x),$$
$$(\exists^c x A(x))^* =_{def} \Diamond(\exists x A^*(x)).$$

Ora potremmo studiare quali assiomi è necessario assumere su $\Diamond$ per ottenere una traduzione fedele. Ma non è necessario! Per Berto non c'è bisogno di aggiungere la modalità $\Diamond$ per capire cosa intende per vero Alfredo. Infatti un secondo risultato di Gödel del 1933 (*Zur intuitionistichen Arithmetik und Zahlentheorie*), mostra che una modalità $\Diamond$ utilizzabile per la traduzione è definibile all'interno delle costanti logiche di Berto in modo molto semplice: $\Diamond =_{def} \neg\neg$[2].

Vediamo per bene come si fa, e perché. Cominciamo dalle proposizioni atomiche, per le quali Berto deve "fare la tara" su quel che dice Alfredo. Infatti, Berto ha capito che per Alfredo l'asserzione P vera equivale all'asserzione $\neg\neg P$ vera, e quindi quando Alfredo asserisce P vera, Berto deve ricordare che per Alfredo essa equivale a $\neg\neg P$ vera. E quindi, quando Alfredo asserisce P vera, Berto sa che deve tener conto di questa equivalenza. Il "trucco" di Berto è di tradurre ogni asserzione P vera direttamente con l'equivalente (per Alfredo) $\neg\neg P$ vera. Berto pone quindi $P^* =_{def} \neg\neg P$, ottenendo in tal modo una proposizione equivalente alla propria doppia negazione. Anche per lui P^* equivale a $\neg\neg P^*$. Egli infatti accetta che $\neg A$ equivalga a $\neg\neg\neg A$ (egli accetta "non ti amo" come equivalente di "non è escluso che non ti ami"), ma continua a non ammettere che A debba essere equivalente a $\neg\neg A$ (per lui rimane impensabile che "ti amo" possa equivalere a "non è escluso che ti ami").

---

[2] Gerhard Gentzen trovò lo stesso risultato indipendentemente da Gödel, per cui oggi la traduzione * è nota come traduzione negativa di Gödel-Gentzen.

D'altra parte, rimane vero che per Berto una proposizione è vera solo quando se ne abbia una prova. Per cui, quando Alfredo affermerà che P è vera, per capirlo Berto dovrà assumere che la traduzione P^*, cioè $\neg\neg P$, sia accompagnata da una prova. Da qui in poi, Berto può intendere perfettamente il modo di operare di Alfredo, non solo sul risultato finale ma anche in ciascun passaggio delle deduzioni (anche se questo richiede un po' di lavoro in più da parte di Berto). Resta che per convincersi della validità di una regola usata da Alfredo, riguardante una certa costante logica, Berto deve sapere come trasformare una prova delle premesse in una prova della conclusione.

Sui connettivi $\wedge$, $\to$ e sul quantificatore $\forall$, in un certo senso non è necessaria a Berto una traduzione per capire quello che intende Alfredo, fermo restando che Berto dà il proprio significato anche a tali costanti logiche. In altre parole, per Berto continua a valere che per verificare per esempio $A \to B$ deve avere un metodo che trasforma prove di A in prove di B. Questo è possibile perché, per ogni regola di deduzione usata da Alfredo su $\to$ e che abbia come conclusione $A \to B$ vera, supponendo di avere una prova (nel suo senso) delle premesse, Berto sa ricostruire il metodo che lo convince della verità di $A \to B$. E lo stesso discorso vale per $\wedge$ e $\forall$.

Tutto ciò risulterebbe più chiaro se si specificassero formalmente tutte le regole di deduzione, sia di Alfredo sia di Berto, e poi si dimostrasse l'asserto per induzione sulle derivazioni classiche (quelle di Alfredo)[3].

La differenza tra Alfredo e Berto emerge in modo palpabile nel caso di $A \vee B$. Il motivo è sempre lo stesso: mentre per gli altri connettivi Berto riusciva, magari a fatica, a ricostruire la prova per lui necessaria a seguire le argomentazioni di Alfredo, nel caso di $A \vee B$ non sa proprio come fare.

La combinazione delle regole di deduzione che usa Alfredo fa sì che in qualche caso egli si trovi a dedurre $A \vee B$ senza poter in alcun modo sapere quale delle due è vera (ciò accade per esempio quando usa un'istanza del terzo escluso $A \vee \neg A$). In tal caso un'informa-

Logica intuizionistica e logica classica a confronto

---

[3] Per non intimorire il lettore, conviene comunque ricordare che le derivazioni di Berto sono formalmente semplici tanto quelle di Alfredo. Infatti, il sistema di regole di deduzione è così ben congegnato che l'informazione aggiuntiva sulle prove, richiesta dalla concezione di verità di Berto, può rimanere implicita, e può essere in ogni momento ricostruita in modo effettivo. La stessa cosa non vale per il sistema di Alfredo.

zione che permetta a Berto di ricostruire una prova di A o una prova di B non c'è, nemmeno implicitamente. E dunque l'inferenza fatta da Alfredo per concludere $A \lor B$ risulta per Berto incomprensibile all'interno della propria logica.

Ma Berto trova uno stratagemma. Basta che si ricordi che, nella logica classica di Alfredo, è possibile dimostrare l'equivalenza di $A \lor B$ con $\neg(\neg A \land \neg B)$. Dal punto di vista di Berto, questa equivalenza significa che Alfredo tratta la disgiunzione in un modo ambiguo, in quanto confonde due asserzioni che invece Berto tiene ben distinte. Ma dato che per Alfredo sono equivalenti, Berto sceglie di considerare tra le due quella che anche lui riesce a provare costruttivamente, come è nel suo stile, e cioè non la disgiunzione, ma la contraddizione delle due negazioni $\neg A$ e $\neg B$, ovvero $\neg(\neg A \land \neg B)$, che per lui è più debole. Infine, $\neg(\neg A \land \neg B)$ è equivalente, nel sistema di Berto, a $\neg\neg(A \lor B)$, e questo è infatti il modo in cui egli traduce nel suo sistema la $A \lor B$ di Alfredo.

Alfredo non può che essere d'accordo, anche se non capisce la complicazione, dato che per lui A e A^* sono equivalenti, qualunque sia la proposizione A.

È chiaro che un discorso del tutto analogo vale per il quantificatore $\exists$.

Abbiamo spiegato nei dettagli (anche se manca tutto il formalismo dell'apparato deduttivo) che per la traduzione *, in cui si legga $\neg\neg$ al posto di $\Diamond$, vale:

A è dimostrabile per Alfredo   se e solo se

A^* è dimostrabile per Berto

È naturale domandarsi se un analogo risultato vale, allora, anche per la traduzione °, e cioè se una modalità $\Box$ con le proprietà opportune sia definibile nella logica classica. Anche qui Gödel, con il suo risultato del 1932, ci aiuta a capire che non è proprio possibile. Infatti, se ci fosse una traduzione fedele della logica intuizionistica dentro quella classica, cioè se valesse che A° è dimostrabile in logica classica se e solo se A è dimostrabile in logica intuizionistica per una traduzione ° nel linguaggio senza $\Box$ (ovvero, se fosse definibile un $\Box$ con le proprietà opportune), per calcolare il valore di A basterebbe calcolare il valore di A° classicamente, e con ciò ottenere una caratterizzazione della logica intuizionistica con i soli valori 0 e 1. Questo non è possibile, perché una tabella finita di valori non può essere sufficiente, come afferma il risultato di Gödel del 1932.

A posteriori ci si può convincere anche con un'altra osservazione. Dal punto di vista di Berto, tutta la logica di Alfredo si spiega usando solo il frammento ¬, ∧, →, ∀. Cioè, dal punto di vista di Berto, Alfredo non ha né una vera disgiunzione ∨ né un vero quantificatore esistenziale ∃, ma solo la loro versione debole, definibile negativamente. Ecco perché non c'è una traduzione fedele della logica intuizionistica di Berto dentro la logica classica di Alfredo: la logica classica non ha proprio alcun modo di esprimere ∨ e ∃[4].

Il fatto che per la traduzione dalla logica classica alla logica intuizionistica non sia necessario aggiungere una modalità ◊, in quanto è definibile, ha un'importanza per la matematica che non può essere sottovalutata. Infatti, la traduzione permette, in linea di principio e sotto certe limitazioni sulla potenza fondazionale della teoria degli insiemi sottostante (in pratica, deve essere una fondazione per cui abbia senso e valga la traduzione negativa), di trasportare ogni enunciato della matematica classica in un enunciato della matematica costruttiva[5]. Gödel stesso dà la sua traduzione nell'ambito delle teorie formali per l'aritmetica di Peano (PA) e di Heyting (HA).

Invece, il viceversa non si dà, cioè non c'è modo di interpretare classicamente la matematica costruttiva, perché in matematica (classica o costruttiva che sia) c'è un solo tipo di asserzione, la verità, e mai compaiono proposizioni della forma □A oppure ◊A.

Nella matematica classica vale *a fortiori* tutto quello che vale nella matematica costruttiva. Per essere più precisi, bisognerebbe specificare che, contrariamente alla matematica classica che è basata su un'unica fondazione, cioè ZFC o suoi equivalenti (unica nel senso che non c'è altra scelta), sono state introdotte molte e diverse fondazioni per la matematica costruttiva. Si ha quindi anche una molteplicità di matematiche possibili. E ci sono varianti,

---

[4] È curioso constatare che le due traduzioni sono state trovate da Gödel nello stesso anno, il 1933. Insieme all'articolo del 1932, i tre contributi (per un totale di sole 8 pagine!) danno una risposta completa al problema dei legami tra logica classica e logica intuizionistica.

[5] Dico in linea di principio, perché la traduzione *, oltre a risultare di impraticabile complessità, spesso è troppo debole costruttivamente e non riflette il contenuto inteso classicamente. Per questo definizioni diverse, pur se equivalenti classicamente, possono suggerire formulazioni costruttive diverse e *non* equivalenti nella logica intuizionistica. Rimane allora il compito di scegliere quale sia la più feconda e conveniente.

come la matematica intuizionista "ortodossa" di Brouwer, che assumono principi che la rendono non compatibile con una lettura classica (come il famoso principio di continuità).

Ma quando un matematico classico legge "a modo suo" la matematica costruttiva, fa come Alfredo quando ingloba la logica di Berto nella sua, senza capirla del tutto. Anche se talvolta può capitare che legga qualche risultato nuovo anche per lui, in generale dimostra di non considerare interessanti e degne di attenzione le distinzioni tipiche del costruttivismo, trascurandole totalmente. Quindi, dimostra di non considerare interessante e degna di attenzione tutta l'informazione aggiuntiva che ne deriva (e cioè l'esibizione degli oggetti di cui si dichiara l'esistenza, la possibilità di ottenere algoritmi dalle dimostrazioni, l'implementabilità al calcolatore, la certezza dell'assenza di contraddizioni nonostante il secondo teorema di incompletezza di Gödel, ...) e la perde totalmente. Non sorprende allora che consideri le argomentazioni costruttive come inutilmente complicate, e non riesca a darsene una ragione.

Ringraziamenti

Ringrazio mia moglie Silvia per l'aiuto morale, intellettuale e materiale, senza il quale questo articolo forse non avrebbe mai visto una fine.

Quando si moltiplicava per gelosia*

S. Funari, M. Li Calzi

Se pensiamo ai protagonisti della matematica fra il XV e il XVI secolo, la nostra attenzione si pone sicuramente su Luca Pacioli e la sua famosa *Summa de arithmetica, geometria, proportioni et proportionalita*, che venne stampata a Venezia nel 1494. La *Summa* costituì un punto di riferimento per i matematici del Rinascimento, in quanto raccoglieva in un unico volume le conoscenze matematiche elaborate a partire dal *Liber Abaci* di Leonardo Pisano fino al XV secolo, che prima erano disperse in vari manoscritti. L'opera non si limitò a destare l'interesse dell'ambiente scientifico e della comunità dei dotti (i "litterati" che padroneggiavano il latino). Il lavoro di fra Luca Pacioli si proponeva di illustrare "de ciascun atto operativo suoi fondamenti secondo li antichi e ancor moderni philosophi". Insieme alla scelta di far uso della "materna e vernacula lengua", questo rese la *Summa* comprensibile e utile anche ai tecnici che praticavano un'arte o un mestiere (i "pratici vulgari"), fornendo uno snodo importante fra la matematica teorica e quella pratica della bottega d'abaco. Già prima della pubblicazione della *Summa*, grazie all'invenzione della stampa a caratteri mobili, si erano diffusi vari manuali di aritmetica pratica scritti in volgare. Senza vantare grande rilevanza scientifica o particolare originalità

* *Lettera Matematica Pristem*, n. 72, 2009.

di contenuto, questi avevano tuttavia contribuito efficacemente alla divulgazione della matematica e alla diffusione della cultura quantitativa. Sempre a Venezia, città tra le più attive nella produzione di libri a stampa tra il XV e il XVI secolo, nel 1484 (10 anni prima della *Summa*) fu pubblicata l'*Arithmetica* di Pietro Borghi, un'opera che ebbe notevole successo divulgativo. La prima aritmetica stampata, *Larte de labbacho* di autore anonimo, era invece apparsa a Treviso nel 1478, e per questa ragione è appunto ricordata come l'"Aritmetica di Treviso". Essa era rivolta "a ciascheduno che vuole usare larte de la merchandantia chiamata vulgarmente larte de labbacho", a conferma dell'utilizzo pratico della matematica nelle transazioni commerciali. *Larte de labbacho* e i vari manuali di aritmetica pubblicati verso la fine del XV secolo erano fondamentalmente edizioni a stampa dei precedenti trattati d'abaco che ne riprendevano la struttura, dedicando parti di contenuto alle definizioni dei principali concetti e operazioni, alla presentazione del sistema numerico e alla discussione di problemi reali, relativi per esempio alle operazioni di scambio, alla ripartizione fra due o più soci dei guadagni ottenuti su un certo capitale (problemi "di compagnie"), al calcolo degli interessi ("del meritare e scontare a capo d'anno"), al calcolo delle percentuali di metalli nelle leghe. In questi manuali, ampio spazio era anche riservato alla presentazione delle operazioni aritmetiche e alla verifica della loro correttezza, nota come prova del nove; d'altra parte è proprio dall'esattezza dei calcoli che spesso dipendeva il buon fine di un'operazione commerciale. Così per esempio veniva definita la moltiplicazione nel *Larte de labbacho*:

Attendi lettore al quarto atto .zoe. al moltiplicare. Per intelligentia del quale el e de savere. che moltiplicare uno numero [...] per uno altro: non e altro: che do numeri propositi: trovare uno terzo numero: el quale tante volte contien uno de quelli numeri: quante unitade sono nel altro [...] Intendi bene. che nella moltiplicatione sono principalmente do numeri necessarii .zoe el numero moltiplicatore et el numero de fir moltiplicato.

Esistevano diversi metodi pratici per moltiplicare e dividere ("partire") due numeri. I metodi più utilizzati per la divisione erano il *partir per danda*, che usiamo ancora oggi, e il *partir per battello* (o *per galera*). Si conosceva poi la moltiplicazione *per bericuocolo* (detta anche *per organetto* e chiamata dai veneziani *per scachero*), che corrisponde all'algoritmo attuale, la moltiplicazione *per quadrilatero* e le regole *per crocetta, alla russa, a castelluccio* e *per scapezzo*. I diversi nomi richiamavano la figura che di volta in volta scaturiva dallo schema grafico che rappresentava la procedura risolutiva, oppure identificavano la provenienza del metodo. Non c'era un metodo migliore di un altro per moltiplicare due numeri: la varietà di proposte esistenti era frutto di un processo per tentativi in cui ognuno cercava di individuare quello che più gli si confaceva. Un interessante schema a reticolo era per esempio usato nei paesi arabi. In Italia questo metodo era conosciuto come *moltiplicazione per graticola* o *per gelosia*, dal nome con cui veniva indicata la persiana; infatti la gelosia, serramento per finestre a telaio fisso, consentiva ai mariti di sottrarre alla vista indiscreta di estranei le loro mogli senza impedire loro di guardare fuori.

> El sexto modo di multiplicare e chiamato gelosia ouer per graticola. E chiamase per questi nomi, perche la dispositione sua quando si pone in opera torna a moda di graticola ouer di gelosia. Gelosia intendiamo quelle graticelle che si costumono mettere ale finestre de le case doue habitano donne acio non si possino facilmente vedere o altri religiosi di che molto abonda la excelsa cita de Vinegia. E non e maraveglia chel vulgo habi trovato questi vocabuli a tali operationi, peroche ancora li astronomi hano asumpto el nome de molte stelle e siti loro, da animali e forme terrestri materiali. [Pacioli, 1494]

Il metodo era caratterizzato dalla facilità della sua applicazione, come mostra il seguente esempio che illustra la moltiplicazione di 587 per 24.

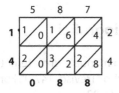

I due numeri da moltiplicare vengono scritti ai lati di una tabella, con tante righe e colonne quante sono le cifre dei due fattori. In ogni cella della tabella viene poi tracciata la diagonale principale che suddivide la cella stessa in due triangoli destinati a contenere i risultati parziali della moltiplicazione. In ciascuna cella si scrive il prodotto parziale, cioè il risultato della moltiplicazione delle cifre dei fattori che identificano la riga e la colonna che si incrociano in corrispondenza della cella considerata; si pongono le decine nel triangolo superiore e le unità nel triangolo inferiore. Si sommano poi i numeri scritti nelle strisce in diagonale, considerando eventuali riporti, a partire dall'ultima striscia in basso e a destra e scrivendo in corrispondenza della striscia il risultato ottenuto. Il risultato finale, 14.088, è rappresentato dalla lettura dei numeri illustrati sul fianco sinistro della tabella – dall'alto in basso – e sul lato inferiore della stessa – da sinistra a destra. Tale metodo, come nota il Pacioli, "in parte se fa con lo precedente ditto quadrilatero, ma in quello se teniua le decine e in questo se mette sempre tutto e poi se recogli, pure in eschincio", cioè effettuando le somme in diagonale. Manuali in cui si presentano in maniera dettagliata semplici regole per eseguire le operazioni aritmetiche e la loro applicazione a problemi di natura pratica (regola del tre, regola di falsa posizione, ecc.) continuarono a essere stampati anche nei due secoli successivi, XVII e XVIII. Ne sono un esempio la *Novissima pratica d'aritmetica mercantile* di Domenico Griminelli, sacerdote da Correggio, e il *Trattato aritmetico* di Giuseppe Maria Figatelli. Pur essendo consapevoli che "molti Autori habbino scritto eccellentemente di questa materia", tali manuali venivano scritti "hauendo sempre riguardo alla breuità e facilità". In fin dei conti, come osservato dal Griminelli, se "in una insalata ci venisse aggiunto il basilico o qualche altra erba buona non guastarebbe la detta insalata, ma gli accrescerebbe sapore, e fragranza d'odore, così questa operetta non pregiudicando a nessun'altra potrebbe essere di giouamento alli principianti".

Riferimenti bibliografici

1. Bagni, G.T., "Il primo manuale di matematica stampato al mondo: Larte de labbacho (Treviso, 1478)", Fondazione Cassamarca (1995) 11, IX, 2, pp. 77-82
2. Bagni, G.T., "Larte de labbacho (l'Aritmetica di Treviso, 1478) e la matematica medievale", *I Seminari dell'Umanesimo Latino 2001-2002*, Fondazione Cassamarca (1995), pp. 9-32

3. Boyer, C.B., "Storia della matematica", Mondadori (1997)
4. Figatelli, G.M., "Trattato aritmetico", Venezia (1774)
5. Funari, S., "Quando si moltiplicava per gelosia", in *Dal Commercio all'Economia, il luogo, l'architettura e le collezioni della biblioteca di San Giobbe*, Biblioteca di Economia, Università Ca' Foscari, Venezia (2007)
6. Giusti, E., Maccagni C., "Luca Pacioli e la matematica del Rinascimento", Giunti (1994)
7. Griminelli, D., "Novissima prattica d'aritmetica mercantile", Roma (1670)
8. Pacioli, L., "Summa de arithmetica, geometria, proportioni et proportionalita", Paganino de' Paganini, Venezia (1494)

Dialogo sulla teoria algoritmica dell'informazione*

V. Benci

Ho deciso di scrivere questa nota introduttiva alla teoria algoritmica dell'informazione nella forma di dialogo per almeno tre motivi.

Il primo è per renderla più agevole e divertente a un lettore che potrebbe venire scoraggiato da un articolo scritto in modo sistematico: con la forma del dialogo si susseguono domande e risposte e quindi diventa più facile seguire il filo logico.

Il secondo motivo nasce dal fatto che io non sono un esperto di questa teoria. Mettendo le varie affermazioni nelle bocche dei signori A. e B.; posso tranquillamente dissociarmi dalle loro affermazioni qualora si dovessero rivelare esposte in modo approssimativo e un po' impreciso.

La terza motivazione sta nel fatto che questi due signori sono giovani studenti e in quanto tali hanno tutto il diritto di far galoppare la loro fantasia, diritto che non si addice a un professore. Noi tutti siamo disposti a perdonare le loro estrapolazioni anche quando sono un po' troppo ardite, ma un professore deve essere una persona seria (anche quando diventa noioso).

Naturalmente esiste anche il rovescio della medaglia: questi due signori non sempre si esprimono in buon italiano. Mescolano vocabo-

---

* *Lettera Matematica Pristem*, n. 72, 2009.

li tecnico-scientifici con parole del gergo studentesco e qualche volta usano vocaboli troppo coloriti che fanno disonore al mondo accademico: ma anche all'Università se ne vedono di tutti i colori e bisogna rassegnarsi.

1 Prologo

B. – Ciao, come ti va la vita all'Università.

A. – Ma... le lezioni sono abbastanza noiose...

B. – Allora facevi meglio a restare al Liceo.

A. – Però si incontrano persone interessanti e si parla di molte cose, anche fuori dei corsi ufficiali. Per esempio, parlando con alcuni compagni e con i professori ho scoperto una teoria molto interessante che risponde anche ad alcune questioni filosofiche che ti dovrebbero interessare.

B. – E qual è questa teoria?

A. – Si chiama teoria algoritmica dell'informazione.

B. – Che nome complicato.

A. – Sì, il nome è complicato ma i fondamenti della teoria sono abbastanza semplici.

B. – Ma io la posso capire?

A. – Sì, se hai un po' di pazienza.

B. – Allora spiegamela.

2 Cos'è il caso

L'indovinello

A. – Va bene. Te la spiego con un indovinello. Considera queste due stringhe:

S_1 = "0001000100010001000100010001000100010001"

S_2 = "1110010111001101101011010011001111101101".

La domanda è la seguente

"quale delle due stringhe è casuale?"

B. – Stai parlando delle stringhe delle tue scarpe?

A. – Non fare lo spiritoso e il purista della lingua italiana; sai bene che oggi si usa la parola "stringa" per denotare una successione finita di 0 e di 1. Ammetto che è una brutta traduzione della parola inglese *string* ma con tutti questi *computer* che girano, ormai è entrata a fare parte della lingua parlata.

B. – E anche scritta visto che qualcuno ha scritto questo articolo.

A. – Non divagare e rispondi alla mia domanda.

Complessità

Dopo avere osservato per pochi secondi queste due stringhe il signor B dà la sua risposta.

B. – Mi sembra che la tua domanda sia demenziale, è ovvio che la stringa casuale è la S_2.

A. – Se la mia domanda è demenziale, lo è di più la tua risposta perché non mi hai dato alcuna motivazione.

B. – È ovvio che la prima stringa non è casuale perché segue una *regola* ben precisa: è formata da tre "0" ed un "1" che si ripetono per dieci volte.

A. – Ma anche la seconda stringa potrebbe avere una *regola nascosta*. Per esempio si potrebbe ottenere con la seguente regola

    prendi il decimo numero primo,
    sommaci la mia età,
    inverti l'ordine delle cifre,
    sommaci 7 se il numero è pari,
    o moltiplicalo per 8 se il risultato è un numero dispari,
    converti il numero ottenuto in notazione binaria,
    e così otterrai la stringa S_2

Sei sicuro che la seconda stringa non segua questa regola?

B. – No! Non sono sicuro e non ho affatto voglia di fare il conto.

A. – Neanche io, ma posso sostenere senz'altro che la stringa S_2 segue certamente qualche regola nascosta, perchè essendoci infinite regole, essa può senz'altro essere ottenuta mediante alcune di esse.

B. – Questo è certamente vero, ma la S_1 segue una regola semplice e con questo ti ho fregato.

A. – Bravo! Hai fatto centro... basta che tu mi definisca quando una regola si dice semplice.

B. – Una regola è semplice... quando si capisce subito.

A. – E chi ti dice che la S_2 non segua una regola che io ho capito subito quando l'ho scritta.

B. – Con regola semplice... voglio dire una regola che non è *complessa*.

A. – In questo modo hai semplicemente cambiato nome ai termini del problema. Hai sostituito la parola *complessità* alla parola *casualità*. Possiamo convenire che la *casualità* e la *complessità* sono due concetti strettamente collegati ma non hai risposto alla mia domanda iniziale. Se ti fa piacere a questo punto ti riformulo la domanda con i termini che preferisci:

"quale delle due stringhe S_1 e S_2 è più complessa?"

Probabilità

Il signor B rimane un po' interdetto e si mette a riflettere; allora l'amico riprende la parola.

A. – Ti voglio aiutare. Una di queste stringhe l'ho prodotta con questa moneta. L'ho lanciata in aria per quaranta volte e ho scritto un "1" quando mi è venuto testa e uno "0" quando mi è venuto croce. Questa informazione ti aiuta? Sai dirmi quale delle due stringhe S_1 e S_2 è stata prodotta col metodo del lancio di una moneta?

B. – Ovviamente la S_2.

A. – Perché?

B. – Perché per ottenere una stringa come la S_1 avresti dovuto passare qualche secolo a lanciare monete.

A. – Oppure potrei avere avuto molta fortuna...

B. – ... ma vai...

A. – Ammetto che la S_2 è stata prodotta col metodo del lancio di una moneta, ma tu non mi hai ancora risposto alla domanda iniziale.

B. – Adesso la risposta è semplice; la stringa casuale è la seconda, perché è stata prodotta con un metodo casuale, cioè il lancio della tua moneta.

A. – Veramente tu hai risposto a un'altra domanda: quale delle due stringhe è stata prodotta casualmente, non quale è casuale.

B. – Ma è la stessa cosa.

A. – Non è vero; infatti non lo potrai mai provare. Lancia questa moneta e vediamo se ti viene la stringa S_2.

B. – Non fare lo spiritoso, sai che questo è impossibile; ognuna di queste due stringhe ha la stessa probabilità di uscire che è 2^{-40}.

A. – Da questo punto di vista le due stringhe sono equivalenti. Ognuna di esse ha la probabilità di essere prodotta con lanci casuali di uno su 1 trilione e 99 miliardi 511 milioni 627 mila 776.

B. – Sempre minore del debito pubblico.

A. – Non divagare. Tu non hai ancora risposto alla mia domanda per almeno due motivi: io voglio sapere se una delle due stringhe possa ritenersi casuale in se stessa e non per il modo in cui è stata prodotta; inoltre se tu usi nozioni probabilistiche devi spiegarmi cosa intendi per probabilità.

B. – Ma sai bene che la probabilità è un concetto essenzialmente indefinibile. Hanno versato fiumi di inchiostro per definire la probabilità e ogni definizione di probabilità (frequentista, soggettivista ecc.) si è sempre prestata a un mare di obiezioni.

A. – È proprio qui che ti volevo. Se tu definisci quale delle due stringhe è casuale in un certo senso definisci cos'è il caso, ovvero il fondamento della nozione di probabilità.

B. – Spiegami un po' meglio questo concetto....

A. – Prendiamo nuovamente questa moneta. Tu dici che la probabilità che esca testa o croce è esattamente $1/2$. Questo perché $1/2$ è l'inverso del numero degli eventi possibili purché questi eventi siano *equiprobabili*.

B. – E questa è una definizione circolare in quanto usi il concetto di equi-*probabilità* per definire la *probabiltà*.

A. – Proprio così. Quindi dobbiamo avere un criterio per sapere se le uscite di testa o croce di questa moneta sono equiprobabili. Che cosa diresti se lanciando questa moneta ottenessi la stringa S_1?

B. – Direi che la tua moneta è truccata.

A. – Dunque, per sapere se la mia moneta è un oggetto i cui lanci si comportano in maniera casuale devo sapere che cosa è una stringa casuale.

B. – In pratica questo va bene, ma dal punto di vista astratto no; infatti da un punto di vista puramente teorico, non si può escludere che la stringa S_1 sia stata ottenuta col lancio della moneta.

A. – Hai ragione, ma solo in parte. Infatti la stringa S_1 ha una qualche probabilità di essere prodotta a caso solo perché è molto corta. Basta che tu la prenda un po' più lunga e la probabilità diventerà praticamente 0. Per esempio, producendo una stringa al secondo, per ottenere una data stringa di 60 caratteri, non basta l'età dell'universo.

B. – Va bene, ma dal punto di vista teorico, tra 2^{-40} e 2^{-60} non cambia nulla.

A. – Ma lo sai che sei più pedante di un matematico…

B. – Non mi dire che non sai rispondere alla mia domanda.

A. – Ma non essere sciocco. Io so rispondere a tutte le tue domande perché sono un personaggio inventato dall'Autore proprio con questo scopo. Per evitare il problema che tu dici basta prendere stringhe casuali infinite e sviluppare il calcolo delle probabiltà come ha fatto Von Mises più di 50 anni fa.

B. – Ma allora la tua teoria è più vecchia di 50 anni.

A. – No, perché Von Mises ha basato la nozione di probabiltà su quella di successione casuale, ma non è riuscito a dare una buona nozione di stringa casuale. Con questa teoria invece si può definire che cos'è una successione casuale: basta che ogni segmento iniziale della successione sia una stringa casuale…

B. – Va bene! Ti do atto che tu sai tutto, ma smettila di usare parole troppo difficili perché tanto non ci capisco nulla.

A. – Bene. Allora ragioniamo più alla buona. Se io ti mostro le stringhe S_1 e S_2 e ti dico che una di esse è stata prodotta a caso mi dici che questa stringa è la S_2 ma non sai il perché.

B. – Questo è vero, ma solo perché non ho studiato statistica. Altrimenti, potrei applicare uno dei molti test statistici e darti una risposta definitiva.

A. – Anche questo non è vero. Tu sai che un *computer* qualsiasi, anche con un programmino molto semplice, riesce a produrre stringhe casuali che resistono alla maggior parte dei test statistici. Ma queste stringhe non sono casuali perché sono prodotte da un programma determistico, infatti vengono chiamate stringhe (o successioni) *pseudocasuali.*

B. – Ma almeno in linea di principio si può ammettere l'esistenza di test statistici che smascherino tutte le stringhe pseudocasuali.

A. – Certo, ma per fare una distinzione appropriata tra stringhe casuali e pseudocasuali devi avere già definito che cosa intendi per stringhe casuali, altrimenti come fai a smascherare le pseudocasuali?

B. – Allora siamo ritornati alla domanda iniziale.

A. – Certamente: perché la S_2 è casuale?

B. – Ma allora come stanno le cose?

A. – A questo punto della nostra discussione abbiamo appurato che ricorrere a nozioni probabilistiche per rispondere alla domanda iniziale non aiuta affatto, perché per dare una definizione non assiomatica di probabilità devi già sapere che cos'è una stringa casuale per distinguerla da una pseudocasuale. Quindi devi definire la casualità in maniera intrinseca. Se riesci a fare ciò, non solo sai che cos'è una stringa casuale, ma dai un fondamento accettabile al calcolo delle probabilità.

Quantità di informazione

B. – Mi è venuta un'altra idea per definire la casualità di una stringa.

A. – E quale?

B. – Nessuna stringa è casuale. Tutto segue una regola. Ciò che esiste, esiste per necessità. Come dice Hegel ciò che è reale è razionale. Quello che esiste, esiste per volontà di Dio e niente può essere lasciato al caso. Ciò che noi chiamiamo caso è solo la misura della nostra ignoranza...

A. – ... e magari è frutto del demonio, una prova dell'esistenza di Satana. Non essere ridicolo, lo so che sei bravo in filosofia, ma noi vogliamo fare un discorso terra terra e non è il caso di scomodare Dio. Vogliamo sapere solo perche la S_2 è causale e la risposta, anche se è concettualmente profonda, deve essere formalmente semplice.

B. – Io mi sono già scocciato. Dimmi quello che sai e basta.

A. – Supponi che io voglia comunicare la mia stringa a un amico che vive… sulla luna e che le trasmissioni tra qui e la luna costino molto care e pertanto mi convenga rendere il mio messaggio il più corto possibile per risparmiare. Se voglio trasmettere la stringa S_1 basta che trasmetta il messaggio

$$0001$$

che mi "prende" 4 bit, e il messaggio di ripeterlo 10 volte, che mi prende altri 4 bit in quanto 10 in numerazione binaria si scrive "1010". Dunque posso trasmettere la mia stringa con 8 bit di informazione.

Per trasmettere invece la stringa S_2 non posso fare altro che trasmettere ogni simbolo alla volta e impiegare 20 bit.

B. – Ma devi anche trasmettere le regole per ricostruire il messaggio spedito in forma abbreviata.

A. – D'accordo, ma se parliamo di stringhe lunghe, l'informazione per trasmettere tali regole è irrilevante.

B. – Dunque tu dici che una stringa è casuale se l'informazione necessaria per ricostruirla è di tanti bit quanto è la lunghezza della stringa.

A. – Più o meno.

Il signor B. riflette un po'.

B. – Aspetta un momento! Tu mi stai fregando. L'informazione necessaria per trasmettere un messaggio dipende da quello che sa la persona che riceve il messaggio. Se io voglio trasmettere sulla luna il V canto della Divina Commedia, non devo trasmetterlo verso per verso. Basta che trasmetta la frase

Il V canto della Divina Commedia

e il mio interlocutore sulla luna va nella bibliteca di Selenia (capitale della colonia lunare) e se lo legge.

A. – Ma bisogna ammettere che il tuo interlocutore sulla luna non sappia nulla.

B. – Se non sa nulla non può capire nessun messaggio.

A. – D'accordo, bisogna ammettere che sappia molto poco...

B. – Quanto poco; adesso sei tu che usi concetti non definiti e fai una gran confusione per risolvere una questione che appare evidente a priori.

A. – Hai ragione. Adesso ti spiego tutto con ordine.

3 Teoria algoritmica dell'informazione

Come si misura la quantità di informazione?

A. – Hai presente che cos'è una macchina di Turing universale?

B. – Certamente no, lo sai bene che al Liceo queste cose non ce le spiegano.

A. – È vero; in realtà molte volte questi concetti non sono insegnati neppure all'Università.

Il signor A. mostra all'amico un disegno di una macchina di Turing

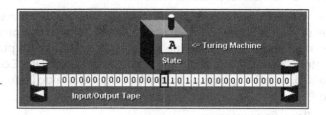

Fig. 1.

B. – Mamma mia, cos'è?... un ibrido tra un macina-caffè e il computer di Matusalemme?!

A. – Ma no! Questo e solo un disegno schematico. Il disegno non ha importanza; nessuno ha mai costruito veramente una macchina di Turing. Se vuoi capire devi guardare solo questa tabella qui.

B. – Ma tu sei scemo. Ho ben altro da fare che studiarmi la tua tabella.

A. – Comunque non ha importanza perché al posto di una macchina di Turing universale si può sostituire il tuo computer con un semplice linguaggio di programmazione.

B. – Come per esempio il Basic che è l'unico linguaggio che conosco?

A. – Sì, il Basic o il Pascal fa lo stesso. L'unica astrazione che devi usare consiste nel fatto di supporre che il tuo computer abbia memoria infinita e che tu abbia la pazienza di aspettare che il programma abbia completato il suo ciclo (ammesso che si fermi).

B. – Ehi, un momento; io posso immaginarmi un computer con memoria infinita, ma non posso immaginare quali grandiosi programmi ci si possa far girare.

A. – Non prendermi troppo alla lettera. Dicendo che un computer ha memoria infinita voglio semplicemente dire che ha memoria sufficiente per farci girare un qualunque programma; e siccome non si può sapere a priori la memoria necessaria, si deve supporre che gli si possa aggiungere un po' di memoria tutte le volte ciò si renda necessario.

B. – Ho capito; è come quando in un compito di esame si può sempre richiedere nuovi fogli bianchi quando si sono esauriti i fogli che ci hanno dato precedentemente.

A. – Hai capito benissimo. Una macchina di Turing si dice universale se può "simulare" ogni altra macchina di Turing. I computer che noi usiamo sono macchine di Turing universali, infatti puoi mettergli dentro il linguaggio che ti pare: Pascal, Basic, Lisp. E ciascuno di questi linguaggi può simulare un qualsiasi altro linguaggio.

B. – Bene; fin qui ci arrivo.

A. – Allora supponiamo che tu e il tuo amico sulla luna abbiate due computer con lo stesso linguaggio di programmazione. Allora se tu vuoi fare in modo che sul display del tuo amico compaia la stringa S_1 basta che tu spedisca il seguente messaggio:

```
for n = 1 to 10
    print "0001"
next
```

Questo messaggio è più corto del messaggio

```
print "0001000100010001000100010001000100010001"
```

in quanto le parole "print", "next" ecc. vengono codificate da pochi bit.

A questo punto, si può definire la quantità di informazione contenuta in una qualunque stringa come la lunghezza del più corto programma che produce quella stringa.

Una volta fissata una macchina di Turing universale U, o per dirlo in parole povere, una volta fissato il linguaggio di programmazione, la quantità di informazione contenuta in una stringa S (che d'ora in poi indico col simbolo x), risulta essere un numero intero ben definito. Esso sarà denotato col simbolo

$$I_U(x).$$

In simboli possiamo scrivere

$$I_U(x) = \min \{|p| \mid U(p) = x\}$$

ove $|p|$ denota la lunghezza del programma p (cioè il numero di 0 e di 1 che lo compongono) e $U(p)$ denota la stringa prodotta dal tuo computer quando esegui il programma p.

B. – Molto semplice... e interessante. Ma definita in questa maniera, la quantità di informazione viene a dipendere dal linguaggio di programmazione scelto, cioè da U.

A. – Questo è vero; ma questa dipendenza non è troppo grave. Infatti, se V è un altro linguaggio di programmazione, risulta che

$$|I_U(x) - I_V(x)| \le C(U, V)$$

ove $C(U, V)$ è una costante che dipende da U e V ma non dalla stringa. Quindi, se cambi programma, la quantità di informazione risulta modificata solo di una quantità finita. Questo fatto ci garantisce che la quantità di informazione è un buon concetto e la dimostrazione, dovuta a Kolmogorov, tralasciando alcuni dettagli tecnici è molto immediata e te la voglio dire.

Infatti, supponiamo che sia

$$I_U(x) = l;$$

ciò significa che esiste un programma $p_{U,x}$, di lunghezza l, che, fatto girare nella macchina U produce la stringa x:

$$U(p_{U,x}) = x.$$

Ora, vuoi scrivere un programma che ti produce la stringa x con la macchina V, basta che tu abbia il programma $p_{V,U}$ che permette di simulare la macchina U con la V, e poi dai alla macchina V il programma $p_{U,x}$ e così otterrai la stringa x:

$$V(p_{V,U}, \ p_{U,x}) = x.$$

Probabilmente questa non è la maniera migliore di ottenere la stringa x dalla macchina V; quasi certamente il programma più corto $p_{V,x}$ sarà diverso dal programma $(p_{V,U}, \ p_{U,x})$; denotando con $|p|$ la lunghezza di un programma si ha che

$$|p_{V,x}| \leq |p_{V,U}| + |p_{U,x}|$$

e quindi

$$|p_{V,x}| - |p_{U,x}| \leq |p_{V,U}| \ ;$$

ma questa formula resta valida se scambiamo U con V e quindi

$$|p_{U,x}| - |p_{V,x}| \leq |p_{U,V,}| \ ;$$

da cui segue che

$$||p_{V,x}| - |p_{U,x}|| \leq \max(|p_{V,U}|, |p_{U,V,}|).$$

Poiché abbiamo definito

$$I_U(x) = |p_{U,x}|$$

e

$$I_V(x) = |p_{V,x}|,$$

ponendo

$$C(U, V) = \max(|p_{V,U}|, |p_{U,V,}|)$$

il teorema di Kolmogorov risulta dimostrato.

B. – E quindi la quantità di informazione contenuta in una stringa è un concetto ben definito, a meno di una costante. In fondo è abbastanza naturale pensare che la quantità di informazione contenuta in una stringa non sia proporzionale alla sua lunghezza, ma una cosa indipendente che in un modo o nell'altro possa essere definita rigorosamente. Però... credo di aver perso il filo del discorso; stavamo parlando di complessità e di casualità. Adesso siamo approdati a una nozione abbastanza diversa.

A. – Bene, possiamo riepilogare tutti i passaggi: una stringa si dice *casuale* se non ha regole nascoste che la possano rendere più corta. Grazie alla nozione di "macchina di Turing universale" queste nozioni possono essere perfettamente formalizzate (a meno di costanti che non sono rilevanti dal punto di vista generale). Infatti si può definire formalmente la quantità di informazione (chiamata anche complessità nel senso di Kolmogorov) contenuta in una stringa; a questo punto, una stringa può essere definita casuale se il suo contenuto di informazione $I(x)$ è più o meno uguale alla lunghezza $|x|$ della stringa stessa.

B. – Ho capito; ma che cosa vuol dire "più o meno uguale"? Questa non è certo un'asserzione matematica.

A. – Certamente; bisogna dare una valutazione quantitativa. Per motivi tecnici si è deciso di definire x è casuale se

$$I(x) \geq |x| - \log_2 |x| \ .$$

Per esempio, se una stringa con un milione di caratteri non è casuale, può essere prodotta da una stringa un po' più corta, ovvero da una stringa di soli

$$1.000.000 - \log_2 1.000.000 \simeq$$
$$\simeq 1.000.000 - 19,931 \simeq$$
$$\simeq 999.980$$

caratteri.

Quante sono le stringhe casuali?

B. – Quindi, almeno per stringhe sufficientemente lunghe ha senso parlare di stringhe intrinsecamente casuali. Ma quante sono? Immagino che siano molte.

A. – Non sono molte, ma moltissime. Calcoliamo per esempio quante sono le stringhe casuali di lunghezza N. In totale ci sono 2^N stringhe di lunghezza N. Quelle che non sono casuali possono essere prodotte da stringhe appena un po' più corte, ovvero da stringhe di lunghezza $N - \log_2 N$. Ma le stringhe di questa lunghezza sono al più

$$2^{N-\log_2 N} = \frac{2^N}{N}$$

e quindi le stringhe casuali sono almeno

$$2^N - \frac{2^N}{N} = \left(1 - \frac{1}{N}\right) 2^N.$$

Dunque, tra le stringhe di un milione di caratteri, solo un milionesimo di esse possono essere non casuali, il 99,9999 % sono certamente casuali.

B. – Ma allora è facile avere stringhe casuali. Anche considerando stringhe di solo cento caratteri, almeno il 99 % di esse sono casuali.

Numeri casuali

A. – E quindi la stragrande maggioranza dei numeri sono casuali.

B. – E adesso cosa c'entrano i numeri?

A. – Poiché le stringhe possono essere poste in corrispondenza biunivoca con i numeri naturali secondo la seguente tabella (ordine lessicografico)

0	0
1	1
00	2
01	3
10	4
11	5
000	6
001	7
010	8
011	9
100	10
...	...

ne segue che ogni numero naturale può essere intrinsecamente casuale. Un numero n si dice casuale se

$$l(n) \geq \log_2(n) - \log_2 \log_2(n).$$

B. – Vacci piano; non ti seguo.

A. – In base alla tabella, parlare di numeri naturali o di stringhe è la stessa cosa....

B. – ... e così si tira in ballo anche l'aritmetica...

A. – ... e quindi possiamo parlare di numeri casuali. Un numero n, in base alla tabella scritta sopra può sempre essere rappresentato con $\log_2(n + 2)$ simboli. Ma esso può anche avere delle regole nascoste; per esempio il numero

6.915.878.970

è il prodotto dei primi 10 numeri primi. Usando queste regole nascoste si può scrivere un programma che produce il numero *n* sul
display del tuo computer. La lunghezza del più corto di questi programmi si denota con *l*(*n*) ed è il contenuto di informazione di *n*.

Quindi non solo ti ho spiegato cos'è una stringa casuale, ma anche cosa è un numero casuale. Naturalmente con questa definizione i numeri piccoli sono tutti casuali...

B. – Senti, per le stringhe ti posso anche dare ragione, ma iden-
tificare i numeri con le stringhe e dire che in questa maniera si
può definire cos'è un numero a caso mi sembra una forzatura. Se
tu avessi ragione, si avrebbe che quasi tutti i numeri sono casuali e quindi, non potendo distinguere un numero casuale dall'altro
avrei che sono più o meno quasi tutti equiprobabili...

A. – Io non ho detto che quasi tutti i numeri sono equiprobabili;
la probabilità a priori di un numero è un altra cosa...

Probabilità a priori di un numero

B. – Non mi dire che con la tua teoria si può anche definire la probabilità a priori di un numero o di un qualunque altro oggetto. Ti
posso dare ragione quando dici che puoi definire cos'è una stringa
casuale, ma per definire la probabilità penso che "il vecchio lancio
della moneta" resti il metodo più efficiente, o almeno il più intuitivo; e poiché i numeri sono infiniti, la nozione di numero casuale
mi sfugge.

A. – E cosa mi diresti se io affermassi che la probabilità a priori di
un numero *n* non è altro che

$$P(n) = 2^{-l(n)} ?$$

B. – Direi che è una definizione come un'altra, ma non mi sembra
minimamente correlata all'idea intuitiva di probabilità che abbiamo "a priori". A meno che tu non abbia argomenti per convincermi.

A. – Certo che ce l'ho. Altrimenti non avrei tirato in "ballo" questa
questione. Tu mi dici che sei ancora affezionato al vecchio buon
"lancio della moneta". Bene, supponiamo di avere la tua moneta

perfetta, lanciamola e vediamo qual è la probabilità che mi dia un certo numero.

B. – Se tu codifichi i primi 2^{30} numeri in un qualunque modo e fai trenta lanci, è chiaro che ogni numero ha la stessa probabilità che è 2^{-30}. E ciò resta vero anche se sostituisci la moneta con una stringa casuale di 30 caratteri.

A. – Ma non correre, io non voglio fare trenta lanci, voglio fare infiniti lanci. O meglio voglio fare N lanci e tenere conto di tutte le possibiltà che esistono qualunque sia il numero N.

B. – Forse sto capendo... Fammi indovinare: guardando la tua tabella si può dire che il numero 0 e il numero 1 hanno probabilità $\frac{1}{2}$ poiché possono essere ottenuti con un lancio con probabilità $\frac{1}{2}$; i numeri 2, 3, 4 e 5 hanno probabilità $\frac{1}{4}$ perché possono essere ottenuti con due lanci con probabilità $\frac{1}{4}$...

A. – Guarda che la somma delle probabiltà di ciascun evento indipendente deve essere uguale a 1 e tu con soli sei numeri hai già raggiunto il numero 2:

$$P(0) + P(1) + P(2) + P(3) + P(4) + P(5) =$$
$$= \frac{1}{2} + \frac{1}{2} + \frac{1}{4} + \frac{1}{4} + \frac{1}{4} + \frac{1}{4} = 2.$$

B. – Ma basta che poi divida per un fattore di normalizzazione (che in questo caso è 2) e ottengo

$$P(0) = P(1) = \frac{1}{4}$$
$$P(2) = P(3) = P(4) = P(5) = \frac{1}{8}.$$

A. – La tua idea è buona se vuoi definire la probabilità a priori di una quantità finita di numeri; ma se vuoi considerare tutti i numeri il tuo fattore di normalizzazione diventa

$$2 \cdot \frac{1}{2} + 4 \cdot \frac{1}{4} + 8 \cdot \frac{1}{8} + \ldots = 1 + 1 + 1 + \ldots = \infty.$$

B. – Già è vero... ma allora come si fa?

A. – Quasi nel modo che hai detto tu. Lanci la tua moneta e la successione di "0" e "1" che ti viene sarà considerata un programma e messa in una macchina di Turing universale e aspetti il risultato.

Questa volta la somma delle probabilità di ciascun numero ti verrà minore (o al più uguale) a uno, almeno se tu usi un piccolo accorgimento ovvero che nessun programma sia uguale alla parte iniziale di un altro programma. Questo capita molto spesso nei programmi reali. Basta che un programma "dichiari" in anticipo la sua lunghezza. In questo caso la probabilità a priori di un numero è definita da

$$P(n) = \sum_{U(p)=n} 2^{-|p|}$$

ovvero la probabilità a priori di un numero è uguale alla probabilità che questo numero venga prodotto da un programma scritto lanciando in aria la tua moneta "perfetta".

B. – Io veramente, di codesta formula non ci ho capito nulla…

A. – Cerco di spiegartela: la probabilità che la tua moneta produca il programma p è data da $2^{-|p|}$; quindi se vuoi definire la probabilità che il tuo computer produca il numero n devi sommare le probabilità di tutti i prorammi p che producono n ovvero tutti i programmi tali che $U(p) = n$.

B. – E se il programma non si ferma e quindi non produce alcun numero?

A. – Non c'è niente di male: dato che esiste questa possibilità, se poniamo

$$\Omega = \sum_{n=0}^{\infty} P(n) \, ,$$

risulta che $\Omega < 1$. Ω è proprio la probabilità che un programma casuale si fermi. Il numero Ω si chiama numero di Chaitin e ha importanti proprietà aritmetiche legate a certe equazioni diofantee… ma non divaghiamo troppo…

B. – Anche perché, volendo dire tutta la verità, si finisce col parlare di cose troppo difficili che neppure tu conosci…

A. – Torniamo alla nostra formula; si può dimostrare che

$$\sum_{U(p)=n} 2^{-|p|} \simeq \max \left\{ 2^{-|p|} \mid U(p) = n \right\}$$

e quindi la probabilità a priori di un numero differisce di pochissimo da $2^{-l(n)}$.

B. – E quindi quasi tutti i numeri sono casuali, ma ci sono dei numeri che avendo leggi nascoste, hanno una maggiore probabilità di altri di essere prodotti dal "caso" e quindi hanno una maggiore probabilità di "esistere". Ma questa è cabalistica. Pitagora sarebbe stato felicissimo e i maghi del Medioevo avrebbero fatto salti di gioia.

A. – Non prendermi in giro.

B. – Non ti sto prendendo in giro. Anzi, mi sto divertendo molto. Facciamo un po' di cabalistica. Prendiamo un numero magico; per esempio il numero di Avogadro. I chimici dicono esso sia

$$N = 6,28 \cdot 10^{23} .$$

Ma N non può essere il vero numero di Avogadro perchè è comprimibile; bastano 9 simboli per definirlo. Il vero numero di Avogadro deve certamente essere casuale. Esso sarà il più grande numero casuale minore di N. Perché non me lo calcoli?

A. – È facile ottenere un numero o una stringa casuale, ma è difficile dimostrare che essi sono casuali. In un certo senso si può soltanto dimostrare che una stringa non è casuale.

B. – O come sarebbe a dire?

Il paradosso di Berry e il teorema di Chaitin

A. – Intuitivamente è molto semplice: una stringa non è casuale se ha una regola nascosta; se tu trovi tale regola, allora essa non è casuale. Se invece non trovi nulla non sai se la tua stringa è casuale oppure se devi cercare ancora… e ancora… e non sai mai quando fermarti.

B. – Ma esisterà certamente un metodo sistematico per stabilire se una stringa è casuale. In fondo, tutti i computer di questo mondo hanno "zippatori".

A. – Ora sei tu che fai uso di brutti neologismi; il nome "zippatore" fa più schifo della parola "stringa".

B. – Ma tutti sanno che uno zippatore è un programma che permette di comprimere un "file" e poiché un file non è altro che una stringa, uno zippatore mi permette di stabilire se una stringa è casuale o no.

A. - I tuoi zippatori funzionano solo perché i file che si usano sono ben lontani dall'essere casuali.

B. - E chi ti dice che io non possa, magari tra trenta anni, inventare lo zippatore perfetto.

A. - Me lo dice il teorema di Chaitin. È un fatto della vita che la perfezione non esiste, e qualche volta questo fatto si può dimostrare e così non ci saranno illusi come te che cercano la "pietra filosofale".

B. - Allora, se tu vuoi spezzare definitivamente le mie illusioni, spiegami il teorema di Chaitin.

A. - Esso non è altro che la versione informatica del paradosso di Berry.

B. - E cosa dice il paradosso di Berry.

A. - Parla di numeri e della loro definibilità mediante "parole". Per esempio le proposizioni

- il più grande numero primo minore di cento;

- il più piccolo numero perfetto;

- il numero ottenuto moltiplicando i primi dieci numeri primi tra di loro,

sono proposizioni che definiscono rispettivamente i numeri 97, 6 e 6.915.878.970.

Adesso considera la seguente proposizione:

@ Il minimo numero intero che, per essere definito, richieda più simboli di quanto ce ne sono in questa proposizione.

B. - Bene fin qui ti seguo. Un tale numero esisterà certamente; infatti dato un qualunque insieme di numeri naturali il minimo esiste sempre.

A. - Ma ne sei proprio sicuro?

B. - Certo, altrimenti la matematica sarebbe contraddittoria: ci sono moltissimi teoremi che derivano dal fatto che un sottoinsieme degli interi ha sempre un minimo.

A. - E sei anche sicuro che i numeri descrivibili "a parole" formino un insieme?

B. - Certamente!

A. – Allora supponiamo che tale numero esista e chiamiamolo β: il numero di Berry. Poiché la proposizione "@" contiene 115 simboli (contando anche gli spazi vuoti), ciò vuol dire che per definire β ci vogliono almeno 116 simboli.

B. – Benissimo, il tuo ragionamento non fa una grinza.

A. – Ma tu dimentichi una cosa: la proposizione "@" contiene 115 simboli e definisce il numero β.

B. – Gasp!

A. – Cosa hai detto?

B. – Ho detto "Gasp!" il che vuol dire "sono confuso, stupito e non capisco più nulla".

A. – Non è proprio il caso che tu ti stupisca tanto; i paradossi e le antinomie in logica come in matematica esistono fin da quando è stato inventato il ragionamento astratto, cioè dai tempi dell'antica Grecia. In genere, esse nascono dall'"autoreferenza", cioè dal disporre di un linguaggio che può parlare di se stesso.

B. – Come quando l'Autore di questo articolo ha citato se stesso.

A. – Sì, più o meno le cose stanno così. Pensa per esempio al paradosso di Epimenide: se uno dice:

   "io mento",

se mente veramente, dice la verità, ma se dice la verità allora mente. Con l'autoreferenza si possono trovare tutte le antinomie che vuoi.

B. – Sarà, ma questo numero β lo digerisco proprio male. Comunque penso che queste antinomie sono molto stupefacenti dal punto di vista logico, ma che sia difficile applicarle a situazioni pratiche come quelle riguardanti computer e programmi. Un programma è un programma: è una cosa concreta che si "vede" e non può essere troppo legato alle astrazioni tipo quelle amate dai Greci che nonostante il loro genio teorico, dal punto di vista tecnologico non erano poi un gran che.

A. – Ti sbagli, perché antinomie e paradossi, opportunamente interpretati, ti dimostrano che certe cose non si possono fare. Stabiliscono le colonne d'Ercole che separano il possibile dall'impossibile. Come per esempio il paradosso di Berry.

Tradotto nel mondo dei computer, esso diviene un teorema, il teorema di Chaitin che stabilisce che con un programma P contenente una quantità di informazione

$$I(P) = k$$

non si può comprimere (in modo ottimale) una stringa avente un'informazione maggiore di k bit.

Per "tradurre" il paradosso nel teorema occorre spostare l'accento dal campo dell'esistenza a quello della dimostrabilità. L'espressione "che richieda" deve essere sostituita da "che si può provare che richieda". Inoltre la vaga nozione di "numero di simboli" può essere rimpiazzata dalla "informazione algoritmica" che è una quantità ben definita e misurabile in bit. Usando questi accorgimenti, la "@" diventa

@@ il programma che è capace di provare che una stringa ha complessità algoritmica maggiore del numero di bit contenuti in questo programma.

Se il programma P esistesse, usandolo come subroutine, si potrebbe facilmente costruire il programma @@ che ha una quantità di informazione poco superiore a quella di P, diciamo $k + k_1$ e opera nel seguente modo:

- prende tutte le stringhe ordinate lessicograficamente,
- le comprime usando la subroutine P,
- misura la loro quantità di informazione cioè la lunghezza della stringa compressa,
- e se trova che questa è magggiore di $k + k_1$ stampa questa stringa e si ferma.

In altre parole il programma @@ ha prodotto una stringa x che ha informazione algoritmica maggiore di $k + k_1$, ovvero $U(@@) = x$ con

$$I(x) > k + k_1.$$

Ma dalla definizione di informazione, si ha che

$$I(x) = \min \{|q| \mid U(q) = x\} \le |@@| = k + k_1$$

e dunque si ha che

$$k + k_1 < k + k_1 .$$

Assurdo.

Ma mentre il paradosso di Berry ti ha soltanto fatto meravigliare, il teorema di Chaitin ti insegna anche che non può esistere lo zippatore perfetto.

4 Un po' di filosofia

La versione informatica del teorema di Gödel

B. – Ma allora la tua teoria algoritmica dell'informazione non serve quasi a nulla; in pratica non si può mai sapere se una stringa è casuale. Tutt'al più si può sapere quello che non si ha speranza di scoprire.

A. – Anche fosse così non sarebbe poco...

B. – ... a proposito di quello che non si può mai sapere... questi discorsi mi fanno venire in mente il teorema di Gödel, quello che dice che in aritmetica ci sono cose vere che non possono essere dimostrate...

Questa teoria ha qualcosa a che vedere col teorema di Gödel?

A. – Sì, questa teoria ha molto a che vedere col teorema di *incompletezza* di Gödel. Chaitin stesso ha dato molte dimostrazioni "informatiche" di questo teorema. Ti voglio raccontare in modo un po' intuitivo di cosa si tratta. Torniamo all'aritmetica, alla cabalistica come dici tu. Prendiamo un numero m e vediamo se ha regole nascoste, ovvero, se pensato come stringa, esso è comprimibile. Questo fatto non può essere dimostrato con un programma p che ha un contenuto di informazione minore di $I(m)$.

B. – Ma noi, almeno in linea di principio, possiamo prendere programmi lunghi quanto ci pare e alla fine scopriremo se m è o non è un numero casuale.

A. – Certo. Ma ora seguimi un po' in questo ragionamento. Se tu scegli un numero finito di assiomi e formalizzi tutte le regole di inferenza di una teoria matematica (per esempio l'aritmetica), otterrai un "programma" che ha un contenuto di informazione magari grande, ma finito.

B. – Tu vuoi dire che il mio libro di matematica potrebbe essere ridotto a un programma.

C. – Certo. Un programma, chiamiamolo $\mathcal{L}$, al quale, come input dai un enunciato, e come output aspetti una risposta: questo enunciato è vero (cioè è un teorema) oppure questo enunciato è falso. Basta che tu formalizzi bene le regole di inferenza, e il tuo programma può produrre tutti i teoremi e verificare se essi sono uguali all'enunciato dato, oppure sono uguali alla sua negazione. A questo punto il programma ti dà la risposta e si ferma. Il teorema di Gödel ti dice che un tale programma non può esistere, ma questo fatto te lo dice anche il teorema di Chaitin.

B. – Certo, e ho capito anche perché. Infatti basta prendere l'enunciato

"il numero m è casuale".

Se la quantità di informazione contenuta in m è maggiore di quella di $\mathcal{L}$ (ossia della quantità di informazione contenuta in assiomi e regole di inferenza) sicuramente, per il teorema di Chaitin, non potrai mai ricevere la risposta.

A. – Bravo, le cose stanno proprio così.

B. – Accidenti! Ho capito il teorema di Gödel che è considerato difficilissimo.

A. – Non ti gasare troppo; in realtà noi abbiamo saltato tutti i dettagli tecnici. Comunque, per me, c'è una cosa ancora più sorprendente: preso un qualunque numero

$$m > I(\mathcal{L}),$$

nonostante che quasi certamente sia casuale, sappiamo con assoluta certezza che non lo possiamo dimostrare. In altre parole sono più le cose che non sappiamo di quelle che sappiamo.

B. – Questo veramente non è una grande novità, Socrate lo aveva predicato più di 2000 anni fa.

A. – Già, ma la novità consiste nel fatto che questo vale per semplici proprietà aritmetiche. Se noi, con un computer potentissimo e con un programma p con

$$I(p) > m$$

riuscissimo a provare che m è casuale, questo fatto andrebbe assunto come assioma indipendente.

B. – E allora?

A. – Ma non capisci; se questo è vero, viene distrutto il vecchio pregiudizio che la matematica sia un sistema assiomatico deduttivo. In realtà essa è una scenza empirica.

B. – Come!!!

A. – La maggior parte delle verità verificate da un semplice modello come l'insieme dei numeri naturali, non possono essere dedotte da un sistema finito di assiomi, anche se potrebbero essere verificate con altri mezzi; proprio come capita nelle scienze empiriche: una teoria, qualunque essa sia, non ti permette di prevedere tutto. Ci sono sempre fatti che le sfuggono e che richiedono che la teoria venga ampliata. In Aritmetica, quello che è dato a priori è l'insieme dei numeri naturali, ma le verità che li riguardano, non possono essere dedotte da un insieme finito di assiomi e di regole di inferenza. E quindi l'Aritmetica è una scienza sperimentale.

B. – Ma vai, ora sei tu che mi prendi in giro.

A. – Un po' sì e un po' no. In realtà, a questo proposito Chaitin ha proposto di introdurre la nozione di incertezza in Matematica e accettare enunciati del tipo:

"il teorema tal dei tali ha una probabilità a priori del 99 % di essere vero".

B. – Adesso capisco perché mi hai detto che la teoria algoritmica dell'informazione ha conseguenze filosofiche.

L'epistemologia di Salomonoff

A. – No! In realtà quando ho detto questo stavo pensando all'epistemologia di Salomonoff.

B. – Ma come, non ti basta di aver già tirato in ballo la probabilità, l'informatica, l'aritmetica, la logica e la critica dei fondamenti? Ora tiri fuori anche l'epistemologia? E poi chi è questo signor Salomonoff.

A. – Insieme a Kolmogorov e a Chaitin è il padre di questa teoria. Anzi è il primo ad averne scoperto i punti essenziali. Ma fino a quando Kolmogorov non li ha riscoperti nessuno ci aveva fatto caso.

Comunque lui è arrivato a questa teoria attraverso altre motivazioni. Egli voleva trovare un criterio per sapere, almeno virtualmente, quale tra due teorie scientifiche fosse la migliore. Salomonoff ha pensato di rappresentare le osservazioni di uno scienziato mediante una successione di cifre binarie.

B. – Ed ecco che siamo tornati ancora una volta alle stringhe.

A. – Alla teoria spetta il compito di "spiegare" le osservazioni e di predirne delle nuove. Quindi una teoria scientifica può essere considerata come un programma che permette a un computer di riprodurre le osservazioni. Se tra due teorie si deve scegliere la migliore quale sceglieresti tu?

B. – È ovvio, quella più corta, quella capace di zippare maggiormente i dati empirici. Tutto questo è molto bello, ma la teoria non è nuova, è la vecchia storia del rasoio di Occam: tra due teorie equivalenti si sceglie quella più semplice tagliando via i fronzoli inutili.

A. – Certo che è la vecchia teoria del rasoio di Occam, ma formulata matematicamente. E questo fatto la fa uscire dalla filosofia delle opinioni per farla approdare a una epistemologia adatta alla scienza dei nostri giorni.

B. – Certo questa storia non sarà molto apprezzata da Popper il quale sostiene che il valore conoscitivo di una teoria scientifica si misura dalla sua falsificabilità. Se ci sono due teorie in competizione e se queste teorie sono scientifiche, deve esserci la possibilità di fare un "esperimento cruciale" che falsifichi una delle due e quindi stabilisca quale delle due è "più vera". Se questa possibilità non esiste, non siamo più nel mondo della scienza ma della metafisica.

A. – Non so cosa pensino i popperiani, ma ti posso dire quello che penso io. A me pare che il criterio di scientificità proposto da Popper sia estremamente riduttivo. Per esempio niente della matematica sarebbe una teoria scientifica; o forse lo sarebbe la geometria euclidea, in seguito ad accurate misurazioni relative agli enunciati dei suoi teoremi. E non solo la matematica sarebbe esclusa dal mondo della Scienza, ma anche molte teorie quali la teoria dell'evoluzione naturale, la teoria del big-bang, la teoria della deriva dei continenti, l'astronomia…

B. – Forse hai ragione. In fondo la scienza moderna è nata con la rivoluzione copernicana, e Copernico, a fare gli esperimenti non ci pensava nemmeno. Per lui la teoria eliocentrica era "vera" solo perché zippava le osservazioni fatte dagli astronomi nei 2000 anni precedenti. E ora che ci penso anche Keplero ha sostituito le ellissi agli epicicli perché con pochi parametri riusciva a descrivere le posizioni dei pianeti con altrettanta accuratezza; e se anche teniamo conto delle osservazioni successive, aumentando opportunamente il numero degli epicicli si sarebbe potuto descrivere il moto di qualunque pianeta con l'accuratezza desiderata.

A. – Vorresti dire che Keplero è stato il più grande zippatore della Nuova Scienza?

B. – Ma anche Galileo non scherzava mica… Ma come la mettiamo con il fatto che non si può sapere quando una stringa è zippabile.

A. – Vuoi dire qual è il significato epistemologico del teorema di Chaitin? In fondo ci dice quello che il buon senso ci ha sempre detto: non si può sperare di avere un algoritmo che ci permette di trovare in ogni occasione la teoria ottimale. La scoperta di una buona teoria è frutto di lavoro, intelligenza, intuizione e molta fortuna.

B. – Vuoi dire che il cervello umano con *lavoro, intelligenza, intuizione e molta fortuna* riesce a fare quello che un computer non riesce a fare?

La tesi di Church

A. – Questo ovviamente non lo sa nessuno. Ma possiamo provare a formulare meglio il problema mediante la tesi di Church.

B. – Che ovviamente io non so che cosa sia….

A. – Church è considerato il maggior logico di questo secolo dopo Gödel. Mentre Gödel ha dimostrato che esistono cose vere che non possono essere dimostrate, Church ha provato che non esiste alcun metodo per sapere se una cosa è dimostrabile.

B. – Per favore cerca di precisare meglio quello che intendi perché non ti sto capendo.

A. – Considera un sistema formale, ovvero un linguaggio, degli assiomi e delle regole di inferenza. Il tutto deve essere perfettamente formalizzato: questo in pratica vuol dire che tutto il lavoro potrebbe essere fatto da un computer. Inoltre il nostro sistema formale deve "contenere" una teoria abbastanza ricca: diciamo l'aritmetica. Dandogli tempo infinito, questo computer dovrebbe essere capace di stampare tutti i teoremi.

B. – Fin qui ti seguo.

A. – Bene! Gödel ti dice che certe proposizioni non saranno mai stampate. Né loro né le loro negazioni. Dunque, aggiungendoci un po' di fantasia si può dire che certe cose non sono né vere né false. Questo fatto si esprime dicendo che il sistema è *incompleto*.

B. – E Church cosa dice.

A. – Dice che non esiste una *procedura di decisione*, ovvero, per sapere se una cosa è dimostrabile o no, non ti resta altro che aspettare che il computer stampi quella proposizione o la sua negazione. Fino alla fine del tempo. Non c'è alcun metodo generale che ti permetta di sapere a priori quali sono i teoremi dimostrabili. L'unico mezzo a disposizione è quello di provare a dimostrarli, ma se non ci riesci, non puoi dedurre nemmeno che non sei abbastanza bravo.

B. – Però, da come io vedo le cose, mi sembra che sia dal teorema di Gödel sia dal teorema di Church non si possano trarre troppe conseguenze filosofiche. Gödel e Church hanno provato che tutti i sistemi formali sono incompleti e mancano di una procedura di decisione. Ma questo è come dire che in geometria euclidea non si può quadrare il cerchio o trisecare l'angolo. In realtà queste costruzioni sono possibili; basta aggiungere qualche nuovo marchingegno alla riga e al compasso. Analogamente, è possibile inventare qualche nuovo strumento, per esempio un supercomputer parallelo, oppure ampliare le regole del gioco per poterne sapere di più sulle verità aritmetiche. In fondo potrebbe capitare di tutto; chissà come stanno le cose?

A. – In realtà sembra proprio che questo ampliamento non sia possibile; infatti Turing, usando la sua macchina ideale, con metodi completamente diversi è giunto proprio alla stessa conclusione. E questo fatto ha portato Church a suggerire che qualunque effettiva computazione (o dimostrazione) operata da uomini e macchine poteva essere duplicata dall'*uomo ideale* o dalla *macchina ideale* e questa è la famosa tesi di Church. È un'affermazione empirica, ma l'evidenza a suo favore è schiacciante. Poiché ogni operazione fatta da una macchina ideale o da un uomo ideale può essere fatta da una macchina di Turing universale, la tesi di Church-Turing può essere riformulata così:

"Tutto quello che può essere calcolato,
può essere calcolato da una macchina di Turing"

o se ti fa più piacere, pensando alla Matematica,

"Tutto quello che può essere dimostrato,
può essere dimostrato da una macchina di Turing"

ovvero, pensando alle scienze empiriche e all'epistemologia di Occam-Salomonoff:

"Tutto quello che può essere zippato,
può essere zippato da una macchina di Turing".

Ogni computer, anche il più potente non può fare niente di più di ciò che può fare una macchina di Turing universale. Ovvero, qualunque algoritmo può essere simulato da qualunque semplice computer, basta supporre che abbia memoria infinita e che si abbia la pazienza di aspettare.

B. – Sembra impossibile che quel macinino da caffè possa fare tutti i conti e dimostrare tutti i teoremi concepibili. Ma, se le cose stanno così, allora tutto quello che vediamo e facciamo può essere simulato da una macchina di Turing.

A. – Adesso non esagerare, tu non stai formulando la tesi di Church-Turing, ma la tesi di Church-Turing-Signor B. che recita così:

"Tutto quello che può essere calcolato dall'intero universo,
può essere calcolato da una macchina di Turing"

e francamente mi sembra che sia un po' troppo. In fondo l'universo è piuttosto grande. *Ci sono più cose in cielo e terra di quanto la tua filosofia possa sognare*. Nel mondo fisico ci possono essere fenomeni che sfuggono a una descrizione algoritmica. Dando per buona la tesi di Church, ci si può porre la seguente domanda:

Esiste qualche fenomeno fisico che calcola qualcosa di non-calcolabile?

B. – Ho capito dove vuoi arrivare. Stai semplicemente riformulando la mia domanda: può il cervello umano fare quello che un computer non riesce a fare, nemmeno ipoteticamente?

A. – Proprio così: il problema, riformulato opportunamente diventa questo:

> "il cervello umano, con *lavoro, intelligenza, intuizione* e *molta fortuna*, può calcolare qualcosa che è (algoritmicamente) non-calcolabile o dimostrare qualcosa che è (algoritmicamente) non-dimostrabile o comprimere una teoria che è (algoritmicamente) non-comprimibile?"

B. – Ho l'impressione che a questa domanda non sai rispondere neppure tu.

A. – Hai ragione; ormai abbiamo chiacchierato anche troppo. Andiamo al bar della facoltà a farci la solita partita a Magic con il resto della compagnia.

Introduzione elementare ai modelli probabilistici*

B. Betrò

1 Probabilità: un concetto intuitivo

A ben pensarci, la nostra vita di tutti i giorni è costellata di considerazioni di natura probabilistica, anche se non necessariamente formalizzate come tali.

Sono esempi di ciò la valutazione, nell'uscire di casa la mattina, della possibilità che piova o meno nel corso della giornata per decidere se prendere o no l'ombrello, la rinuncia a partecipare a una gara o un concorso "perché non ho possibilità di farcela", le previsioni del tipo "la squadra X ha ormai vinto al 90 % il campionato", le statistiche che ci informano sulle probabilità di morte per il fumo o per il mancato uso delle cinture di sicurezza in caso di incidente stradale, per non parlare delle speranze di vincita in giochi e lotterie.

In tutte le situazioni di incertezza, si tende in sostanza a dare una "misura" dell'incertezza, che, sia pur indicata con vari termini, esprime il significato intuitivo della "probabilità".

Il fatto che la probabilità abbia un significato intuitivo comporta anche che lo stabilirne le regole può, entro certi limiti, essere guidato dall'intuizione. Tuttavia l'affidarsi completamen-

* *Lettera Matematica Pristem*, n. 53, 2004.

Un mondo di idee

te all'intuizione può portare a conclusioni scorrette. Vediamone alcuni esempi.

Nel suo numero del 1 novembre 1989, il quotidiano americano *The Star-Democrat* riportava la seguente affermazione, tragica trasposizione alla vita reale della barzelletta di quel tale che pretende di viaggiare in aereo portandosi una bomba perché è nulla la probabilità di 2 bombe sullo stesso aereo:

> Secondo il padre, il pilota morto mentre cercava di atterrare sulla nave USS Lexington era certo che non sarebbe mai stato coinvolto in un incidente aereo perché il suo compagno di stanza era morto in uno di questi e la probabilità era contraria.

Nel bollettino mensile di una nota carta di credito, nel numero di settembre 2002 si poteva leggere:

> Da sempre il [circuito mondiale di sportelli Bancomat] offre un servizio ai massimi livelli in termini di qualità, con una percentuale di transazioni con esito positivo pari al 99 %.

La percentuale di successi vantata non è poi così favorevole se si pensa che, usando la carta per un anno una volta alla settimana, la probabilità che almeno una transazione abbia esito negativo è pari a circa il 41 %.

La pubblicità su quotidiani e riviste riporta spesso mirabolanti promesse di vincita come la seguente, apparsa su un noto quotidiano il 10 gennaio 2003:

> Sulla ruota di Roma, dal 1945 ad oggi, il 73 non si era mai fatto attendere per più di 82 estrazioni consecutive: il numero attualmente in maggiore ritardo potrebbe ritornare da un momento all'altro. Il 73 di Roma è meglio attaccarlo affidandosi alla vera statistica piuttosto che a maghi e veggenti... Dopo l'estrazione di mercoledì scorso [l'autore del metodo] ha trovato i migliori numeri da abbinare al 73 di Roma e messo a punto una appropriata strategia per le ultime prossime estrazioni... (1,50 Euro + IVA al minuto, max. 8 minuti)

Non è poi così difficile rendersi conto che, se il gioco non è truccato (come dobbiamo credere fino a prova contraria), cioè se a ogni estrazione ogni numero ha la stessa possibilità di essere estratto e il meccanismo di estrazione non è influenzato da quanto avvenuto nelle estrazioni precedenti, allora il fatto che un numero sia ritardatario non ne aumenta la probabilità di essere estratto. Per gli increduli (o creduloni?) torneremo sulla questione nel seguito.

Per evitare di pervenire a conclusioni scorrette, è necessario formalizzare il *Calcolo delle probabilità* stabilendone le regole e i concetti in modo logico e rigoroso, ed è qui che la matematica entra in gioco.

2 Breve storia del Calcolo delle probabilità

Le origini del (moderno) Calcolo delle probabilità si fanno tradizionalmente risalire alla corrispondenza tra Pascal e Fermat su un problema di gioco d'azzardo (1654): un noto giocatore dell'epoca riscontrava che le sue deduzioni probabilistiche non si accordavano con le sue fortune, o meglio sfortune, di gioco e si rivolse a Pascal chiedendo lumi al riguardo.

Nato come teoria matematica dei giochi, il Calcolo delle probabilità crebbe progressivamente di importanza tanto che già Laplace, agli inizi del XIX secolo ([1], p. 123), poteva affermare "È notevole il fatto che una scienza che è iniziata con l'analisi dei giochi d'azzardo dovesse essere elevata al rango dei più importanti oggetti della conoscenza umana".

La teoria conobbe un grande sviluppo nel XX secolo, quando Kolmogorov nel 1933 ([2]) introdusse l'approccio assiomatico che ancora oggi ne costituisce il fondamento.

Al giorno d'oggi le applicazioni del Calcolo delle probabilità sono presenti in ogni ramo della scienza, nella tecnologia, nella finanza. Del resto, la fine della visione newtoniana della fisica e l'avvento della fisica quantistica hanno dimostrato l'impossibilità di fare previsioni esatte in ogni circostanza: il principio di indeterminazione di Heisenberg (1927) afferma che non è possibile conoscere simultaneamente la posizione e la velocità di un dato oggetto con precisione arbitraria.

Nel XX secolo ebbe anche grande impulso la Statistica, che del Calcolo delle Probabilità rappresenta in un certo senso il "braccio operativo", studiando come combinare le probabilità che misurano l'incertezza relativa a un certo fenomeno con le osservazioni sperimentali del fenomeno stesso.

3 La costruzione di un modello probabilistico: gli ingredienti essenziali

Possiamo definire il Calcolo delle probabilità come la teoria matematica dell'incertezza. La teoria dice come si devono formulare in maniera corretta delle valutazioni probabilistiche, o, in altri termini, come si deve formulare un *modello probabilistico*.

Come ogni modello matematico, anche il modello probabilistico da un lato consente la trattazione di un problema di interesse in modo logico e rigoroso; dall'altro rappresenta necessariamente un'astrazione della realtà e ne cattura solo alcuni aspetti. Inoltre il modello deve condurre a risultati "utili", che siano in accordo con l'evidenza sperimentale, altrimenti se ne impone la revisione.

Un aspetto affascinante del Calcolo delle probabilità è la possibilità di affrontare problemi interessanti e che bene ne illustrano le potenzialità con modelli semplici e con una matematica sostanzialmente elementare. Questo non vuol dire che il Calcolo delle probabilità sia una disciplina "facile". Esistono molti problemi interessanti che richiedono modelli più complessi e strumenti matematici sofisticati, come è il caso dei fenomeni aleatori che evolvono nel tempo, per i quali occorre definire appropriati *processi stocastici*. I modelli più complessi pongono anche problemi non banali dal punto di vista computazionale.

Vediamo ora quali sono gli elementi essenziali per la costruzione di un modello probabilistico.

Occorre innanzitutto individuare quali sono gli *eventi* in gioco, cioè le diverse situazioni che si possono presentare quando si considera un certo fenomeno, in particolare gli *eventi elementari* o *esiti*. Per illustrare questi concetti, peraltro piuttosto intuitivi, ricorriamo a un semplice esempio.

Consideriamo il lancio simultaneo di due dadi di diverso colore: gli esiti o eventi elementari possono essere individuati dalle coppie ordinate di interi da 1 a 6. A partire dagli eventi elementari si possono costruire eventi "complessi", quali l'evento "uscita di un 7", che possiamo descrivere come la *collezione di esiti*

$$E = \{(1, 6), (2, 5), (3, 4), (4, 3), (5, 2), (6, 1)\} \, .$$

L'insieme dei possibili esiti, nel nostro esempio le 36 coppie ordinate di interi da 1 a 6, è detto *spazio campionario* (S).

È evidente che possiamo descrivere gli "oggetti" sopra introdotti in termini insiemistici: lo spazio campionario può essere visto come un insieme del quale gli esiti costituiscono gli elementi o "punti". Gli eventi sono allora sottoinsiemi dell'insieme S.

Come abbiamo già ricordato, il modello probabilistico è una astrazione della realtà che ne cattura alcuni aspetti. Non sorprenderà quindi l'osservazione che lo spazio campionario è una costruzione matematica non necessariamente unica, che dipende da ciò che pensiamo sia importante.

Se il lancio dei due dadi del nostro esempio avviene sul pavimento del salotto, i dadi possono finire sotto il divano che ne nasconderà il valore della faccia superiore. Se si è interessati a tenere conto di questo fatto, si potrà "arricchire" lo spazio campionario con la coppie (D, i), (i, D), $i = 1, \ldots, 6$, (D, D).

Analoghe considerazioni possono essere fatte per gli eventi: una volta fissato lo spazio campionario, quali considerare dipende da cosa si ritiene importante. Se l'interesse è per l'evento E "uscita di un 7", sarà sufficiente limitarsi a considerare l'evento E e l'evento complementare $\bar{E}$. Se si deve decidere se fare o meno una gita per il giorno successivo e quale abbigliamento prevedere in caso di effettuazione, tenendo conto delle previsioni di pioggia, gli eventi da considerare potrebbero essere "tempo asciutto", "pioggia leggera", "pioggia intensa", e non necessariamente i millimetri di pioggia che potrebbero cadere sul luogo della gita.

Quando gli esiti possono essere contati, lo spazio campionario si dice *discreto*. Come caso particolare, se il numero di esiti è limitato, lo spazio campionario si dice *finito*.

Dopo avere introdotto gli eventi, vediamo ora come assegnare a essi le *probabilità*, per essere in grado di misurare – è questo appunto lo scopo del Calcolo delle probabilità – l'incertezza relativa al verificarsi o meno di un evento.

Quando lo spazio campionario S è discreto, è facile costruire la probabilità di un evento a partire dalle probabilità degli eventi elementari. È del tutto naturale pensare a queste ultime come dei numeri reali compresi tra 0 e 1, così che, per esempio, un esito al quale sia assegnata la probabilità 0.2 è ritenuto 2 volte più probabile di uno con probabilità 0.1. Un evento certo riceve probabilità 1 e un evento impossibile probabilità 0. Pure naturale è l'assegnazione, di conseguenza, di una probabilità a ogni evento E: essendo questo una collezione di esiti $e_{i_1}, \ldots, e_{i_k}, \ldots$, sarà immediato assegnare a

E la somma delle probabilità degli esiti, così che $P(E) = \sum_k p_{i_k}$, dove $p_{i_k} = P(e_{i_k})$ e la somma deve intendersi una serie se gli esiti sono un'infinità numerabile. Per il fatto che la collezioni di tutti gli esiti costituisce lo spazio campionario S, che può quindi essere considerato come un evento certo, sarà $\sum_k p_k = P(S) = 1$. Se E non contiene esiti si conviene che $P(E) = 0$. Immediata conseguenza della definizione di probabilità di un evento sopra introdotta è che, se A e B sono due eventi, allora $P(A \cup B) = P(A)+P(B)-P(AB)$, dove AB indica l'evento costituito dal verificarsi contemporaneo di A e di B, cioè $A \cap B$ nella consueta notazione insiemistica. In particolare, se A e B sono disgiunti (o "incompatibili"), risulta $P(A \cup B) = P(A) + P(B)$, così che $P(\overline{A}) = 1 - P(A)$.

Un'assegnazione delle probabilità $\{p_i, i = 1, 2, \ldots\}$ degli esiti $\{e_i, i = 1, 2, \ldots\}$ viene detta *distribuzione di probabilità* su S.

Il problema naturalmente è come assegnare, nel concreto, i valori numerici di una distribuzione di probabilità.

Nel nostro esempio del lancio dei due dadi (senza divano), è naturale pensare che nessun esito e_i sia "favorito", almeno se non abbiamo motivo di ritenere che i dadi siano truccati, e di conseguenza assegnare a tutti gli esiti la stessa probabilità. Così facendo, la condizione $\sum_i p_i = P(E) = 1$ fornisce immediatamente $P(e_i) = 1/36$ per ogni i.

Questa distribuzione di probabilità è un esempio di *distribuzione uniforme discreta*; naturalmente tale distribuzione può sussistere solo quando lo spazio S è finito.

4 Le definizioni di probabilità e l'impostazione assiomatica

La questione dell'individuazione di un'appropriata distribuzione di probabilità è strettamente connessa con il problema della definizione stessa di probabilità come misura dell'incertezza. Esistono sostanzialmente tre definizioni di probabilità:

- Definizione "soggettiva" della probabilità (de Finetti, [3]): la probabilità è il prezzo che un individuo "coerente" ritiene equo pagare per ricevere 1 se l'evento si verifica e 0 altrimenti; è in sostanza questa la definizione che abbiamo utilizzato per assegnare la distribuzione uniforme discreta agli esiti del lancio dei due dadi, sia pure in modo mascherato invocando la considerazione che nessun esito possa considerarsi favorito.

- Definizione "classica" di probabilità: la probabilità è vista come il rapporto tra il numero di casi favorevoli a un certo evento e numero di casi possibili, purché questi ultimi abbiano la stessa possibilità di verificarsi. Questa definizione, di cui risalta immediatamente il carattere tautologico, risente delle circostanze in cui è nato il Calcolo delle probabilità in relazione a problemi di gioco d'azzardo e può essere fatta risalire a Pascal, ed è in realtà piuttosto una regola per calcolare le probabilità in situazioni in cui ci sia un numero finito di alternative che possono essere considerate, per motivi di simmetria e simili, "ugualmente probabili".

- Definizione "frequentista" di probabilità: può essere empiricamente riscontrato che se si osservano gli esiti di successive repliche di un esperimento, la frequenza relativa di un evento associato a tali esiti (per esempio l'uscita di una "testa" nel lancio di una moneta o, nel lancio di due dadi, l'uscita di un doppio sei), tenderà a stabilizzarsi su un certo valore che sarà pari a $1/2$ nel lancio della moneta e a $1/36$ nel lancio dei due dadi. La coincidenza di tale valore con il valore calcolato secondo la definizione classica di probabilità ha portato a definire la probabilità di un evento come il limite della frequenza relativa del verificarsi dell'evento quando il numero delle prove tende all'infinito. Anche questa definizione non è esente da critiche, legate in sostanza al problema di definire cosa si intenda per "limite" e alla possibilità di ripetere all'infinito un esperimento nelle stesse condizioni.

Tutte e tre queste definizioni conducono in realtà alle stesse regole base del calcolo delle probabilità:

1. $P(A) \geq 0$ $\forall$ evento A;

2. se A è l'evento certo, allora $P(A) = 1$;

3. se A e B sono eventi incompatibili, $P(A \cup B) = P(A) + P(B)$.

Pertanto, al di là delle diverse interpretazioni della probabilità, è possibile costruire una teoria che dica come costruire modelli probabilistici e analizzarne le implicazioni in modo rigoroso. È quanto ha realizzato l'impostazione assiomatica di Kolmogorov (1933), che ha definito come assiomi una riformulazione delle regole 1,2,3, valida per spazi di natura qualsiasi nei quali sia individuata una collezione di sottoinsiemi, chiamata *σ-algebra*, comprendente lo spazio stesso e chiusa rispetto all'unione numerabile e al complementare. Una delle diverse formulazioni equivalenti degli assiomi di Kolmogorov è la seguente:

Sia Ω uno spazio e $\mathcal{F}$ una σ-algebra non vuota di suoi sottoinsiemi; questi ultimi sono detti *eventi*. Una probabilità P è una funzione a valori reali definita sugli eventi e tale che:

1. $P(A) \geq 0 \ \forall A \in \mathcal{F}$;

2. $P(\Omega) = 1$;

3. se $A_1, A_2, \ldots$ è una successione *numerabile* (finita o infinita) di eventi *a due a due incompatibili*, $P(\cup_i A_i) = \sum_i P(A_i)$.

È naturale chiedersi se l'impostazione assiomatica, oltre a permettere lo sviluppo di un rigoroso calcolo delle probabilità, sia anche "utile", nel senso di permettere la costruzione di modelli in accordo con l'evidenza sperimentale. La risposta a tale domanda è positiva, come dimostra tra l'altro il fatto che è possibile dare una formulazione rigorosa di quella "legge empirica del caso" suggerita dall'evidenza sperimentale, nel caso di prove ripetute in modo indipendente e nelle stesse condizioni, e che è alla base della definizione frequentista di probabilità.

5   Le insidie del Calcolo delle probabilità

La possibilità di poter disporre di un apparato matematico per il calcolo delle probabilità permette di superarne le insidie, che sono di varia natura, ma in buona parte legate a un'eccessiva confidenza nelle capacità dell'intuizione. Ne esaminiamo alcune che appaiono come le principali fonti di errore nella valutazione della probabilità di eventi di interesse.

Il conteggio dei casi

Una prima fonte di errore è, nel caso di spazi finiti, il *conteggio dei casi*. Nell'esempio del lancio dei due dadi, confondere i due eventi *uscita di (1,6)* e *uscita di un 1 e di un 6* porterebbe a conclusioni scorrette in quanto

$$\frac{1}{36} = P(uscita\ di\ (1,6)) \neq P(uscita\ di\ un\ 1\ e\ di\ un\ 6)$$

$$= P(uscita\ di\ (1,6)) + P(uscita\ di\ (6,1)) = \frac{1}{18}.$$

Spesso i principianti sono messi in difficoltà di fronte alla richiesta di calcolare la probabilità di eventi del tipo "almeno", che è invece facilmente ottenibile considerando l'evento complementare; per esempio, dalla identità $P(\bar{E}) = 1 - P(E)$, si ottiene immediatamente che

$$P(almeno\ una\ faccia > 2)$$

$$= 1 - P(tutte\ e\ due\ le\ facce \leq 2)$$

$$= 1 - P((1,1) \cup (1,2) \cup (2,1)) = 1 - \frac{3}{36}.$$

Per spazi campionari finiti, il calcolo delle probabilità richiede tipicamente l'utilizzo di formule del calcolo combinatorio, come il coefficiente binomiale

$$\binom{n}{k} = \frac{n!}{(n-k)!k!}$$

che esprime il numero di gruppi di k oggetti diversi presi tra n. Anche in questo caso la mancata conoscenza di identità del tipo $\sum_{k=0}^{n} \binom{n}{k} = 2^n$ o di formule di approssimazione come quella di *Stirling*: $n! \approx n^n e^{-n} \sqrt{2\pi n}$ può mettere in serie difficoltà chi si avventuri privo del necessario equipaggiamento nel mondo della probabilità.

L'abuso dell'equiprobabilità

Un'altra insidia è costituita dall'acritica supposizione dell'equiprobabilità delle diverse alternative. Non è poi così difficile lanciare in aria con la mano una moneta in modo che ricada nel palmo con la stessa faccia iniziale! Nel qual caso supporre che le due facce della moneta siano equiprobabili porterebbe l'ingenuo scommettitore a sperimentare delle amare sorprese. Non è tuttavia necessario pensare a imbrogli da parte del lanciatore. Esistono diverse esperienze che dimostrano come la rotazione di una moneta su una superficie liscia, invece del suo lancio, possa portare a significati-ve differenze nella frequenza delle facce legate alla posizione del centro di massa della moneta determinata dalle inevitabili diver-sità delle due facce. Uscendo dal campo dei giochi, l'ipotesi che la distribuzione di probabilità del picco orario di chiamate a un call center sia uniforme sulle 24 ore può essere certamente semplifica-trice dal punto di vista del calcolo, ma ne appare evidente il limite a meno che non si stia considerando un call center operante su scala mondiale.

Occorre ricordare che un modello probabilistico, come ogni modello, costituisce comunque un'approssimazione della realtà; ipotesi semplificatrici possono essere opportune per un primo approccio a una situazione complessa. Spesso la semplificazione permette di ottenere risposte comunque utili, che un modello più complesso non riuscirebbe a fornire per le difficoltà, analiti-che o computazionali, che insorgerebbero nel trattarlo. È tuttavia importante che le ipotesi sulle quali il modello si basa vengano apertamente dichiarate per mettere in guardia su possibili limiti delle conclusioni a cui l'analisi del modello ha portato, in vista di eventuali raffinamenti successivi.

Eventi rari possono accadere

Un errore in cui incorre spesso il senso comune è quello di equipa-rare *eventi rari*, cioè eventi a cui è associata una probabilità piccola di verificarsi, a *eventi impossibili*. Il fatto che una determinata per-sona vinca a una lotteria nazionale è sicuramente un evento raro, ma se la sua vincita venisse considerata impossibile si dovrebbe considerare impossibile la vincita da parte di chiunque altro (per-ché l'estrazione dovrebbe fare preferenze?) e di conseguenza si dovrebbe ritenere impossibile che ci sia un vincitore della lotteria, il che è assurdo.

Possiamo ricorrere a un modello molto usato in situazioni di questo genere per rendere più precise le nostre considerazioni: lo *Schema di Bernoulli*. Questo modello si applica a situazioni in cui si possa svolgere una successione infinita di esperimenti indipen-denti e nelle stesse condizioni con esito "successo" (cioè un cer-to evento, non necessariamente fausto, si verifica) o "insuccesso" (l'evento non si verifica). Sia p la probabilità di successo in ciascun esperimento e T il tempo di *primo successo*, cioè il numero d'ordine dell'esperimento in cui per la prima volta si verifica un successo dopo una sequenza di insuccessi in tutti gli esperimenti precedenti. Dall'ipotesi di indipendenza si può facilmente determinare la probabilità che il tempo di primo successo T sia osservato in corrispondenza dell'esperimento k-esimo,

$$P(T = k) = (1 - p)^{k-1}p .$$

Poiché $\sum_{k=1}^{\infty} P(T = k) = 1$, ne consegue che prima o poi il successo arriva, anche se p ha un valore molto piccolo! Per avere un'idea quantitativa di quanto occorra attendere per osservare il primo successo, si può utilizzare il valore medio di T che risulta

$$E(T) = \frac{1}{p} .$$

Supponendo per esempio che il rischio giornaliero di un incidente domestico sia pari a 10^{-4}, il tempo medio di attesa per un incidente risulta pari a circa ventisette anni, che non è un tempo così lungo da non doversene preoccupare!

D'altra parte, il fatto che eventi rari prima o poi si verifichino potrebbe essere poco interessante ai fini pratici, se il tempo di attesa è molto elevato.

Nel caso sopra citato della lotteria annuale, la probabilità di vincere acquistando un biglietto, se la lotteria vende dieci milioni di biglietti è pari a $p = 10^{-7}$ (si suppone che tutti i biglietti abbiano la stessa probabilità di essere estratti, altrimenti ci sarebbero gli estremi per azioni in sede giudiziaria!); supponendo che un individuo compri un biglietto tutti gli anni, il tempo medio di attesa per la sua vincita risulta pari a 10 milioni di anni, il che dovrebbe sconsigliarlo dallo spendere i soldi del biglietto!

Se poniamo una scimmia davanti alla tastiera di un computer e se supponiamo che la scimmia batta a caso sulla tastiera, lo schema di Bernoulli ci dice che la scimmia finirà per scrivere la Divina Commedia, anzi la riscriverà infinite volte. Nella pratica, naturalmente, nessuno assisterà mai al primo successo della scimmia. Il che rimanda in sostanza al fatto che lo schema di Bernoulli, come ogni modello probabilistico, fornisce solo un'approssimazione della realtà, che dobbiamo essere pronti a rivedere e raffinare. Se la scimmia scrivesse al primo colpo la Divina Commedia, dovremmo probabilmente, prima di attribuire la cosa alla "fluttuazione statistica", verificare se la scimmia non sia stata adeguatamente istruita (se pensiamo che ciò sia possibile). Più seriamente, se in una certa zona si verifica una maggiore incidenza di una certa malattia, occorre approfondire la questione per verificare se l'incidenza osservata possa essere attribuita al verificarsi di un evento raro ma non impossibile, oppure se occorra rivedere il modello coinvolgendo per esempio fattori ambientali.

Dipendenza e indipendenza

Il verificarsi di un evento può modificare l'incertezza relativa al verificarsi di un altro evento. Se vediamo profilarsi all'orizzonte nuvole nere, l'incertezza sul verificarsi a breve di un temporale diminuisce; per restare al campo della meteorologia spicciola, anche il proverbio "rosso di sera bel tempo si spera" esprime in definitiva una modifica dell'incertezza sul tempo che si avrà domani in base al tempo osservato oggi.

Il Calcolo delle probabilità affronta situazioni di questo tipo attraverso la *probabilità condizionata*, definita come segue

$$P(A|B) = P(AB)/P(B) \, ,$$

dove A e B sono due eventi e ovviamente $P(B) \neq 0$. La probabilità condizionata è quindi la probabilità del verificarsi simultaneo di A e di B, "normalizzata" con $P(B)$, il che rende ragionevole $P(A|B)$ come misura dell'incertezza di A una volta che si sia osservato B. Se $P(A|B) = P(A)$, il verificarsi di B non influisce sulla probabilità del verificarsi di A e quindi si può a ragione dire che A è *indipendente* da B; poiché si verifica immediatamente che in tale caso anche B è indipendente da A, quando $P(A|B) = P(A)$ si dice che A e B sono *indipendenti*. Questa definizione di indipendenza, che a nostro giudizio meglio ne esprime il concetto intuitivo, è equivalente alla più tradizionale definizione che invoca l'uguaglianza $P(AB) = P(A)P(B)$.

I problemi nei quali intervengono probabilità condizionate richiedono una particolare attenzione, in quanto spesso la prima risposta, guidata dall'intuizione, è quella sbagliata. Se cerchiamo di rispondere al quesito: "Il re proviene da una famiglia con due figli. Qual è la probabilità che l'altro figlio sia sua sorella?", la risposta che viene più spontanea, ma che è errata, è $1/2$. Per ottenere la risposta giusta, procediamo così: consideriamo gli eventi M = "un figlio è maschio" e F = "un figlio è femmina" e supponiamo che in ogni famiglia con due figli, o almeno nelle famiglie reali con due figli, il primogenito e il secondogenito siano maschio o femmina con probabilità 1/2. Poiché il quesito richiede di valutare $P(M|F)$, ricorrendo alla definizione otteniamo:

$$P(F|M) = P(MF)/P(M) = \frac{2/4}{3/4} = 2/3 \,.$$

L'ipotesi che due eventi siano indipendenti, come detto, significa che il verificarsi di uno dei due non modifica la probabilità del verificarsi dell'altro. Questo dimostra la fallacia di qualunque argomento volto a prevedere l'esito della prossima estrazione nel gioco del lotto in base all'esito delle precedenti estrazioni, in particolare considerando i numeri ritardatari. Sempre, naturalmente, che il gioco non sia truccato (come per altro in passato si è verificato in alcuni casi)!

La formula della probabilità condizionata permette di scrivere dopo qualche semplice passaggio:

$$P(A|B) = \frac{P(B|A)P(A)}{P(B|A)P(A) + P(B|\overline{A})P(\overline{A})} \,.$$

Questa è la nota formula di Bayes (1702-1761), che lega la probabilità *a priori* $P(A)$ alla probabilità *a posteriori* $P(A|B)$. Un tipico esempio di applicazione delle formula di Bayes è quello della diagnostica medica: se A è una malattia e B è un sintomo, possiamo ottenere la probabilità che, osservato il sintomo, si abbia la malattia, una volta date $P(A)$, che può essere ricavata dall'incidenza della malattia nella popolazione in esame, $P(B|A)$, che esprime la probabilità che in pazienti malati si osservi il sintomo, e $P(B|\overline{A})$, la probabilità che il sintomo sussista in assenza della malattia.

La formula di Bayes risulta uno strumento di utilizzo generale, che permette di trattare facilmente e rigorosamente diversi problemi probabilistici. Il noto dilemma del giocatore che si trova di fronte a tre porte, dietro a due delle quali c'è come premio una capra mentre la terza nasconde un'automobile di lusso, e che, dopo avere scelto una porta (senza poterla aprire) viene richiesto dal conduttore del gioco, dopo che questi ha aperto una seconda porta dietro alla quale c'è una capra, se voglia cambiare o meno la sua scelta iniziale, trova con la formula di Bayes una facile risposta: è vantaggioso per il giocatore cambiare la scelta.

L'utilizzo della formula di Bayes in Statistica come strumento per combinare le informazioni disponibili a priori su un fenomeno osservato con le informazioni fornite dai dati sperimentali, è alla base della *statistica bayesiana*, che sta riscuotendo negli ultimi decenni un crescente interesse (per esempio il recente [4]).

6 Conclusioni

Lo sviluppo di un modello probabilistico permette il trattamento matematico dell'incertezza. Il modello permette di derivare conclusioni logiche e rigorose in base alle ipotesi formulate, evitando le trappole nelle quali è facile cadere procedendo in modo non rigoroso. Infatti, se da un lato è possibile trattare situazioni interessanti con una matematica relativamente semplice e utilizzando concetti intuitivi, dall'altro l'affidarsi solamente all'intuizione può portare a conclusioni scorrette, come spesso capita all'"uomo della strada" quando si cimenta con giochi e lotterie. Come ogni modello matematico, anche il modello probabilistico è un'astrazione e approssimazione della realtà; ne va pertanto verificata l'attendibilità sulla base dei dati disponibili sulla situazione oggetto della modellizzazione, rivedendo il modello quando si riscontri lo scostamento tra quanto da esso previsto e l'evidenza sperimentale. È compito della Statistica guidare questo processo di verifica e di revisione. Il lettore interessato ad approfondire gli argomenti qui trattati può consultare i trattati [5] e [6], di livello matematico, rispettivamente, medio e alto. Per un'introduzione elementare ricca di esempi, adatta anche a un uso didattico in una scuola media superiore, si rimanda a [7]. Un classico trattato di Statistica al quale si può fare sicuro riferimento è costituito da [8].

Riferimenti bibliografici

1. Dale, A.I., "Pierre-Simon Laplace. Philosophical Essay on Probabilities", Springer (1995)
2. Kolmogorov, A.N., "Foundations of the Theory of Probability, Second English Edition", Chelsea (1956)
3. de Finetti, B., "Teoria delle Probabilità – Voll. I-II", Einaudi (1970)

4. O'Hagan, A., Forster, J., "Kendall's Advanced Theory of Statistics – Vol. 2B – Bayesian Inference", Arnold (2004)
5. Dall'Aglio, G., "Calcolo delle Probabilità", Zanichelli (2003)
6. Chow, Y.S., Teicher, H., "Probability Theory", Springer (1997)
7. Isaac, R., "The Pleasures of Probability", Springer (1995)
8. Mood, A.M., Graybill, F.A., Boes, D.C., "Introduzione alla Statistica", McGraw Hill (1997)

Invito alla crittografia*

R. Betti

1 I problemi

Nella letteratura moderna che riguarda la crittografia – allo scopo di illustrare i problemi e i metodi fondamentali – sono stati introdotti due personaggi fittizi, Alice e Bob, ormai diventati tradizionalmente i protagonisti dell'azione. La loro origine è chiaramente dovuta a una personificazione delle lettere A e B usate nel linguaggio formale dei ricercatori.

Il fatto che due simboli siano diventati dei personaggi, ai quali i testi assegnano ormai un volto – e con qualche dose di sfacciataggine, anche un carattere sia pure embrionale – al di là del gioco sta forse a significare che la materia si presta a un'applicazione immediata, pretende un contesto nel quale si possano riconoscere direttamente e non astrattamente i contendenti o, di volta in volta, gli alleati di una competizione. Per esempio: Alice e Bob hanno litigato e si dividono tutti i beni acquisiti in comune. Per alcuni oggetti la scelta è facile, mentre per altri si impone un sorteggio per decidere a chi assegnarlo. Ma i due non intendono incontrarsi (oppure si trovano ormai a chilometri di distanza) e vogliono effettuare il sorteggio per telefono. Chi dei due sarà così generoso e fidu-

* *Lettera Matematica Pristem*, n. 49, 2003.

cioso da lasciare che l'altro tiri la classica moneta e gli comunichi l'esito del sorteggio? La situazione è delicata, rischia di rinfocolare i dissapori e peggiorare i rapporti, ma... niente paura: entrambi possono convenire su un metodo che garantisce a ciascuno il 50% di probabilità (cioè un sorteggio equo), senza doversi fidare dell'altro, pur di avere un minimo di conoscenze della complessità computazionale di certe operazioni aritmetiche sui numeri interi. Alice e Bob sono fortunatamente preparati su questo argomento e il problema è risolto.

Un altro problema vede invece Alice e Bob desiderosi di scambiarsi messaggi – non importa di che natura – anche se tutti concordano che siano affettuosi. Ma la loro sorte è ahimè anche in questo caso di essere a grande distanza e per questo vogliono accordarsi su una *chiave* che serva a *cifrare* il reale contenuto dei messaggi: diciamo che Charlie, uno spasimante rifiutato da Alice, potrebbe altrimenti servirsene per mettere in difficoltà il loro rapporto. Anche qui niente paura: Bob ha frequentato un corso sulla *crittografia a chiave pubblica* e spiega ad Alice per telefono, in maniera chiara, come possono procedere. Charlie intercetta il messaggio e capisce che non potrà attuare il suo programma di disturbo: anche lui ha seguito lo stesso corso sulla crittografia e gli è evidente che, pur intercettando le loro comunicazioni, non potrà venire a conoscenza della chiave crittografica che Alice e Bob intendono convenire per scambiarsi i messaggi.

Prima che una disciplina scientifica, la crittografia era una pratica, un insieme di regole, di metodi, di strumenti, ed era diventata quasi un'arte: l'arte di scambiarsi i messaggi senza farne capire il reale contenuto anche se venivano intercettati. Una disciplina dallo statuto ambiguo, al limite della magia e dell'esoterismo. In questo contesto Alice e Bob non sono ancora nati e in maniera più verosimile si ha a che fare con problemi di spionaggio, di nemici desiderosi di venire a conoscenza delle informazioni che scambiamo con i nostri alleati e servirsene a nostro danno. Si capisce che l'origine è antica, legata non solo a esigenze commerciali, ma soprattutto diplomatiche e militari. È noto che in molti casi le sorti dei conflitti sono state decise da questa capacità di conoscere con buon anticipo le mosse dell'avversario. Poi, l'avvento delle reti di comunicazione digitale, utilizzate regolarmente nella vita quotidiana, ha richiesto nuove esigenze di sicurezza e di tutela della *privacy*. E la matematica, in particolare la teoria dei numeri, ha fatto cambiare natura alla crittografia, liberandola dalla sua aura di mistero e trasformandola da un'arte in una scienza.

Ma che cosa hanno in comune con questa secolare materia i due problemi precedenti che coinvolgono Alice e Bob: un sorteggio effettuato per telefono o lo scambio di una chiave cifrante sotto il naso di chi la intercetta ma non potrà mai farne uso? Il fatto è che quando la matematica mette le mani con la sua formalizzazione in qualche settore, allora rivela anche tutta una serie di problemi apparentemente diversi e non collegati che invece mostrano una definita e spesso profonda unità. Questo è quello che è avvenuto abbastanza recentemente: il problema non è solo quello di *cifrare o decifrare un messaggio*, ma anche quello di *certificarlo*, vale a dire:

– riconoscere il mittente del messaggio;

– rendersi conto se il messaggio è integro oppure durante la trasmissione è stato manipolato;

– accordarsi con qualcuno su un dato da mantenere segreto pur usando un canale di trasmissione non sicuro;

– prendere una decisione a sorte con uguali probabilità di successo rispetto a un interlocutore non fidato;

– far sapere che si dispone di una certa conoscenza senza rivelarne la fonte o il segreto...

Il primo dei problemi elencati è quello della *sicurezza della trasmissione*, al quale ci hanno abituato numerosi film di guerra e di spionaggio. Il secondo è quello dell'*autenticità del mittente*: in questo caso, oltre al *doppio gioco* delle spie conviene ricordare i problemi moderni di transazione economica a distanza (il bancomat, la cosiddetta *firma digitale* che ci permette di essere riconosciuti anche per posta elettronica). Il terzo dei problemi menzionati riguarda l'*integrità del messaggio*, un'insidia che ha precedenti famosi: Romeo si rifugia a Mantova e riceve dalla fidata nutrice (si fa per dire) la notizia falsa che Giulietta è morta, con tutto quel che ne segue. I due problemi elencati nel seguito, *sorteggio a distanza* e *scambio della chiave*, sono quelli in cui abbiamo già visto all'opera Alice e Bob e la cui soluzione sarà svelata più avanti. L'ultimo problema elencato si rivolge alla cosiddetta *conoscenza zero*: come garantire di possedere un'informazione senza rivelarne gli aspetti fondamentali? Per esempio, come ha fatto Niccolò Fontana, il famoso Tartaglia, a far sapere nel '500 di aver scoperto la formula risolutiva per radicali delle equazioni di terzo grado senza doverla rivelare alla comunità matematica (almeno finché c'è riuscito)? In questo caso il problema non è difficile: basta mostrare di saper calcolare le radici di alcune equazioni proposte da altri. Chiunque può facilmente verificare che la risposta è corretta e convincersi, dopo qualche esibizione del genere, che chi ha trovato le radici delle equazioni date deve per forza avere un metodo sicuro, una formula per l'appunto: verificare se un certo numero è una radice è un'operazione ben più semplice che trovarlo – almeno per chi non conosce la formula.

Ma pensate invece di aver fatto una invenzione per la quale chiedete un finanziamento allo scopo di brevettarla: un'occhiata al progetto è sufficiente per carpirvi l'idea e si capisce che l'idea è tutto. Allo stesso tempo volete che il vostro finanziatore sia certo che il meccanismo funziona. Fidarsi oppure no? Quale via seguire? È chiaro che per questa strada i problemi si moltiplicano. Per la maggior parte di essi la pratica ha trovato delle soluzioni empiriche, speciali e diverse da caso a caso. La matematica cerca di vedere tutti questi problemi come casi particolari di uno solo, fondamentale.

Gli uomini hanno dapprima creato le parole allo scopo di capirsi l'un l'altro e poi, forse pentiti, hanno inventato la crittografia per farsi capire solo da alcuni. Ma in questo modo, oltre a sollecitare la curiosità spesso interessata degli esclusi, si sono dovuti rifugiare in un mondo di segreti da condividere con poche persone.

La nuova e moderna versione della crittografia, quella che viene detta *a chiave pubblica*, sembra nata dal desiderio ecumenico dei matematici di trattare tutti allo stesso modo, curiosi e confidenti, sottraendo dalle nostre comunicazioni private anche la più piccola condivisione del segreto. Con quale successo, si vedrà.

Prima di approfondire le idee e i metodi fondamentali è bene però fare un'osservazione di principio: nel problema classico della *trasmissione del messaggio*, da Alice a Bob, con il tentativo di uno come Charlie di decifrarne il reale contenuto – problema che si presta a incorporare entro di sé tutti gli altri, che ne diventano aspetti particolari o specializzazioni – si è soliti assegnare un comportamento *legittimo* a chi cerca di comunicare, mentre l'intercettatore è visto sotto una luce negativa, come una persona che in maniera indebita non si fa *gli affari suoi*. Niente di più sbagliato per quanto riguarda questa attività: per esempio, è noto che uno dei più famosi casi di uso delle tecniche crittografiche si è avuto nel corso della seconda guerra mondiale, quando il servizio segreto inglese, con l'aiuto essenziale del noto matematico Alan Turing (1912-1954), è riuscito a decrittare fin dal 1942 la macchina cifrante Enigma, usata dal comando tedesco. È con questo spirito di obiettività che i crittografi e a maggior ragione i matematici si prestano a considerare i loro metodi: la storia della crittografia è piena di mosse e contromosse, una sorta di competizione fra chi inventa sempre nuovi procedimenti di cifratura e chi implacabilmente trova la maniera per decrittare anche il nuovo sistema. Chi cifra e chi decifra sono da considerare sullo stesso piano. Si tratta di due modalità diverse dello stesso fenomeno, come due segmenti le cui misure hanno segno diverso solo perché l'orientamento positivo della retta è stato scelto in un verso piuttosto che nell'altro. La considerazione *morale* del comportamento appartiene a un altro contesto.

Brevi e affascinanti notizie sulle vicende storiche e sulle idee moderne dell'attività crittografica dal punto di vista tecnico sono contenute in Sgarro [12] e in Berardi, Beutelspacher [1]. Una trattazione più ampia ma sempre narrata in modo avvincente è quella di Singh [11]. Chi volesse inquadrare il problema dal punto di vista del suo impatto sullo sviluppo dei sistemi di comunicazione digitale – e quindi rispetto principalmente alle problematiche sociali e legali – potrà consultare Giustozzi, Monti e Zimuel [4].

2   La chiave cifrante

Per quanto possa sembrare paradossale, tutti convengono che per dotarsi di un metodo con il quale trasmettere dei messaggi riservati lungo un canale che può essere intercettato, è necessario avere in precedenza a disposizione un canale sicuro attraverso il quale A e B possono scambiarsi una *chiave* che serva all'uno per cifrare i messaggi e all'altro per decifrare. Il fatto è che questo canale sicuro non può essere usato per le normali trasmissioni, ma magari si stabilisce in condizioni eccezionali, difficilmente ripetibili. Per esempio, nella metafora spionistica che ben si adatta a queste situazioni, A e B si incontrano e si accordano direttamente sulla chiave che in seguito useranno. Basta. Il canale sicuro fornito dalla loro vicinanza e dalla possibilità di comunicare a voce non si ripeterà più, ma la chiave rimane a garanzia della segretezza per le loro future comunicazioni lungo un altro e più consueto canale che, ben lo sanno, è sistematicamente intercettato dal rivale Charlie.

Il ruolo fondamentale della chiave cifrante è stato addirittura codificato, in un periodo in cui l'attività crittografica, da sempre in grande uso nel campo militare, ha raggiunto una specie di massimo impiego. Il filologo olandese Jean Guillaume Kerckhoffs (1835-1903), nella sua opera *La cryptographie militaire* del 1883 osserva che la sicurezza di un sistema crittografico dipende solamente dalla segretezza della chiave. In altri termini, si ammette senza discussione che un eventuale intercettatore venga a conoscenza dei messaggi cifrati e anche del sistema di cifratura usato: quello che non deve conoscere è la chiave. Sulla sua segretezza riposa la sicurezza della trasmissione e, viceversa, all'intercettatore basta conoscere la chiave per essere in grado di decifrare tutti i messaggi.

Qual è allora il problema dal punto di vista di chi vuole scambiarsi messaggi riservati? Chiaramente, in primo luogo la chiave del sistema crittografico deve essere a conoscenza di poche persone, chi trasmette e chi riceve e possibilmente nessun altro, perché, si sa, gli intercettatori hanno pochi scrupoli. E poi deve unire il requisito della semplicità – per poterla ricordare senza lasciare in giro documenti in cui è possibile trovarla, e per facilità d'uso – insieme a qualche forma di complessità che non consenta di risalire facilmente a essa esaminando un certo numero di messaggi cifrati. Diciamo che i problemi della chiave crittografica sono quelli della sua *condivisione* fra più soggetti e di un equilibrato rapporto fra la sua *semplicità/complessità* d'uso.

3   Un po' di storia

Secondo la *Vita Caesarorum* di Svetonio, uno dei più antichi sistemi cifranti risale a Giulio Cesare e fu usato nella sua guerra contro i Galli. È noto che altri sistemi, spesso molto originali, erano stati usati anche in precedenza, ma questo di Cesare è forse il primo a non essere occasionale: propone un metodo, un sistema, è ripetibile con chiavi diverse. L'idea è in verità così semplice che non rende onore alla perspicacia dei Galli – ma la assumiamo per comodità di esposizione: dopo aver disposto le lettere nel classico ordine alfabetico, considerato circolare – quindi con la lettera *a* che segue la *z* – ciascuna lettera viene *traslata* a destra di una stessa quantità. Così, se la traslazione è di due lettere, la *a* diventa *c*, la *b* diventa *d* e così via, finché la *z* diventa *b* come nello schema seguente nel quale ogni lettera *in chiaro* è posta al di sopra della corrispondente lettera *cifrata*:

a	b	c	d	e	f	g	h	i	l	m	n	o	p	q	r	s	t	u	v	z
c	d	e	f	g	h	i	l	m	n	o	p	q	r	s	t	u	v	z	a	b

Tutte le lettere del messaggio vengono quindi ordinatamente cambiate nelle loro corrispondenti lettere cifrate. Questo è il *cifrario di Cesare* (o di traslazione) e l'informazione essenziale della chiave in questo caso è solo data dalla quantità che specifica il valore della traslazione: si hanno in tutto, nell'alfabeto italiano evidentemente, 21 chiavi cifranti distinte, di cui una banale, l'identità. Il criterio della semplicità è senz'altro soddisfatto. Forse fin troppo. E non è difficile pensare di passare da una traslazione a un'*affinità* per aumentare un po' il numero di cifrari senza tuttavia rendere impraticabile il sistema. Questo vuol dire che invece di una formula del tipo: $n' = n + k$, dove n rappresenta la posizione della lettera da cifrare, n' la posizione della corrispondente lettera cifrata ($n, n' = 1, 2, \ldots, 21$) e k è la chiave, si userà un'espressione del tipo: $n' = an + b$. In questo caso la chiave è data dalla coppia ordinata di interi (a, b), entrambi non superiori a 21.

Non tutti i valori di a hanno senso: se si vuole risalire univocamente dal testo cifrato a quello in chiaro è necessario che sia MCD($a, 21$) = 1, cioè che l'intero a non abbia divisori comuni con 21.

È facile calcolare il numero di cifrari affini che sono distinti: si tratta di 252, uno dei quali è ancora l'identità. Il numero di cifrari è maggiore di prima, ma sempre troppo basso per pensare di fronteggiare l'attacco di abili decrittatori.

Naturalmente una strategia potrebbe essere quella di assumere una permutazione qualsiasi per determinare le lettere cifrate, invece di usare una formula semplice come quella della traslazione o dell'affinità. Le permutazioni possibili sono 21! e questo è un numero che ha ben 20 cifre decimali e mette al riparo qualunque cifrario dal pericolo di essere infranto per tentativi. Ma non va bene. Perché chi trasmette e chi riceve dovrebbero registrare da qualche parte la permutazione delle lettere che hanno scelto, a scapito della segretezza: la chiave crittografica non è data da un'informazione facile da ricordare e di uso semplice ma è tutta la permutazione stessa. Il problema che si pone è allora questo: come generare una permutazione delle lettere dell'alfabeto mediante un meccanismo semplice da ricordare? Nella pratica questo problema ha dato luogo all'idea di *parola chiave* – e a questo punto dall'epoca di Cesare siamo già arrivati al Rinascimento, quando le tecniche crittografiche, legate alla crescita dei commerci e dei contatti diplomatici fra gli Stati, risorgono da un periodo oscuro.

Presa una parola senza ripetizioni, si usano le sue lettere come le prime della permutazione da usare, a partire da un certo posto. Le altre lettere del cifrario vengono elencate successivamente, saltando quelle già usate. Per esempio, con la parola chiave *salve* utilizzata a partire dalla lettera *d*, cioè dalla quarta posizione, si ottiene la permutazione seguente:

a	b	c	d	e	f	g	h	i	l	m	n	o	p	q	r	s	t	u	v	z
t	u	z	s	a	l	v	e	b	c	d	f	g	h	i	m	n	o	p	q	r

In questo caso la chiave crittografica si riduce alla coppia (salve, 4). Ma la storia non finisce qui: un decrittatore con buone conoscenze di statistica, qualche tabella e un numero sufficiente di messaggi cifrati che A e B si sono scambiati è in poco tempo in grado di risalire alla chiave. Naturalmente conoscerà la frequenza con cui le varie lettere dell'alfabeto compaiono in testi della stessa natura di quelli che vuole decrittare – lettere d'amore o messaggi militari che siano – e distinguerà presto, per esempio, le vocali e certe consonanti più usate dalle altre lettere. Il tutto con grande ambiguità, ma solo per il momento. Farà delle prove, metterà in atto delle congetture, tentativi più o meno motivati, fino a trovare una parola di senso compiuto oppure riconoscere il periodo con cui avviene la cifratura: sostanzialmente la lunghezza della parola chiave. A questo punto è fatta. Da qui a infrangere tutto il cifrario il passo è breve.

Come annullare le frequenze statistiche ed evitare le ripetizioni periodiche? Si riconosce facilmente che l'analisi delle frequenze è resa possibile dal fatto che il cifrario è *a sostituzione monoalfabetica*, vale a dire che ogni lettera viene cifrata sempre con la stessa lettera nel corso della trasmissione dell'intero messaggio. Questo inconveniente si può risolvere passando a cifrari *a sostituzione polialfabetica*, per esempio usando cento simboli diversi, di natura qualsiasi, per cifrare le 21 lettere in chiaro. Se nei messaggi che ci interessano sappiamo per esempio che la lettera *a* ricorre mediamente dieci volte su cento, basterà usare dieci simboli diversi per cifrarla. Niente paura: non è necessario che fra l'alfabeto in chiaro e quello cifrato ci sia una corrispondenza biunivoca, ma solo che sia univoco il passaggio dal testo cifrato a quello in chiaro. In questo modo la lettera *a* viene cifrata una volta in un modo e una volta in un altro in dieci maniere diverse e la sua frequenza è di fatto annullata: ma chi riceve il messaggio e conosce il sistema cifrante è in grado in ogni caso di riconoscere che ben dieci simboli diversi vanno interpretati come *a*.

Si capisce che solo in parte il problema è risolto, in quanto nel continuo alternarsi fra la ricerca della semplicità del sistema e la sua sicurezza, questo metodo richiede a chi trasmette e chi riceve di dotarsi di un'imponente tabella da consultare ogni volta. E questo fatto, pur fornendo in alcuni casi delle indicazioni utili, contraddice l'esigenza di segretezza della chiave.

Il prossimo passo invece, individuato nel corso del '400 da alcuni studiosi rinascimentali ed esplicitamente proposto da quel grande artista e matematico che fu Leon Battista Alberti (1406-1472), risulta decisivo: nella sua opera *Modus scribendi in ziferas* del 1466, introduce una sostituzione polialfabetica facile da eseguire e che rende estremamente più difficili da cogliere i cicli che avvengono nella cifratura e quindi le periodicità del cifrario. Questa idea rimarrà in funzione, sostanzialmente inalterata, fino all'epoca moderna. A questo scopo bisogna dotarsi di un cifrario *dinamico*: ogni lettera del testo in chiaro viene cifrata in maniera diversa di volta in volta, a seconda della sua posizione nel testo stesso. E l'Alberti, da abile costruttore qual era, aveva anche ideato un pratico meccanismo, dotato di due copie dell'alfabeto su due dischi in grado di ruotare l'uno rispetto all'altro e quindi di entrare fra di loro in corrispondenza in tutta una molteplicità di modi: dopo aver cifrato una lettera del messaggio, una semplice rotazione di una o più *tacche* permette di cambiare la corrispondenza per la prossima lettera da cifrare. Per il suo uso da parte di chi riceve il messaggio è sufficiente conoscere il punto iniziale di corrispondenza dei dischi e il numero di tacche di cui ruotare dopo ogni operazione di cifratura. Questa è la chiave del sistema cifrante ideato da Leon Battista Alberti.

Questa idea di una corrispondenza dinamica fra gli alfabeti, variabile nel corso del messaggio, fu portata a compimento dal diplomatico francese Blaise de Vigenère (1523-1596) nel secolo successivo, e diffusa nella sua opera *Traité des chiffres ou secrètes manières d'escrire* del 1586: i cifrari che ne conseguirono, rimasti in funzione praticamente fino al '900, presero tutti il suo nome: *cifrari di Vigenère*. In questi cifrari, la corrispondenza dinamica si unisce all'uso di una parola convenzionale da usare come chiave, che non occorre più scegliere senza ripetizioni, la cui prima formalizzazione sembra essere presente nel trattato *De furtivis literarum notis, vulgo de ziferis*, scritto nel 1563 dallo scienziato e filosofo Giovan Battista della Porta. L'idea è quella di utilizzare le lettere della parola chiave, ripetuta con continuità finché occorre in corrispondenza del testo in chiaro, per indicare il cifrario (del tipo *Cesare*) da usare in quel momento. In sostanza, la lettera da cifrare e la corrispondente lettera della parola chiave sono usate come una sorta di *coordinate piane* con cui individuare la lettera cifrata all'interno di un quadro – un *tableau*, come si dice oggi in matematica – che contiene tutti i possibili cifrari di Cesare. Per esempio, si scelga ancora la parola *salve* come chiave e si supponga di voler trasmettere il messaggio: *studiate la matematica e sarete sempre contenti*. Le operazioni sono le seguenti:

1. Ogni lettera del messaggio in chiaro viene messa in corrispondenza con una lettera della chiave, ripetuta quanto basta in corrispondenza delle sue lettere:

s	t	u	d	i	a	t	e	l	a	m	a	t	e	m	a	t	i	c	a	...
s	a	l	v	e	s	a	l	v	e	s	a	l	v	e	s	a	l	v	e	...

e	s	a	r	e	t	e	s	e	m	p	r	e	c	o	n	t	e	n	t	i
s	a	l	v	e	s	a	l	v	e	s	a	l	v	e	s	a	l	v	e	s

2. La lettera della chiave indica quale cifrario utilizzare per la corrispondente lettera in chiaro, con riferimento al quadro seguente, che contiene in maniera ordinata tutti i cifrari di Cesare:

a	b	c	d	e	f	g	h	i	l	m	n	o	p	q	r	s	t	u	v	z
b	c	d	e	f	g	h	i	l	m	n	o	p	q	r	s	t	u	v	z	a
c	d	e	f	g	h	i	l	m	n	o	p	q	r	s	t	u	v	z	a	b
d	e	f	g	h	i	l	m	n	o	p	q	r	s	t	u	v	z	a	b	c
e	f	g	h	i	l	m	n	o	p	q	r	s	t	u	v	z	a	b	c	d
f	g	h	i	l	m	n	o	p	q	r	s	t	u	v	z	a	b	c	d	e
g	h	i	l	m	n	o	p	q	r	s	t	u	v	z	a	b	c	d	e	f
h	i	l	m	n	o	p	q	r	s	t	u	v	z	a	b	c	d	e	f	g
i	l	m	n	o	p	q	r	s	t	u	v	z	a	b	c	d	e	f	g	h
l	m	n	o	p	q	r	s	t	u	v	z	a	b	c	d	e	f	g	h	i
m	n	o	p	q	r	s	t	u	v	z	a	b	c	d	e	f	g	h	i	l
n	o	p	q	r	s	t	u	v	z	a	b	c	d	e	f	g	h	i	l	m
o	p	q	r	s	t	u	v	z	a	b	c	d	e	f	g	h	i	l	m	n
p	q	r	s	t	u	v	z	a	b	c	d	e	f	g	h	i	l	m	n	o
q	r	s	t	u	v	z	a	b	c	d	e	f	g	h	i	l	m	n	o	p
r	s	t	u	v	z	a	b	c	d	e	f	g	h	i	l	m	n	o	p	q
s	t	u	v	z	a	b	c	d	e	f	g	h	i	l	m	n	o	p	q	r
t	u	v	z	a	b	c	d	e	f	g	h	i	l	m	n	o	p	q	r	s
u	v	z	a	b	c	d	e	f	g	h	i	l	m	n	o	p	q	r	s	t
v	z	a	b	c	d	e	f	g	h	i	l	m	n	o	p	q	r	s	t	u
z	a	b	c	d	e	f	g	h	i	l	m	n	o	p	q	r	s	t	u	v

3. Per cifrare il messaggio si usano le lettere della parola chiave per individuare il cifrario: così, per la prima lettera *s* si usa la riga che comincia con la *s* stessa di *salve*, e si individua la *n*; per la successiva lettera in chiaro *t* il cifrario è quello che comincia con la *a* di *salve* e quindi rimane *t* anche dopo la cifratura; ora si ricorre alla *l* della parola chiave per cifrare la *u*, trasformandola in *g* e così via. Il messaggio cifrato prende forma...

s	t	u	d	i	a	t	e	l	a	m	a	t	e	m	a	t	i	c	a	e	s	a	..
n	t	g	b	o	s	t	p	h	l	f	a	f	c	..	..	..	..	..	..	..	..	..	..

Continuate voi. Per apprezzare meglio l'uso del cifrario dinamico, si osservi come già da questo piccolo frammento risulta che la lettera *e* viene cifrata una prima volta con la *p* e la volta seguente con la *c*. Viceversa, la lettera *f* sta sia per la *m* che per la *t* grazie al fatto che queste lettere occupano posizioni diverse nel messaggio in chiaro. È ovvio che variando la parola chiave si ottiene in questo modo una quantità infinita di cifrari. E se la chiave è abbastanza lunga – e non occorre più il vincolo che non abbia lettere ripetute – il periodo del sistema cifrante è lungo di conseguenza. Eppure non bisogna sottovalutare i metodi della statistica, né la capacità e l'ostinazione dei decrittatori: pur di conoscere un numero abbastanza alto di messaggi cifrati, nel corso del tempo sono stati elaborati dei metodi per trovare il periodo del sistema cifrante e da qui, in maniera empirica, risalire alla chiave.

Questi risultati, inutile dirlo, sono stati ottenuti in ambito militare, essendo gli artefici principali l'ufficiale prussiano Friedrich Wilhelm Kasicki (1805-1881) e, più tardi, il generale americano William Frederick Friedman (1891-1969). L'idea adottata da Kasicki si basa sull'analisi delle ripetizioni di gruppi di lettere, che sono poste in relazione diretta con la lunghezza della parola chiave: questo permette di scindere il cifrario nelle sue componenti monoalfabetiche, più semplici da decrittare. Il lavoro di Friedman si concentra invece sulla probabilità che due lettere qualsiasi di un testo cifrato corrispondano in realtà alla stessa lettera in chiaro. E così siamo giunti agli albori del '900, quando i dispositivi elettromeccanici sono pronti per l'elaborazione delle sempre maggiori quantità di dati che risultano connesse con l'operazione di decrittazione e, come riflesso, per la duale operazione di messa a punto del sistema cifrante.

4 Le macchine cifranti

Il periodo dei dispositivi per cifrare e decifrare vede dapprima sistemi meccanici, poi elettrici ed elettronici, come conseguenza dell'evoluzione del concetto stesso di comunicazione. L'articolo di Shannon del 1949 [10] segna il definitivo ingresso della crittografia nel campo della teoria dell'informazione. È il periodo della *crittografia automatica*.

Si è già detto della macchina cifrante Enigma, un complesso ideato per scopi commerciali già negli anni '20 e poi adattato come standard delle comunicazioni riservate dal comando tedesco nel corso della seconda guerra mondiale. La macchina era composta da un certo numero di dischi rotanti (tre nelle versioni più complesse) ciascuno dei quali realizzava una cifratura dell'alfabeto per mezzo di intricati circuiti elettrici. Inoltre questi *rotori*, per maggior complessità, venivano combinati e collegati fra di loro in maniera di giorno in giorno diversa, secondo una *chiave*, anch'essa trasmessa in maniera cifrata, e dopo ogni lettera trasmessa subivano una rotazione.

Per la decrittazione risultarono utili un complesso di metodi, compresi quelli che si ottengono rubando informazioni attraverso lo spionaggio tradizionale, ma anche statistiche, studio di strutture algebriche, combinatorie, esame delle abitudini dei trasmettitori tedeschi, delle espressioni gergali, analisi di grandi quantità di dati per mezzo di altre macchine elettromeccaniche appositamente costruite – le famose *bombe*, così chiamate per il loro classico ticchettio.

Per maggiore comodità di operazione ed evidente economia di mezzi, Enigma usava un *riflettore*, grazie al quale la stessa chiave, e le medesime operazioni, venivano usate sia per cifrare sia per decifrare: si batte sulla tastiera il testo in chiaro e, opportunamente disposta la macchina secondo la chiave, si legge su un visore il testo in codice – viceversa se si batte il testo in codice si legge direttamente il testo in chiaro. Il sistema crittografico è *reversibile* e questo carattere strutturale fornirà elementi fondamentali per la decrittazione.

L'affascinante storia di questa macchina, dei suoi principi costruttivi e di come un gruppo di matematici, filologi, enigmisti raccolti dal comando inglese a Bletchey Park sia riuscita a decrittarla, almeno in alcuni dei suoi aspetti, in particolare per la guerra sul mare, sono ben raccontate nella biografia di Alan Turing scritta da Andrew Hodges [5] e nella storia della crittografia di Singh [11].

Altre macchine e altri sistemi fanno parte della storia della crittografia del '900. In particolare, il sistema più noto e che ha resistito per il maggior periodo di tempo agli assalti della decrittazione è quello fissato in maniera ufficiale nel 1977 dall'amministrazione degli Stati Uniti, il DES (Data Encryption Standard), un cifrario monoalfabetico la cui sicurezza, che riposava su una chiave da 56 bit (di cui 8 di controllo), è stata infranta nel 1998. Questo è il primo sistema di crittografia commerciale, che viene stabilito come standard da un ente normativo, allo scopo di evitare il proliferare di sistemi cifranti incompatibili fra di loro.

Il DES esegue una serie di trasformazioni elementari ripetute più volte su pacchetti opportunamente strutturati del testo, in modo di sottoporre i bit che lo compongono a una modifica globale, dipendente in maniera essenziale dalla chiave scelta; gli algoritmi sono resi pubblici, la chiave – nel rispetto più rigoroso del *principio di Kerckhoffs* – è l'unico dato fissato dall'utente. L'aspetto importante è che la cifratura può avvenire in tempo reale con un calcolatore di media potenza; inoltre il sistema è *simmetrico*, nel senso che come tutti i sistemi esemplificati fino a questo punto, la chiave viene usata direttamente per la decrittazione.

Un numero di 56 bit contiene una grande quantità di informazione; si hanno $7,2 \times 10^{16}$ chiavi diverse. Eppure, fin dal suo primo apparire, ai ricercatori apparve troppo corta per affrontare le risorse che si sarebbero sviluppate nel futuro. E, come previsto, questa fu la causa principale della sua decrittazione: anche se a questo scopo fu necessaria la forza di migliaia di computer che lavoravano simultaneamente, coordinati via Internet.

In effetti, è nel contesto delle grandi macchine da calcolo dedicate ai problemi della crittografia che nel '900 sorge la coscienza che per avere un *cifrario perfetto*, vale a dire un cifrario che non possa essere infranto, la chiave deve possedere tanta informazione quanto quella dei possibili messaggi. Un apparente paradosso, che tuttavia serve solo a spostare in avanti la nozione stessa di *chiave crittografica*. Tale è per esempio il *cifrario di Vernam*, che prende il nome dall'ingegnere delle telecomunicazioni Gilbert Vernam (1890-1960), in cui la chiave è un generatore di numeri casuali – non sorprende che una chiave qualsiasi si possa codificare in termini numerici: è chiaro che con questo livello di sviluppo e l'insorgenza dei metodi digitali si può ben pensare che anche il messaggio non sia che un numero, codificato in un certo numero di bit.

Il vero problema che rimane è quello della chiave, della sua generazione, della conservazione e della trasmissione. In questo modo, generata a ogni nuova utilizzazione, la chiave è sempre nuova, non si ripete mai da una trasmissione all'altra e, anzi, viene eliminata dopo l'uso (gli americani parlano di *one-time pad* per sottolineare l'uso non ripetibile della chiave), ma il vero segreto è ormai concentrato sulla maniera con cui viene generata.

Il primo cifrario ideato da Vernam nel 1917 consiste in un dispositivo capace di eseguire l'*or esclusivo* $\vee$, termine a termine, dei segnali binari su due nastri. Su un nastro si trova il testo da cifrare, sull'altro la chiave; come risultato, in ciascuna posizione dell'output, si ottiene 1 se e solo se sono differenti le due corrispondenti posizioni sui nastri, 0 e 1 oppure 1 e 0. L'ingegnosità del metodo consiste nel fatto che la idempotenza dell'operazione $a \vee -$, dove a è una variabile binaria:

$$a \vee (a \vee b) = b,$$

garantisce la reversibilità del sistema. Ma non occorre necessariamente un ambiente tecnologico di grande sofisticazione per mostrare il senso dell'uso di una chiave *one-time pad*: pensate per esempio di fissare con il vostro interlocutore che la chiave per trasmettere messaggi cifrati sia data da una certa edizione della Divina Commedia. Voi eseguite la cifratura *a la Vigenère*, usando come chiave tutte le lettere consecutive dell'opera di Dante: *nelmezzodelcammindinostravita...* con la convenzione che per il prossimo messaggio la chiave parte da dove si è arrestata nel precedente. Evidentemente il sistema non ha alcun periodo: la cifratura non si ripete mai allo stesso modo, eppure una macchina che procedesse per tentativi sarebbe senz'altro in grado di decrittare prima o poi i vostri messaggi e magari riscrivere in bella tutti i versi della Divina Commedia!

A questo punto dello sviluppo occorre un'idea che fornisca alla nozione di chiave crittografica un'enorme quantità di possibilità e allo stesso tempo la liberi dalla necessità di essere condivisa fra più soggetti, perfino fra chi trasmette e chi riceve.

La gestione delle chiavi (spesso ingombranti) la loro generazione, il loro invio ai destinatari, le esigenze di sicurezza... questo è l'autentico punto critico dei sistemi cifranti. E questo è ciò che ha ricevuto un forte miglioramento dall'idea di *chiave pubblica*, come opposta all'uso privato, personale, segreto della chiave. Una chiave che potete comunicare a tutti quelli che vogliono cifrare un messaggio e mandarvelo, ma che non è utile per la decifrazione, che solo voi sapete eseguire.

5 Lo scambio della chiave

Riprendiamo Alice e Bob alle prese con il problema di scambiarsi una chiave da usare per le loro comunicazioni personali, al riparo dalla curiosità di Charlie. Non hanno la possibilità di incontrarsi ma dispongono di macchine con una buona capacità di calcolo e di comunicazione, pur sapendo che le loro e-mail sono regolarmente intercettate. Procederanno in questo modo: per telefono – anch'esso intercettato dall'invidioso Charlie – fissano un numero intero positivo n, poi ciascuno di loro ne sceglie per proprio conto un altro, senza rivelarlo a nessuno: Alice fissa a e Bob fissa b, Alice comunica a Bob il valore di n^a e Bob le comunica il valore di n^b (e Charlie ascolta tutto). Ora Alice calcola n^{ab} semplicemente elevando al suo esponente segreto a il valore che Bob le ha comunicato; analogamente Bob fa la stessa cosa. Tutto qui (nella proprietà commutativa del prodotto): $(n^a)^b = (n^b)^a = n^{ab}$ ed entrambi conoscono questo numero, che servirà loro da chiave crittografica. Il deluso Charlie conosce separatamente n^a e n^b ma non a e b, per i quali dovrebbe calcolare due logaritmi in base n. E qui è il suo problema, perché Alice e Bob hanno scelto dei numeri (n, a e b) abbastanza alti per mettere i sistemi di calcolo di Charlie al di fuori da questa possibilità – semplice in linea di principio ma disperatamente lungo nella pratica.

Si capisce dove sta il punto: il calcolo degli esponenziali, con un sistema anche poco potente, si può fare facilmente, mentre il suo inverso, il logaritmo, può richiedere risorse di calcolo intollerabili in termini di tempo.

Questa è l'idea sorta negli anni '70 e pubblicata in Diffie, Hellman [2]: dotarsi di una funzione - invertibile sì, altrimenti non è possibile decifrare, ma facile da calcolare in un senso, molto difficile, lunga o praticamente impossibile da calcolare in senso inverso – una funzione che con la terminologia anglosassone ormai in voga viene detta *trapdoor*, a trabocchetto: è facile cadere mentre risalire risulta praticamente impossibile (a meno che non si conosca una via segreta).

Una di queste funzioni, di fatto quella che viene usata nelle più diffuse implementazioni dei sistemi crittografici, è data dal prodotto di numeri interi: mentre questa è un'operazione facile da eseguire anche fra numeri con molte cifre (pur di disporre di strumenti di calcolo abbastanza potenti), l'operazione inversa, che è quella di scomposizione in fattori, può risultare intollerabilmente lunga. Le stime relative alla fattorizzazione di un numero di qualche centinaio di cifre decimali, pur avendo a disposizione i più moderni sistemi di calcolo veloce, si misurano ancora in termini di (milioni di) anni. Si tratta di un problema di teoria dei numeri che sembra computazionalmente intrattabile.

6 La chiave pubblica

La prima applicazione al problema della trasmissione cifrata dei messaggi, cioè al problema principale della crittografia, si basa sull'osservazione, banale ma decisiva, che la chiave cifrante rende *simmetrico* il canale di comunicazione. Da A si trasmette a B, ma si potrebbe anche invertire il processo senza alterare né il cifrario, né la chiave: eventualmente, se il cifrario non è reversibile occorre invertire tutte le operazioni. È la simmetria del canale – questa componente strutturale del processo di comunicazione – a essere ora alterata grazie a una funzione a trabocchetto: il canale viene reso asimmetrico. Permette la cifratura solo in una direzione – verso chi riceve – e colui stesso che trasmette, pur in possesso delle istruzioni per cifrare il messaggio, non sarebbe più in grado di decifrarlo (ma ovviamente non ne ha bisogno). E comunque non è in grado di decifrare nessun messaggio che sia cifrato con le stesse regole.

Ci sono così due chiavi distinte: una per cifrare, pubblica, nota a tutti quelli che vogliono mandare un messaggio riservato a un interlocutore, e una privata, personale, usata per decifrare, tenuta rigorosamente segreta dal destinatario dei messaggi. Ovviamente, le due chiavi sono fra di loro dipendenti – altrimenti non si potrebbero decifrare i messaggi – ma la conoscenza dell'una non è di per sé sufficiente a far risalire all'altra in un tempo ragionevole... a meno che si conosca qualche trucco: questo il senso del "trabocchetto". In questo modo, il problema della condivisione della chiave crittografica è completamente risolto e la semplicità della cifratura viene abbinata a un'estrema difficoltà nella decifratura. Tutto dipende dalla funzione cifrante che viene utilizzata.

Cominciamo a illustrare l'idea che si trova alla base del sistema di crittografia a chiave pubblica osservando che alcune operazioni possono sembrare a prima vista molto onerose quanto a risorse e tempo di calcolo, ma risultano invece facilmente calcolabili: è questo il caso, per esempio, degli esponenziali e del massimo comun divisore di due numeri, anche molto grandi, così come del calcolo del resto di una divisione.

È interessante notare che questa semplicità, pur nelle varianti che sono state elaborate nel tempo, è essenzialmente fornita da un risultato classico di grande importanza: l'algoritmo delle divisioni successive o "algoritmo euclideo", che affonda le proprie radici e la propria ragione d'essere nei libri aritmetici degli *Elementi* di Euclide – il testo matematico più famoso dell'antichità classica – e nei problemi dibattuti già nel III secolo prima di Cristo (per le questioni di complessità computazionale che riguardano le diverse operazioni si può consultare, per esempio, Salomaa [9] oppure Ferragine e Luccio [3]).

Tutto è ora pronto per mettere in funzione il sistema: chi intende ricevere messaggi riservati – diciamo che sia Bob – fissa e rende pubblica la funzione cifrante F, in modo che chiunque voglia mandargli un messaggio m da tenere riservato (non solo Alice, ma anche altri) in realtà gli invierà $F(m)$. Qui, in generale, il messaggio m sarà una stringa binaria e F una funzione aritmetica ben congegnata: una funzione a trabocchetto la cui inversa è la funzione G. Questo significa che, applicate le funzioni una dopo l'altra, si recupera il messaggio di partenza: $G(F(m)) = m$. La funzione G è la chiave per decifrare i messaggi. Questa chiave è "privata" e Bob la terrà rigorosamente segreta: la bontà del sistema si valuta con la difficoltà a risalire da F a G. Di fatto impossibile per tutti, ma non per Bob che conosce il segreto – il trabocchetto – costituito dalla funzione F. Chiunque può ora mandare a Bob il messaggio m sotto la forma $F(m)$, lasciandolo inaccessibile a tutti gli intercettatori tranne che al destinatario – il solito Bob – che conosce anche la funzione G.

7   L'aritmetica modulare e il sistema RSA

Si è osservato in precedenza che una buona funzione a trabocchetto è data dal prodotto di numeri interi: molto facile da eseguire anche se gli argomenti hanno molte cifre, eccessivamente difficile da invertire – praticamente impossibile – se si vuole risalire da un dato numero ai suoi fattori primi.

Su questa funzione si basa il sistema RSA, di poco successivo all'idea di [2], che prende il nome dai propri ideatori Ronald Rivest, Adi Shamir e Leonard Adleman [8]. Si fonda proprio sulla difficoltà a reperire sufficienti risorse di calcolo per la scomposizione in fattori primi di un intero composto, formato da molte cifre. L'algoritmo proposto sfrutta sapientemente la complessità computazionale di alcuni risultati della teoria dei numeri, nel settore particolare della cosiddetta aritmetica modulare.

Vale la pena di osservare che questi risultati, tutti riassunti e compiutamente espressi nelle *Disquisitiones Arithmeticae* di Carl Friedrich Gauss (1801), erano sostanzialmente già noti a Eulero a metà del '700 e, in qualche caso, anche a Fermat a metà del '600. A noi sembra che l'applicazione di questi risultati, trovati in un periodo in cui le prospettive del calcolo veloce e queste applicazioni non erano neppure lontanamente concepibili, sia un esempio straordinario della fecondità del pensiero matematico e della razionalità che era intrinseca agli studi di questi grandi personaggi della matematica.

L'aritmetica modulare condivide con l'aritmetica a cui siamo abituati lo studio delle proprietà delle operazioni fra numeri interi, con il vincolo che le operazioni si calcolano "modulo" un prefissato numero naturale n. Ogni intero viene identificato con il resto della sua divisione per n (si dice che i due numeri sono "congruenti modulo n). Così, per esempio, gli interi $\ldots, -2n+1, -n+1, 1, 2n+1, 3n+1, \ldots, kn+1, \ldots$ (con k intero) sono tutti congruenti modulo n perché hanno tutti 1 come resto quando vengono divisi per n. Sono tutti da considerare "lo stesso numero". In altri termini, l'uguaglianza fra interi è sostituita dalla relazione di congruenza modulo n e, in questa aritmetica, si considerano solo i numeri dell'insieme $\mathbb{Z}_n$ che contiene i possibili resti $\{0, 1, 2, \ldots, n-1\}$ della divisione per n.

Si capisce che le proprietà delle operazioni saranno diverse da quelle abituali. Ciò non è tuttavia vero per somma e prodotto, che sono "stabili" rispetto alla relazione di congruenza: questo permette di lavorare come al solito in $\mathbb{Z}_n$ per quello che riguarda queste operazioni ma, quando il risultato dell'operazione supera il modulo n, si prende il resto della divisione per n. Per l'altra operazione razionale, la divisione, la stabilità dipende dal modulo. E anche quando si considerano equazioni in $\mathbb{Z}_n$ sono necessari opportuni "aggiustamenti" delle ipotesi, rispetto a quanto è noto nel caso abituale. Per esempio, si dimostra facilmente che il numero a di $\mathbb{Z}_n$ ammette inverso (unico, in $\mathbb{Z}_n$) esattamente quando a e n non hanno fattori comuni diversi da 1 (come si dice, sono "primi fra di loro").

Una situazione specifica dell'aritmetica modulare – nel senso che non la si incontra abitualmente – si ha invece con una funzione molto particolare, messa in rilievo da Eulero (1707-1783). Questa funzione prende il nome di "indicatrice" oppure "funzione totiente" o "semplicemente ϕ di Eulero". Si tratta della funzione aritmetica che associa a ogni n il numero di interi assoluti che sono minori di n e primi con n. La proprietà rilevante è che questi sono esattamente gli elementi di $\mathbb{Z}_n$ che ammettono inverso in $\mathbb{Z}_n$ e la funzione $\phi(n)$ ne indica la quantità.

Con la ϕ di Eulero è possibile costruire la funzione a trabocchetto utilizzata dal sistema RSA. Il fatto è che, quanto a difficoltà di calcolo, la conoscenza di $\phi(n)$ equivale alla scomposizione di n in fattori primi. E dunque, se n ha molte cifre, il problema è di fatto intrattabile. Ma chi conosce i fattori primi di n è in grado di calcolare facilmente $\phi(n)$, e questo sarà il caso di Bob che fissa la propria chiave pubblica e calcola la chiave privata proprio scegliendo opportunamente il valore di n. Per esempio, se $n = pq$ è il prodotto di due fattori primi, alcuni risultati non banali – ma non difficili da dimostrare – dell'aritmetica modulare garantiscono che $\phi(n) = (p - 1)(q - 1)$.

La chiave pubblica di Bob sarà data da una coppia di numeri (e, n) in modo che e e $\phi(n)$ siano primi fra di loro. Da qui Bob calcola la propria chiave privata d, che è l'inverso di e modulo $\phi(n)$: ricordate che l'ipotesi su e e $\phi(n)$ è proprio quella che garantisce l'esistenza e l'unicità di d in $\mathbb{Z}_{\phi(n)}$. Quanto alla funzione a trabocchetto vera e propria, questa utilizza un altro risultato profondo dell'aritmetica modulare, già noto a Fermat in una versione semplificata e precisato nel '700 da Eulero (per l'appunto un teorema che prende il nome congiunto da Eulero e Fermat) se a e n sono primi fra di loro allora, elevando a all'esponente $\phi(n)$ in $\mathbb{Z}_n$, si ottiene sempre 1.

Ecco dunque il meccanismo completo: nota la chiave pubblica (e, n) di Bob, gli si può mandare il messaggio riservato m sotto la forma m^e in $\mathbb{Z}_n$. In questo modo si usa completamente l'informazione contenuta nella chiave pubblica, e si osservi che, disponendo di un buon elaboratore, il calcolo dell'esponenziale e del resto della divisione per n non presentano difficoltà. Bob riceve il messaggio cifrato e, che può decifrare elevandolo a sua volta all'esponente d. Già, perché $ed = 1$ modulo $\phi(n)$ e tenendo conto che, per il teorema di Eulero-Fermat, $m^{\phi(n)} = 1$, si ricava $m^{ed} = 1$ in $\mathbb{Z}_n$ grazie anche alla stabilità della relazione di congruenza fra numeri rispetto a somme e prodotti (e quindi a esponenziali).

Questo è il meccanismo che permette a Bob di ricostruire il messaggio originario m. Perché nessun altro può fare la stessa cosa in un tempo ragionevole? Qual è il segreto che permette solo a Bob di decifrare il messaggio? Chiaramente risiede nell'esponente d, la sua chiave privata, la quale inverte in $\mathbb{Z}_{\phi(n)}$ la chiave pubblica e. E $\phi(n)$ è il vero segreto perché, come si è detto, il calcolo di $\phi(n)$ è tanto complesso quanto la scomposizione di n in fattori primi. Quando ha scelto la propria chiave pubblica, l'astuto Bob avrà avuto l'accortezza di prendere n come prodotto di due numeri primi – molto grandi e non troppo vicini fra di loro – in modo che per lui risulti agevole sia il calcolo di $\phi(n)$ sia quello di d mentre per chiunque altro risulti praticamente impossibile il calcolo di $\phi(n)$.

Dunque tutto si basa sulla scomposizione in fattori primi. Questo fatto indica anche il "punto debole" del sistema crittografico: la sicurezza riposa sulla nostra "ignoranza" di molti fenomeni relativi ai numeri primi. Se e quando la ricerca matematica riuscirà a risolvere i problemi della distribuzione dei numeri primi e troverà un metodo efficiente per la scomposizione in fattori, il metodo perderà immediatamente la sua efficacia... e ci si dovrà rivolgere verso nuove funzioni a trabocchetto. Ancora una volta, come spesso accade, il progresso tecnico rimane subordinato in maniera diretta alla conoscenza teorica.

8 La firma digitale

Il problema dell'autencità del mittente sta diventando sempre più importante giacché si eseguono sempre più operazioni, di varia natura e importanza, per via telematica. La firma digitale sta diventando uno strumento legale in numerosi paesi. Qual è il suo principio? Di fatto si realizza "invertendo" il principio della trasmissione cifrata con chiave pubblica.

Dunque supponiamo che Bob, sempre lui, voglia comunicare il messaggio m a qualcuno, ma che questa volta l'aspetto importante non risieda nella segretezza di m – che vengano pure a saperlo tutti – bensì nel farsi riconoscere con sicurezza dal destinatario. Questa è in fondo la funzione assolta dalla nostra firma: solo noi la possiamo fare e di conseguenza tutti sono in grado di riconoscere che un dato documento proviene da noi. Per esempio, Bob sta scrivendo per posta elettronica dall'estero alla propria banca per farsi accreditare una qualche cifra: il riconoscimento deve essere sicuro. Naturalmente Bob ha la propria chiave pubblica (e, n), che tutti conoscono, e per conto proprio ha anche calcolato l'esponente d che gli permette di decrittare i messaggi. Forte di questi dati, Bob invia alla propria banca come messaggio la coppia (m, m^d) e viene riconosciuto con sicurezza perché con un calcolo analogo a quello appena fatto si verifica subito che: $m \equiv (m^d)^e \ (\mathbb{Z}_n)$. In altri termini, chi ha mandato il messaggio cifrato m^d dichiarando che in chiaro è il messaggio m non può che essere Bob.

Si osservino due fatti. Dapprima Bob non firma semplicemente dichiarando il proprio esponente d, che non deve rivelare e che per altro non sarebbe sufficiente a farlo riconoscere. E poi, come conseguenza di questo primo fatto, non esiste una firma disgiunta dai documenti, depositata da qualche parte e riconosciuta per confronto quando è necessario: ogni firma è contestuale a un documento, vive con esso e solo con esso.

Anche se Bob non ha scelto una propria chiave pubblica, qualcuno può farlo per lui. Supponiamo per esempio che sia cliente di un Istituto di credito che lo deve riconoscere quando preleva dei soldi da un distributore automatico. È chiaro che l'Istituto dovrà dotare Bob, e tutti gli altri clienti, di una tessera con i propri dati magnetizzati, e li fornirà di un proprio codice personale che permetta facilmente il riconoscimento. Ma, d'altro lato, è altrettanto chiaro quanto sia rischioso tenere le informazioni relative ai clienti e ai loro codici personali da qualche parte, per esempio in un *data base* sulla cui sicurezza si dovrebbe sorvegliare incessantemente. Il sistema della firma digitale consente all'Istituto di calcolare per ciascun cliente una sua chiave pubblica (e, n), calcolare il coefficiente speciale d, comunicarlo all'interessato – non importa fargli sapere la chiave (e, n) – e poi... cancellare d dai propri schedari. È possibile ugualmente effettuare il riconoscimento, solo usando (e, n), che può anche essere lasciato in bella mostra, a disposizione di tutti. La segretezza del sistema coincide con la segretezza di d, che solo l'interessato conosce: questo futuro di codici segreti, chiavi pubbliche e calcolo sembra aspettare tutti noi.

9　Il sorteggio di Alice e Bob

Rimane da esaminare la maniera con cui due contendenti possano eseguire un'estrazione a sorte senza avere la possibilità di incontrarsi per controllare che tutte le operazioni si svolgano correttamente. Questo problema non riguarda direttamente i procedimenti della crittografia – trasmissione e validazione di messaggi riservati – ma si basa sullo stesso principio della chiave pubblica, vale a dire sulla possibilità di eseguire un'operazione la cui inversa non è accessibile al calcolo immediato, a meno di avere qualche informazione supplementare.

In questo caso Alice e Bob di comune accordo sceglieranno una funzione a trabocchetto f, quindi Alice, per esempio, fissa un valore x dell'argomento, calcola $f(x)$ e propone a Bob di scegliere a caso una proprietà di x che abbia il 50 % di probabilità di essere vera: per esempio, quando x è un numero intero, gli chiede di dire se è pari o dispari. È chiaro che per Bob risulta impossibile risalire da $f(x)$ a x: se indovina, la vittoria del sorteggio è sua, altrimenti è di Alice e lo stesso Bob può esserne facilmente convinto. La scelta è stata casuale ed equa, come si richiede a un sorteggio.

Al solito, anche per una procedura di questo tipo le funzioni più interessanti sono prese dalla teoria dei numeri. Eccone una che sfrutta una proprietà non banale: come nella scelta della chiave pubblica, Alice fissa due numeri primi molto grandi p e q e calcola il loro prodotto $n = p \times q$. Comunica a Bob il valore di n ma non la scomposizione in fattori che, al solito, è il suo segreto. Da parte sua anche Bob esegue la scelta di un intero u compreso fra 1 e $n/2$, calcola u^2 ($\mathbb{Z}_n$) e comunica questo numero ad Alice. Alice può facilmente risalire alle due radici quadrate di u^2 che sono comprese nell'intervallo $(1, n/2)$ in quanto conosce la fattorizzazione di n, e se indovina il valore di u scelto da Bob avrà la vittoria nel sorteggio: per questo ha esattamente il 50 % di probabilità di vincere. Dunque Alice comunica la sua scelta a Bob, il quale non può che consentire nel caso Alice abbia indovinato, perché altrimenti gli viene chiesto di dire qual è l'altra radice quadrata di u^2... ma lui non è in grado di calcolarla.

10   Conclusioni

È ormai chiaro che la crittografia – evolutasi grazie a esigenze commerciali, diplomatiche e militari – ha abbandonato recentemente il mondo delle spie e dei generali – o meglio ha esteso il proprio raggio d'azione – per coinvolgere operazioni che sono quotidianamente compiute da tutti in ambito privato e personale. In questo modo ha investito problemi di grande valore sociale e politico, ha rilevanza sul piano economico e del diritto, coinvolge la nostra privacy, la libertà d'espressione e la riservatezza delle nostre comunicazioni. Non è più solo un fatto tecnico che trova applicazione in un mondo importante ma limitato e per altro estraneo alla nostra consapevolezza.

La necessità di districare questo intreccio di applicazioni, distinguere il supporto tecnico dalla funzione, l'operatività dall'utilizzazione pratica e dalla sua valenza ideale, è un compito molto complesso, perché la materia ha un'evoluzione rapida, costantemente al passo con la diffusione dei metodi di calcolo veloce e di comunicazione digitale: su questo intreccio vale la pena di indicare al lettore italiano il volume di Giustozzi, Monti e Zimuel [4].

Dall'altro lato, l'estrema complessità delle problematiche coinvolte si riflette nel fatto che oggi la crittografia si trova al crocevia pratico e concettuale di numerose discipline scientifiche: anche il solo problema di affrontare il puro fatto tecnico, indipendentemente dagli usi che se ne fanno, costringe a rivolgersi in maniera non banale alla teoria degli algoritmi e della complessità computazionale, con escursioni nel campo delle macchine calcolatrici e della teoria dell'informazione: una serie di materie estremamente moderne, che in qualche caso cercano ancora il loro assetto formale, con profonde e varie influenze l'una sull'altra, attraverso le quali viene amplificata l'ampiezza delle competenze necessarie.

Quanto alla matematica, la teoria dei numeri sembra oggi la materia che più si presta a reperire le funzioni a trabocchetto e a trovare strategie algoritmiche complesse. Ma la crittografia si rivolge anche ampiamente alle tecniche statistiche e a quelle del calcolo delle probabilità, alle strutture algebriche e, recentemente, anche alla geometria algebrica.

Come si vede, nella sua veste moderna di crittografia a chiave pubblica, si tratta di un campo di ricerca di grande interesse teorico, direttamente collegato al valore delle applicazioni, anzi spesso dettato immediatamente dalle loro esigenze. Ma vale anche la pena di osservare che l'uso dei sistemi crittografici non è lasciato completamente libero. Per motivi di sicurezza i programmi di crittografia destinati alle applicazioni civili sono soggetti a controllo e, con qualche risvolto comico, vengono equiparati alle "armi da guerra" allo scopo di vietarne l'esportazione: tale è la storia vera affrontata da Phil Zimmerman, autore del software PGP (Pretty Good

Privacy) e convinto assertore del diritto personale alla privacy, il cui programma non si può più scaricare liberamente dalla rete. E così, in qualche modo, la crittografia viene ricacciata a forza nell'ambito dei problemi militari, coperti da segreto.

Riferimenti bibliografici

1. Beutelspacher, A., "Cryptology", MAA (1994) (versione italiana estesa: L. Berardi, A. Beutelspacher, "Crittologia. Come proteggere le informazioni riservate", Franco Angeli (1996))
2. Diffe, W., Hellman, M., "New Directions in cryptography", *IEEE Transactions on Information Theory* 22 (1976), pp. 644-654
3. Ferragine, P., Luccio, F., "Crittografia. Principi, algoritmi, applicazioni", Bollati Boringhieri (2001)
4. Giustozzi, C., Monti, A., Zimuel, E., "Segreti, spie, codici cifrati. Crittografia: la storia, le tecniche, gli aspetti giuridici", Apogeo (1999)
5. Hodges, A., "Storia di un enigma: vita di Alan Turing", Bollati Boringhieri (1991)
6. Koeblitz, N., "A Course in Number Theory and Cryptography", Springer (1987)
7. Pomerance, C., (ed.), "Cryptology and Computational Number Theory", AMS (1990)
8. Rivest, R., Shamir, A., Adleman, L., "A Method for Obtaining Digital Signatures and Public-key Cryptosystems", *Communications ACM* 21 (1978), pp. 120-126
9. Salomaa, A., "Public-Key Cryptography", Springer (1990)
10. Shannon, C., "Communication Theory of Secrecy Systems", *Bell Systems Technical Journal* 28 (1949) pp. 656-715
11. Singh, S., "Codici e segreti", Rizzoli (1999)
12. Sgarro, A., "Crittografia", Muzzio (1993)

La democrazia impossibile*

P.G. Odifreddi

Il dibattito sulla nuova legge elettorale[1] ha portato grandi contributi: principalmente al depauperamento della foresta amazzonica, costretta a rifornire cellulosa in quantità per settimanali, quotidiani, volantini e manifesti. Non avendo personalmente interesse per la questione politica, ho potuto concentrarmi sull'aspetto logico delle argomentazioni godendo non soltanto della loro passionalità, ma anche (e soprattutto) della loro conseguente irrazionalità. Penso, in particolar modo, alla martellante propaganda tendente da un lato a beatificare l'approccio maggioritario perché esso permetterebbe di diminuire il numero di partiti in parlamento, e dall'altro a demonizzare la precedente legge sulla base del fatto che essa sarebbe un proporzionale puro. Tutte le discussioni sul sistema elettorale prendono però le mosse da un'ipotesi apparentemente evidente: che la democrazia rappresentativa sia possibile, e che si tratti soltanto di trovarne l'espressione migliore. È proprio su tale aspetto che vorrei soffermarmi qui, stimolando così la riflessione a un livello più essenziale.

---

* *Lettera Matematica Pristem*, n. 11, 1994.
[1] L'articolo è stato scritto nel 1994, dopo l'introduzione della nuova legge elettorale, a seguito di un referendum nel 1993 (n.d.c).

1 La votazione a maggioranza

Il significato letterale della parola democrazia (dal greco demos e kratein) è "governo del popolo", ma nell'inconscio collettivo occidentale essa ha acquistato il significato, più limitato ma più preciso, di "governo della maggioranza". La votazione a maggioranza è dunque vista come il mezzo attraverso cui il popolo governa, sia direttamente (scegliendo fra alternative in un referendum) che indirettamente (scegliendo fra candidati in una elezione). La riduzione del governo del popolo a quello della maggioranza dovrebbe però essere giustificata in qualche modo: in fin dei conti, il concetto di democrazia contiene implicitamente una serie di aspetti che potrebbero forse essere meglio espressi da altri metodi di governo in generale, e di votazione in particolare. A prima vista potrebbe sembrare che le uniche giustificazioni possibili fossero discussioni di filosofia politica, ma nel 1952 Kenneth May ha invece trovato una dimostrazione matematica che prova come la votazione a maggioranza sia il solo procedimento di votazione fra due alternative che soddisfi le seguenti condizioni minimali:

- *neutralità*: non ci sono alternative privilegiate;

- *anonimato*: non ci sono votanti privilegiati;

- *dipendenza dal voto*: il risultato della votazione fra due alternative è determinato dai voti su di esse, e solo da essi;

- *monotonicità*: se un'alternativa vince in una votazione, continua a vincere in ogni votazione in cui prenda più voti.

Si consideri infatti una votazione tra due alternative A e B. Per la dipendenza dal voto, soltanto gli insiemi V_A dei votanti che preferiscono A a B e V_b (dei votanti che preferiscono B ad A) sono rilevanti per il risultato. Per l'anonimato, ogni voto conta nello stesso modo, e dunque soltanto i numeri n_A dei votanti in V_A e n_B dei votanti in V_B sono rilevanti per il risultato. Supponiamo che A prenda la maggioranza dei voti, cioè che $n_A > n_B$, ma che sia B a vincere. Se tutti i votanti scambiassero i loro voti (cioè votassero per A se prima votavano per B, e per B se prima votavano per A), allora si avrebbe una situazione simmetrica alla precedente, con i ruoli di A e B scambiati; per neutralità, questa volta sarebbe A a dover vincere (perché B vinceva prima, quando prendeva gli stessi voti che ora prende *A*): ma per monotonicità sarebbe *B* a dover vincere (perché *B* vinceva prima, quando prendeva meno voti di quanti ne prende ora). È dunque impossibile che *B* vinca quando *A* prende la maggioranza dei voti, ed allora deve vincere *A*.

La dimostrazione precedente mostra che la votazione a maggioranza è una conseguenza logica di assunzioni che sono implicitamente contenute nel concetto astratto di democrazia, e ne giustifica così il ruolo di metodo democratico per eccellenza.

2 Il paradosso di Condorcet

May propose la sua analisi assiomatica nel 1952, quando ormai nessuno si poneva più il problema di dover giustificare la democrazia almeno in una certa parte del mondo. Ma c'era stato un periodo in cui il problema non era soltanto accademico, e non tutti erano già stati convertiti alla causa, con le buone o con le cattive. Nel 1785, nove anni dopo la Rivoluzione americana del 1776 e quattro prima della Rivoluzione francese del 1789, Marie de Caritat (meglio noto come il marchese di Condorcet) scoprì con tempismo un paradosso del sistema di votazione a maggioranza, sollevando così un argomento aristocraticamente razionale contro il nuovo sistema democratico che veniva rivoluzionarimenre instaurato negli Stati Uniti e in Francia. Vide il marchese un paradosso nella rivoluzione armata che pretendeva di generare una democrazia. Paradosso evitato (certo non per sensibilità logica) dalle rivoluzioni marxiste che, a partire da quella bolscevica del 1917, si proponevano invece l'introduzione di una dittatura del proletariato, almeno nelle intenzioni. La votazione a maggioranza, anche senza la dimostrazione di May, era indubbiamente un efficiente metodo di scelta fra due alternative. Con un numero maggiore, l'idea ovvia era di votarle due a due, e di scegliere quella che avesse riportato la maggioranza contro tutte le rimanenti. Il marchese scoprí però che una tale alternativa poteva non esistere: anche se le preferenze dei singoli votanti rispetto alle varie alternative sono ordinate, linearmente, la votazione può produrre un ordine sociale circolare.

Per esempio, si considerino tre votanti 1, 2 e 3, che debbano scegliere rispetto alle alternative *A*, *B* e *C*. Supponiamo che si abbiano i seguenti ordini ciclici di preferenze:

1:	A	B	C
2:	B	C	A
3:	C	A	B,

da leggersi nel modo seguente: 1 preferisce *A* a *B* e *B* a *C*, 2 preferisce *B* a *C* ad *A*, e 3 preferisce *C* ad *A* e *A* a *B*. Quando si pongano in votazione le alternative due a due, *A* vince su *B* per due voti (quelli di 1 e 3 a uno (quello di 2), e analogamente *B* vince su *C* per due voti a uno: si potrebbe allora pensare che *A* dovrebbe vincere su *C*, mentre succede il contrario, e *C* vince su *A* per due voti (la proprietà matematica qui in gioco è la transitività: se *x* precede *y* e *y* precede *z*, allora *x* precede *z*. Nell'esempio precedente le preferenze individuali sono transitive, ma non così quelle sociali scelte per votazione a maggioranza). In particolare, se *A* viene votata contro la vincitrice, fra *B* e *C* (che è *B*), essa vince, ma lo stesso accade per *B* se essa viene votata contro la vincitrice fra *A* e *C* (che è *C*) e per *C* se essa viene votata contro la vincitrice fra *A* e *B* (che è *A*). Il paradosso non lascia dunque scelta, o si votano tutte le alternative una contro l'altra, e allora può non esserci una vincitrice: oppure si votano le varie alternative in un certo ordine, e allora la vincitrice dipende dall'ordine scelto, Come se ciò non bastasse, un particolare ordine di votazioni può permettere a un' alternativa di vincere anche quando ne esista un'altra, che le è unanimamente preferita. Basta infatti considerare gli ordini precedenti, e inserire in ciascuno una nuova alternativa D immediatamente davanti ad *A*, ottenendo così i seguenti ordini:

1:	D	A	B	C
2:	B	C	D	A
3:	C	D	A	B.

Se si votano dapprima *D* contro *C*, poi la vincitrice contro *B*, e infine la vincitrice contro *A*, allora *C* vince su *D*, *B* vince su *C* e *A* vince su *B*: dunque *A* vince, benché *D* le sia unanimamente preferita. Poiché la votazione a maggioranza su più di due alternative è un sistema largamente applicato in assisi locali nazionali e sovranazionali, l'interesse del paradosso è evidente. Esso spiega, fra l'altro, le (a volte furiose) battaglie procedurali sull'ordine delle votazioni: lungi dall'essere bizantinismi, come potrebbero apparire, esse sono essenziali per pilotare il risultato finale nella direzione voluta,

relegando le votazioni al ruolo di copertura democratica di veri e
propri colpi di mano.

Un altro bel comportamento manipolatorio è chiamato eufemisticamente *voto sofisticato* o *strategico*, e consiste nel votare non secondo coscienza, ma "turandosi il naso". Per esempio, nel caso in cui si voti prima fra *A* e *B* e poi fra la vincitrice e *C*, l'alternativa che prevale è *C* cioè la meno preferita da 1. Questi può però influenzare il risultato finale, e fare prevalere l'alternativa *B* (che egli preferisce *C*), votando non per *A* ma per *B* nella prima votazione: se tutti gli altri voti sono dati secondo le reali preferenze, allora *B* vince su *A* per due voti a uno, e poi rivince su *C* per due voti a uno.

Vale la pena di sottolineare che, affinché il paradosso sia possibile, non può esserci un'alternativa che nessuno considera la peggiore. Infatti, se *A* vince su *B* per maggioranza almeno la metà più uno dei volanti preferisce *A* a *B*: se *B* vince su *C* per maggioranza almeno la metà più uno dei votanti preferisce *B* a *C*: dunque almeno uno dei votanti preferisce *A* a *B* e *B* a *C*, e *C* è considerato l'alternativa peggiore da qualcuno. Per simmetria lo stesso vale per *A* e *B*; affinché l'ordine sociale generato dalla votazione per maggioranza possa essere circolare, è dunque necessario che ogni alternativa sia considerata la peggiore da qualcuno. Questo espone un'incompatibilità fra *libertà individuale*, che permette a ciascuno di scegliere un qualunque ordine di preferenze, e *armonia sociale*, che richiede invece una certa uniformità fra gli ordini individuali. E spiega anche sia l'adeguatezza della votazione a maggioranza nei momenti di stabilità politica sia la sua impotenza nei momenti di rivolgimento: nei primi esistono alternative (per esempio quelle di centro, in un ordinamento da sinistra a destra) che nessuno considera le peggiori, mentre nei secondi la radicalizzazione delle preferenze crea le condizioni per il paradosso.

3 Problemi di peso

Nei tempi in cui la democrazia era già una possibilità ma non una attualità si combatté, parallelamente alla battaglia militare per decidere se metterla in pratica, una battaglia matematica per decidere come metterla in pratica. In particolare, fermo restando che fra due alternative il miglior metodo di scelta era la votazione a maggioranza, qualcuno pensò di estenderla al caso di più alternative. In un modo diverso da quello precedente, mediante la *votazione a pluralità* si presentano le varie alternative simultaneamente, ciascun votante ne sceglie una, e vince quella che riceve il maggior numero di voti. Jean-Charles de Borda scoprì nel 1781 che s'imponeva una scelta fra i due metodi – visto che pluralità e maggioranza erano fra loro incompatibili. Per esempio, si considerino quindici votanti che debbano scegliere rispetto alle alternative *A*, *B* e *C*, e supponiamo che gli ordini di preferenza individuali siano i seguenti, così ripartiti:

per 6 votanti:	*A*	*B*	*C*
per 4 votanti:	*B*	*C*	*A*
per 5 votanti:	*C*	*B*	*A*.

Quando si pongano in votazione le alternative a pluralità, allora *A* vince su *C* per 6 a 5, e *C* vince su *B* per 5 a 4. Quando invece si pongano in votazione le alternative a maggioranza, allora *B* vince su *C* per 10 a 5 e *C* vince su *A* per 9 a 6. I due sistemi di votazione producono dunque ordini sociali contrapposti. Borda non si accorse che la votazione a maggioranza poteva non essere transitiva anche perché nell'esempio precedente lo è: *B* vince su *A* per 9 a 6. Egli individuò invece il problema nel fatto che nella votazione a pluralità si considera soltanto una parte dell'informazione contenuta nei vari ordini di preferenza individuali (precisamente, qual è la prima alternativa, e propose sistemi di voto pesato, in cui pesi numerici possono essere associati esplicitamente dai votanti alle varie alternative, oppure essere determinati implicitamente dalle posizioni delle alternative, negli ordini di preferenza individuali (per esempio, nell'assegnamento *canonico* si danno *n* punti alla prima, $n - 1$ punti alla seconda, 1 punto all'ultima di *n* alternative). La costruzione dell'ordine sociale si effettua, in questo caso, sommando i pesi delle alternative nei vari ordini individuali. Ma, come già nel caso della votazione a maggioranza, anche i sistemi di stato pesato presentano seri problemi. Anzitutto, si deve stabilire l'assegnamento dei pesi. Qui le difficoltà non sono soltanto psicologiche (come misurare le intensità delle preferenze per ciascun individuo) o sociologiche (come paragonare fra loro i sistemi di misura individuali), ma anche semplicemente logiche: cambiando assegnamento di pesi, si può cambiare il risultato. Per esempio, si considerino cinque votanti, che debbano scegliere rispetto alle alternative *A*, *B* e *C*. Supponiamo che gli ordini di preferenze individuali siano i seguenti, così ripartiti:

per 3 volanti: *A*   *B*   *C*
per 2 votanti: *B*   *C*   *A.*

Se si assegna un punto alla prima di ogni lista e nessuno alle altre (come nella votazione a pluralità), *A* vince su *B* per 3 a 2: se si assegnano due punti alla prima uno alla seconda e nessuno alla terza di ogni lista, allora *B* vince su *A* per 7 a 6. In secondo luogo, quand'anche si siano fissati l'assegnamento di pesi e gli ordinamenti individuali fra due alternative, l'ordine sociale fra queste dipende dalla presenza o meno di altre alternative in gara. Per esempio, se l'assegnamento è quello canonico gli ordini individuali sono quelli dell'esempio precedente, allora *A* perde su *B* per 11 a 12. Poiché l'alternativa *C* non solo è l'ultima in assoluto (con 7 punti), ma non è preferita da nessun votante a *B*, che è la prima in assoluto, si potrebbe pensare che la presenza di *C* sia irrilevante per la vittoria di *B*: essa risulta invece determinante perche se l'alternativa *C* viene eliminata allora si rimane con tre votanti che preferiscono *A* a *B* e due che preferiscono *B* ad *A*, e questa volta *A* vince su *B* per 8 a 7. Problemi di questo genere hanno reso i sistemi di voto pesato, che in ogni caso sono più complicati di quelli a maggioranza, poco praticabili. Oggi essi sono usati quasi esclusivamente in multicompetizioni sportive (per esempio nel decathlon), dove le alternative sono gli atleti in gara, i votanti le varie competizioni, le preferenze gli ordini d'arrivo, e i pesi i punteggi assegnati. Tali sistemi sono comunque utili come esempi di un approccio cardinale, opposto a quello puramente ordinale della votazione a maggioranza: in essi si misura non solo l'ordine delle preferenze individuali, ma anche la loro intensità. Storicamente, non è l'approccio cardinale a essere un raffinamento dell'approccio ordinale, bensì è l'approccio ordinale a essere una semplificazione dell'approccio cardinale. L'approccio cardinale è presente nell'utilitarismo, sviluppato da Jeremy Bentham a partire dal 1776, e alla base della teoria economica ottocentesca (attraverso John Stuart Mill). In esso, il comportamento personale è spiegato dal tentativo di accrescere l'utile individuale, e al comportamento sociale si richiede di assecondare tale sforzo. Ciò presuppone sia misure individuali dell'utile (per poterlo massimizzare personalmente), che la paragonabilità delle varie misure (per poter massimizzare socialmente la somma degli utili individuali). L'approccio ordinale venne introdotto soltanto nel 1909, quando Vilfredo Pareto scoprì che l'unico uso di una misura di utilità è che essa implica un ordine, e questo è sufficiente per tutte le applicazioni dell'utilitarismo alla teoria economica. In particolare, esso basta per formulare il *principio di Pareto*, secondo cui una scelta è ottimale se non ne esistono altre che rendano almeno qualcuno più soddisfatto, e nessuno meno soddisfatto (in termini di votazioni, il principio si traduce nella condizione di monotonicità: se una alternativa vince in una votazione, essa continua a vincere quando qualcuno di quelli che votavano contro di essa ora votano a favore, e nessuno di quelli che votavano a favore ora vota contro).

4 Il teorema di Arrow

Borda e Condorcet, mostrando ciò che era impossibile, fecero il possibile per esporre le difficoltà dei sistemi di votazione noti, ma questo non fermò la storia: la ghigliottina era un argomento ben più tagliente dei paradossi, e la democrazia si dimostrò, benché logicamente inconsistente, storicamente ineluttabile. L'argomento di Condorcet cadde nell'oblio, venne riscoperto periodicamente (da Lewis Carroll nel 1876 a Duncan Black nel 1948), e fu puntualmente ridimenticato. Infine, esso fu ritrovato nel 1951 da Kenneth Arrow, un giovane economista che aveva studiato logica matematica con Alfred Tarski, uno dei massimi logici del secolo. Questa volta due congiunture favorevoli si combinarono. Da un lato, una congiuntura storica: se la ghigliottina aveva neutralizzato dei paradossi, argomenti ben più esplosivi quali la bomba atomica (che la più grande democrazia aveva non solo costruito ma usato) potevano neutralizzare qualunque cosa, pianeta compreso; figuriamoci un teorema impertinente. D'altro lato, una congiuntura personale: la formazione logica di Arrow non gli permise di fermarsi al paradosso, e lo costrinse ad andare oltre, chiedendosi se questo fosse frutto del caso o della necessità. La sua domanda fu semplice: il paradosso mostra che un particolare sistema di votazione (quello a maggioranza) non permette di estendere la transitività dalle preferenze individuali a quelle sociali; esiste allora un sistema di votazione che permetta di farlo? In termini più espliciti: è possibile la democrazia? La risposta sorprendente che Arrow trovò fu negativa: nessun sistema di votazione che soddisfi a certe condizioni minimali preserva la transitività delle preferenze. Per non lasciare alibi al lettore, il quale potrebbe cullarsi nell'illusione che soltanto condizioni balorde possano assicurare il risultato, enunciamo esplicitamente le disarmanti ipotesi di Arrow:

- *libertà individuale*: ogni ordine transitivo di preferenza individuale è accettabile;

- *dipendenza dall'ordine*: il risultato della votazione fra due alternative è determinato dai loro ordini nelle preferenze individuali, e solo da essi;

- *accettazione dell'unanimità*: se un'alternativa è preferita a un'altra da tutti, essa deve vincere;

- *rifiuto della dittatura*: non esiste nessuno le cui preferenze individuali dettino il risultato di ogni votazione, indipendentemente dalle preferenze degli altri votanti.

Le condizioni di Arrow sono ovviamente legate a quelle di May: la libertà individuale e il rifiuto della dittatura sono conseguenze, rispettivamente, della neutralità e dell'anonimato; la dipendenza dal voto è un caso speciale della dipendenza dall'ordine, per due alternative; l'accettazione dell'unanimità deriva dalla monotonicità e dall'esistenza di almeno una possibilità di vittoria per ciascuna alternativa contro ciascun'altra (condizione questa che deriva a sua volta dalla neutralità). Benché il risultato di Arrow sia un teorema (fra l'altro di dimostrazione piuttosto elementare), per esorcizzarlo lo si chiama spesso paradosso: in inglese la cosa suona bene, perché *Arrow's paradox* si traduce come il paradosso della Freccia, e richiama così un altro venerabile paradosso, quello di Zenone sul moto (una freccia in volo non può muoversi, perché in ogni istante è ferma). Ciò non ha impedito che esso fosse oggetto di studi approfonditi, che ora formano la cosiddetta teoria delle scelte sociali; né ha distratto il comitato di Stoccolma, che nel 1972 assegnò ad Arrow il premio Nobel per l'economia (vide il premiato un paradosso nel comitato che pretendeva di assegnare il premio proprio a lui per votazione?).

5   Economia e informatica

Il fatto che un teorema di scienze politiche come quello di Arrow, sull'impossibilità di un sistema democratico di votazione, gli abbia fruttato un premio Nobel per l'economia, non deve stupire. A parte le di per sé ovvie ma oggi lampanti connessioni (e collusioni) fra economia e politica, per la sua natura astratta il risultato si applica a qualunque situazione in cui sia necessaria una scelta collettiva fra un insieme limitato di alternative, per esempio nel campo economico: di prodotti in un mercato, di politiche aziendali in un consiglio di amministrazione, di rappresentanti in un'assemblea di azionisti. Manifestando una difficoltà nel passaggio dalla microeconomia dei soggetti individuali (quali produttori e consumatori) alla macroeconomia dei gruppi (quali i mercati), esso richiama una serie di situazioni analoghe, in cui risulta difficile o impossibile giustificare il comportamento globale di un sistema sulla base dei comportamenti individuali delle sue componenti. In particolare, in informatica, il passaggio dalla microstruttura dei calcoli (i cui singoli passi sono meccanici) alla macrostruttura dei risultati (la cui esistenza o meno non si può prevedere in modo meccanico). Tale limitazione, detta "indecidibilità del problema della fermata", è una versione informatica del teorema di Gödel. Il parallelo fra economia e informatica non è certo casuale: i due modelli alternativi di economia, basati rispettivamente sul libero mercato (in cui l'organizzazione globale emerge dal comportamento individuale) e sulla pianificazione (in cui il comportamento individuale è diretto da decisioni centralizzate), corrispondono a due modelli alternativi di calcolo: rispettivamente, quello biologico (esemplificato dalle reti neurali, in cui si integrano i comportamenti paralleli di un gran numero di componenti che sono l'analogo dei soggetti del mercato) e quello informatico (esemplificato dai calcolatori usuali, diretti da un'unità centrale operativa che è l'analogo dell'organismo di pianificazione del mercato). Per restare in tema di paradossi, questo non impedisce che l'esaltazione informatica possa oggi convivere, in bella coerenza, con due fenomeni complementari: la demonizzazione della pianificazione economica (soprattutto statale) e la santificazione di quei gemelli siamesi che sono il libero mercato e la democrazia.

6 Conclusioni

Le conseguenze del teorema di Arrow (peraltro implicitamente ormai evidenti) sono così forti che, preferendo astenerci dall'enunciarle esplicitamente noi stessi per non essere tacciati di provocazione, cediamo l'incombenza a Paul Samuelson, premio Nobel per l'economia nel 1970 e consigliere economico di John Kennedy (quindi uno degli evangelisti del capitalismo moderno). Le dichiarazioni che riportiamo sono tratte da *Scientific American*, ottobre 1974, p.120). In primo luogo, egli ammette candidamente che "la ricerca della democrazia perfetta da parte delle grandi menti della storia si è rivelata la ricerca di una chimera, di un'autocontraddizione logica". Un bello spunto di meditazione, questo! Soprattutto nel presente periodo storico, quando politici e mezzi di informazioni mondiali non fanno che cantare incessantemente il mantra del supposto trionfo di quella chimera. In secondo luogo, egli traccia un parallelo che per noi è estremamente significativo: "la devastante scoperta di Arrow è per la politica ciò che il teorema di Gödel è per la matematica". In particolare, entrambi i risultati mostrano limitazioni intrinseche dei rispettivi campi in maniera semplice e inequivocabile, distruggendo così ingenue illusioni. Il parallelo con la logica introdotto da Samuelson ci fa venire in mente un'altra connessione: il teorema di Arrow si può vedere come un passo verso la creazione della *characteristica universalis*. Questa fu vagheggiata da Gottfried Wilhelm Leibniz quand'egli, pellegrino per le seicentesche corti europee nelle vesti di diplomatico e giurista, era presumibilmente costretto a interminabili discussioni che ripugnavano alla sua mente razionale di logico e matematico: non gli si può quindi rimproverare il sogno di poter un giorno annientare le sterili dispute a suon di calcoli e dimostrazioni. Ci piacerebbe quindi che oggi gli fosse concesso di tornare fra noi anche solo per una sera, per partecipare a uno di quegli spettacoli televisivi in cui i politici (paradossalmente, di ogni tendenza) si riempiono la bocca della parola democrazia. Gli sarebbe finalmente possibile alzarsi sdegnato, farsi portare una lavagna, e dire scuotendo la parrucca: "ora basta, mi avete scocciato, e vi voglio svergognare pubblicamente dimostrando che ciò di cui state parlando non esiste".

Riferimenti bibliografici

I lavori originali in cui si trovano i risultati citati sono:

- Jean Charles de Borda, "Mémoire sur les élections au scrutin", Mémoires de l'Académie Royale des Sciences (1781), pp. 657-665

- Marie de Caritat, "Essai sur l'application de l'analyse à la probabilité des décisions rendues à la pluralité des voix", Parigi (1785)

- Arrow, K., "Social choice and individuai values", Yale University Press (1951 e 1963)

- May, K., "A set of independent, necessary and sufficient conditions for simple majority décisions", *Econometrica* 20 (1952), pp. 680-684.

La storia e ulteriori sviluppi della teoria delle scelte sociali si possono leggere in:

- Black, D., "The theory of committeesand elections", Cambridge University Press (1958)

- MacKay, A., "Arrow's Theorem: the paradox of social choice", Yale University Press (1980)

- Arrow, K., "Collected papers", Vol. 1, Harvard University Press (1983)

Autobiografie intellettuali di Arrow e Samuelson si trovano in:

- Breit, W., Spencer, R., "Vita da Nobel", *Il Sole 24 Ore Libri* (1991)

Una versione matematica astratta delle condizioni che rendono possibile l'argomento di Condorcet ed Arrow, in termini di simmetria e gruppi di permutazioni, si trova in:

- Saari, D., "Symmmetry, voting and social choice", *Mathematical Intelligencer*. 10 (1988), 32-42.

I matematici possono considerare tale formulazione come la vera essenza dell'argomento. Gli altri si possono consolare con Goethe, che disse una volta: "I matematici sono come i francesi. Non appena si dice loro qualcosa, la traducono nella loro lingua, ed essa appare subito diversa".

Una sfida a scacchi davvero speciale*

R. Lucchetti

Stupito dal vago senso di stupore che traspariva in non pochi articoli apparsi sulla stampa dopo la vittoria di Deep Blue su Kasparov, ho provato a riflettere un po' sulle ragioni della sorpresa (del dispiacere?) che tale avvenimento sembra aver provocato sia tra i semplici curiosi sia (almeno in parte) fra gli appassionati di scacchi. La prima impressione, per una persona come me che ha letto un po' di Teoria dei Giochi, è che il gioco degli scacchi non solo è affascinante da giocare per moltissime persone, ma si presta anche a riflessioni interessanti su alcuni aspetti della matematica.

Da un punto di vista astratto, la descrizione di tale gioco è relativamente semplice. Si tratta infatti di un gioco a due persone, a somma zero, finito e a informazione perfetta (informazione perfetta significa che ogni giocatore sa esattamente in che situazione si trova e tutta la storia passata del gioco: questo non succede, per esempio, nei giochi di carte). Dagli inizi del '900, grazie a Zermelo, si ha la dimostrazione che questo tipo di gioco è strettamente determinato. Questo significa che esiste un equilibrio, e cioè che i giocatori razionali ipotizzati dalla teoria matematica dei giochi sanno quel che è l'esito di ogni partita, *sempre lo stesso*. Per spiegarmi meglio con un esempio concreto, supponiamo una situa-

* Lettera Matematica Pristem, n. 24, 1997.

zione estremamente semplificata in cui sulla scacchiera siano rimasti il re, le torri e la regina bianca contro il solo re nero: è ovvio che nessun giocatore ha interesse a giocare una partita in queste condizioni, soprattutto se dovesse avere i neri: l'esito è scontato. Ebbene, dal punto di vista della determinazione (o esistenza dell'equilibrio), questa versione banalizzata non differisce dal gioco completo! Perché il modello matematico che descrive il gioco è assolutamente lo stesso, per cui il ragionamento che indica con sicurezza il bianco come vincitore della partita ultra semplificata si applica anche a quella più complicata. Allora, da matematico, dovrei forse chiedermi: perché si gioca a scacchi? Vediamo una risposta possibile. Per descrivere un gioco si usa spesso una struttura ad albero (o grafo), in cui i nodi sono le situazioni possibili e i rami rappresentano le mosse; è proprio questa particolare struttura che permette la dimostrazione del teorema di Zermelo. Ma un conto è immaginare l'albero del gioco, un conto è costruirlo, nella maggior parte dei casi. Qualcuno ha provato a stimare il numero delle partite possibili: pare che esse vadano da un minimo di 10^{20} a un massimo di 10^{30}. Dunque costruire l'albero del gioco è evidentemente un'impresa impossibile, non solo per qualsiasi mente umana, ma anche per Deep Blue, i suoi figli e i suoi nipoti e pronipoti. Ecco perché è così affascinante giocare! Il fatto di non poter costruire l'albero del gioco è il motivo per cui non pochi matematici sono scettici quando viene loro raccontato il teorema di Zermelo. Però è sorprendente che questo non succeda solo con i matematici applicati, ma anche con quelli che di solito non hanno problemi ad accettare dimostrazioni non costruttive o che liquidano con fastidio la teoria costruttivista.

Tornando a quanto è stato sperimentato dalla Teoria dei Giochi, si pensa che il buon giocatore selezioni naturalmente parti dell'albero che dovrebbero poter garantire risultati interessanti, ma soprattutto che aspetti le possibili mosse deboli dell'avversario. Vediamo alcuni dati che spiegano la situazione. Diversi esperimenti effettuati sembrano mostrare che il cervello ben allenato di un grande maestro non riesce, se non raramente, ad analizzare più di un centinaio di mosse (di sviluppi possibili) alla volta; in realtà, non sembra esserci grande differenza fra un grande maestro e un giocatore di club. Invece il gran maestro sembra riconoscere molto più facilmente sulla scacchiera situazioni familiari, per esempio già giocate (in condizioni simili) in altre partite, e trae grande vantaggio da questo. Si stima che egli possa ricordare circa 50.000 situazioni, e che l'acquisizione di tale conoscenza richieda almeno una decina d'anni di allenamento. Alcuni esperimenti hanno mostrato che, mettendo pezzi a caso su una scacchiera, un gran maestro in genere non ricorda meglio di un dilettante l'esatta posizione dei pezzi (circa 6 pezzi su 25), mentre se si pone una situazione di gioco interessante egli è in grado, a differenza dell'amatore, di aumentare enormemente la sua precisione (oltre 20 pezzi disposti correttamente). Se questi sono gli ingredienti tecnici principali che fanno un ottimo giocatore di scacchi, c'è davvero da stupirsi che un computer abbia battuto Kasparov? Dal punto di vista dell'accumulo in memoria e della capacità di analizzare situazioni e mosse future, non esiste gara: ogni computer è incomparabilmente superiore a ogni essere umano! Rovesciando la domanda, non dovremmo allora chiederci come mai il computer ha impiegato tanto tempo prima di battere l'uomo? Il punto essenziale è che il computer va programmato in maniera intelligente. Come leggiamo nell'articolo di Robbiano, i computer non sono intelligenti, pensano solo di esserlo. Non basta analizzare mosse a grande velocità, o avere immagazzinato milioni di informazioni: bisogna saperle usare.

Questa è la sfida dell'intelligenza artificiale, questo è il motivo per cui non potevamo prevedere quando il computer avrebbe battuto l'uomo, pur sapendo che quel giorno sarebbe inesorabilmente arrivato. Perché l'uomo ha dalla sua la fantasia e la capacità di reagire a situazioni impensate, di inventare. Non a caso, Kasparov si è lamentato di aggiustamenti al programma che, a suo dire, sono stati apportati tra una partita e l'altra, e che erano proibiti dal regolamento. Ma contro l'uomo, non dimentichiamolo, giocano anche fattori emotivi negativi, come l'ansia, sensazione che il computer non ha finora dimostrato di poter provare, mentre Kasparov nelle ultime partite ha mostrato un nervosismo che lo ha portato a commettere troppi errori. Deep Blue ha sfruttato una sua debolezza esattamente come il grande giocatore aspetta un errore dall'avversario. Non a caso, leggendo alcuni commenti su Internet si vede come la sorpresa degli esperti derivi più dalla constatazione del crollo di Kasparov che non dai progressi, pur importanti, dei programmatori di Deep Blue.

Dunque la vittoria del computer ha segnato solo una tappa, sia pure fondamentale e comunque inevitabile, della storia dell'informatica. Forse la delusione dei romantici di fronte alla vittoria del computer è dovuta alla sensazione che la fantasia, l'intelligenza, l'inventiva abbiano subito un duro colpo a causa dell'ultima partita giocata da Deep Blue. Ma si sbagliano: anche se il computer è destinato in pochi anni a vincere ogni partita contro ogni giocatore, gli spazi per la fantasia umana sono ancora immensi, nelle arti come nelle scienze, le sfide per la nostra intelligenza stanno aumentando, i problemi per la conoscenza che ci aspettano sono grandiosi. Deep Blue e i suoi discendenti, se usati intelligentemente, potranno solo aiutarci, non certo rubarci il mestiere.

Applicazioni della matematica alla filogenetica

C. Ciliberto, E. Rogora

La ricerca in biologia è oggi in grande espansione e la sua importanza è sempre più grande. Modelli teorici per la biologia molecolare, per la filogenetica e per numerose altre branche della biologia, devono confrontarsi con quantità di dati sterminate. La necessità di operare riduzioni drastiche della massa dei dati senza perdere informazioni essenziali, è cruciale. L'approccio utilizzato nella fisica statistica nel passaggio dalle leggi microscopiche a quelle macroscopiche è certamente una guida importante, ma l'esigenza di nuovi punti di vista, che tengano in considerazione la specificità dei problemi delle scienze naturali è sempre più avvertita dai ricercatori. Qual è il ruolo della matematica in queste sfide? Come è sempre stato, alla matematica si richiede il linguaggio per una formulazione rigorosa ma flessibile di teorie efficaci e di validi modelli che permettano di interpretare i dati osservati e di prevedere l'evoluzione di aspetti rilevanti di un sistema. Nella fisica i modelli classici basati sulle equazioni differenziali e sulle equazioni differenziali stocastiche hanno avuto grande successo, ma nuovi strumenti matematici sembrano necessari per la biologia.

Fig. 1. C. Darwin studiò medicina a Edimburgo e teologia a Cambridge. Il suo viaggio intorno al mondo, durato cinque anni sulla nave Beagle fornì un ricco materiale di osservazioni su cui fondò le teorie esposte nel libro *On the Origin of Species (1859)*. Esse purtroppo sono ancora oggi oggetto di violente critiche antiscientifiche

Ci occupiamo in questo articolo di applicazioni della matematica, in particolare di algebra, geometria e combinatorica, alla filogenetica, cercando di illustrare in che senso alcuni recenti punti di vista algebrico-geometrici, che, con una scelta terminologica un po' bizzarra, si qualificano come *tropicali*, possono venire incontro alle esigenze generali che abbiamo appena richiamato.[1]

La filogenetica è la branca della biologia che studia i modelli evolutivi e nasce come disciplina speculativa nell'ambito della teoria di Darwin.

A parte il suo interesse teorico, che consiste nel capire come si sviluppano i meccanismi evolutivi delle specie, la filogenetica gode di importanti applicazioni pratiche tra cui: capire l'evoluzione di differenti ceppi virali allo scopo di determinarne la pericolosi-

[1] Questo articolo tratta di alcuni temi che abbiamo già toccato in [2]. Qui ci concentriamo sulle applicazioni alla filogenetica che in [2] erano state solo sfiorate. Non è affatto necessario leggere [2] per comprendere questo articolo. Tuttavia rinvieremo a [2] per alcuni approfondimenti che non abbiamo ritenuto necessario ripetere qui.

Fig. 2. Ernst Heckel e il suo *Albero della vita*. Ernst Haeckel (1834-1919) biologo, naturalista, filosofo, medico e artista tedesco. Diede nome a migliaia di specie. Propose un albero filogenetico per tutte le forme di vita. I termini *filogenia* ed *ecologia* furono proposti da lui. Fu un grande promotore delle idee di Darwin in Germania

tà e stimare la possibilità di trovare vaccini efficaci; stimare la distanza evolutiva tra diverse specie al fine di estendere l'efficacia di interventi terapeutici.

La struttura matematica basilare in filogenetica è quella di *albero filogenetico* o *filogenia*, cioè un albero avente alle foglie un insieme di specie osservate e alla radice il comune progenitore. In sostanza si tratta di un *albero genealogico* che riflette le relazioni di parentela tra le specie. In molte situazioni biologiche è importante introdurre anche una nozione di lunghezza (o peso) dei rami che misura la *dissimilarità* di due specie contigue.

La costruzione degli alberi filogenetici si effettua a partire dall'osservazione di *caratteri*. Questi ultimi classicamente erano caratteri morfologici. Per esempio, assenza o presenza di attributi di varia natura come, pelo, corna, zoccoli, ecc., con eventuale accompagnamento della loro misurazione. Recentemente prevalgono invece caratteri biomolecolari, basati sulle sequenze di DNA.

La costruzione degli alberi si può effettuare sulla base di diversi approcci, tra cui i principali sono il principio di *massima parsimonia* e quello di *massima verosimiglianza*. Il secondo, a differenza del primo, ha carattere probabilistico e si basa su modelli di evoluzione dei caratteri biomolecolari.

Questi ultimi sono una naturale generalizzazione delle catene di Markov nascoste (per approfondimenti, cfr. [2]). Essi si prestano a una analisi algebrico-geometrica che ha interessanti risvolti pratici con l'introduzione dei cosiddetti *invarianti filogenetici*, utili per la verifica della qualità dei dati sperimentali e della adeguatezza del modello probabilistico impiegato.

Il problema fondamentale della filogenetica consiste nella costruzione dell'albero filogenetico che meglio descrive un dato insieme di osservazioni relative a specie assegnate. Esistono per questo algoritmi efficaci e abbastanza accurati, come l'algoritmo di *neighbour joining* (NJ) [7]. D'altra parte, l'insieme degli alberi filogenetici ha a sua volta una struttura combinatorica di *grafo* che risulta essenziale per la ricerca, con un metodo diverso dal NJ, dell'albero migliore che spieghi un insieme di dati sperimentali. Inoltre, l'insieme degli alberi filogenetici *con peso e con foglie assegnate* ha anch'esso un'interessante struttura matematica di *spazio metrico* estremamente utile nelle applicazioni biologiche [1]. Questa struttura ha un'importante interpretazione in geometria algebrica classica e una, altrettanto importante, in geometria algebrica *tropicale*, una nuova branca della matematica che ha recentemente avuto numerose applicazione [2]. Essa suggerisce nuove idee per migliorare l'accuratezza della ricostruzione dell'albero estendendo il concetto di dissimilarità da coppie di specie a insiemi di più di due specie.

Di questi argomenti intendiamo dare un cenno in questo articolo.

1 Qualche parola su genetica e biologia molecolare

La *genetica* nasce intorno al 1865 con i lavori di *Gregor Mendel* che postulò l'esistenza di unità discrete di informazione, i *geni*, che go-

Fig. 3. Gregor Mendel (1822-1884)

vernano la trasmissione delle caratteristiche individuali in un organismo.

Nella prima metà del Novecento si capì che i geni sono contenuti nelle macromolecole complesse di *acido desossiribonucleico* (DNA).

Nel 1953 *J. Watson e F. Crick* determinarono la struttura del DNA. Secondo il loro modello il DNA è composto da due catene avvolte a spirale a formare una doppia elica.

L'informazione genetica contenuta nel DNA è codificata in una successione di *basi azotate*. Le basi azotate, che sono

> **A**denina, **C**itosina, **G**uanina, **T**imina

vengono denotate con le loro iniziali A, C, G, T.

Le basi azotate di un elica determinano quelle dell'altra. Infatti ogni base su una catena è legata a una *base complementare* sull'altra. Le coppie complementari sono (C, G) e (T, A).

Dal punto di vista genetico ogni *specie* viene descritta dal suo DNA, la cui struttura primaria si modella come una *stringa*, cioè una sequenza di lettere, sull'alfabeto

$$\Omega = \{A, C, G, T\}$$

Il contenuto totale delle molecole di DNA costituisce il *genoma* di un organismo. Il genoma umano, formato da circa 3 miliardi di coppie di basi complementari, corrisponde a circa 700 megabytes

Fig. 4. Francis Crick (1916-2004), vincitore assieme a James Watson (n. 1928) e Frederick Wilkins (1916-2004) del premio Nobel per la medicina nel 1962

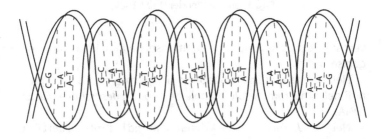

Fig. 5. Rappresentazione schematica della doppia elica del DNA

di informazione, quanta ne può essere memorizzata in un CD Rom. Il genoma di due individui della stessa specie non è identico: le differenze per gli esseri umani sono di circa *una base ogni mille*, sufficienti a spiegare la variabilità tra i diversi individui.

Alcuni tratti del genoma codificano degli elementi fondamentali per la vita cioè le *proteine*, le quali sono i *mattoni* di ogni edificio biologico. Le loro funzioni principali consistono nel catalizzare le reazioni chimiche, nel regolare le attività cellulari, nel mediare le comunicazioni tra le cellule. Dal punto di vista biochimico una *proteina* è una catena di *amminoacidi*, codificati nel DNA in tratti detti *geni*.

Ogni cellula (escluse le cellule uovo e gli spermatozoi) contiene copia dell'intero genoma ed è quindi teoricamente in grado di produrre ogni proteina, tuttavia essa in genere produce solo le proteine connesse con le sue funzioni.

La successione delle basi in un segmento di DNA, quella degli amminoacidi in una proteina, ecc. sono esempi di *sequenze biologiche*. Basilari problemi in biologia molecolare sono il riconoscimento e l'estrazione dell'informazione codificata in una sequenza biologica. Per esempio è importante:

1. distinguere la parte di un gene che codifica una proteina dalla parte non codificante;

2. segmentare una porzione di DNA in frazioni con diverse funzioni;

3. allineare porzioni di DNA appartenenti a specie diverse, allo scopo di determinare una *distanza* biologicamente significativa fra le specie (cfr. §6);

4. costruire un *albero filogenetico* (cfr. §2).

2   Introduzione alla filogenetica

La teoria evoluzionistica di Darwin presuppone che le specie si evolvano da antenati comuni, quindi prevede l'esistenza di *alberi*

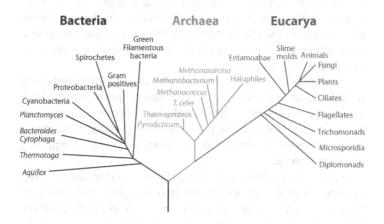

Fig. 6. Albero filogenetico

filogenetici alla cui *radice* vi è l'antenato comune delle specie che si trovano alle *foglie*.

Gli alberi filogenetici mostrano dunque le relazioni evolutive tra diverse specie o altre entità biologiche che si suppone abbiano un antenato comune.

Come abbiamo già accennato nell'introduzione, il problema fondamentale della filogenetica è il seguente:

> *Date delle specie e delle osservazioni a esse relative, si vuole determinare l'albero filogenetico che* è in migliore accordo con le osservazioni *sulla base di una serie di* ipotesi di lavoro.

La costruzione degli alberi filogenetici, come vedremo, è in generale un problema insolubile per la sua enorme complessità. In pratica è possibile determinare alberi filogenetici che descrivono solo alcuni aspetti evolutivi di un ristretto insieme di specie, sfruttando un numero limitato di caratteri, che possono essere morfologici oppure biochimici.

3 Entra in scena la matematica: grafi e alberi

Il concetto di albero filogenetico rientra in una nozione più generale molto familiare ai matematici, quella di *grafo*. Questa nozione è utilizzata non solo in matematica ma anche in informatica e in numerosi altri contesti scientifici per modellare relazioni di tipo combinatorico tra coppie di elementi di un insieme. Le applicazioni sono vastissime.

Un *grafo* è il dato di un insieme finito di punti, detti *vertici* e di un insieme finito di *archi* ognuno dei quali connette una coppia di vertici non necessariamente distinti, che si dicono *adiacenti*. Notiamo che è possibile avere più archi che connettono una stessa coppia di vertici. Si dice *grado* di un vertice il numero degli archi che lo contengono.

È possibile rappresentare un grafo con un diagramma, disegnando per ogni vertice un circoletto e congiungendo con archi di curva i circoletti che rappresentano vertici adiacenti. Osserviamo che diagrammi diversi possono rappresentare lo stesso grafo, come nelle seguenti figure:

D'altra parte non tutti i grafi si possono rappresentare con un diagramma nel piano in modo che gli archi si intersechino solo nei vertici. Se esiste una tale rappresentazione, il grafo si dice *planare*. Per esempio, il seguente grafo, detto *grafo di Peterson*, non è planare:

Due grafi possono essere diversi solo per il modo di chiamare i vertici. In tal caso si dicono *isomorfi* e hanno le stesse proprietà. Per esempio i due grafi seguenti sono isomorfi.

Verificare se due grafi sono isomorfi può esser molto complicato.

D'ora in poi consideriamo grafi in cui ogni coppia di vertici è collegata da al più un arco e non vi sono archi che collegano un vertice a se stesso. Un *cammino* in un grafo è una successione di vertici adiacenti $\{v_1, v_2, \ldots, v_n\}$, in altre parole, è possibile andare da v_1 a v_n passando per i vertici intermedi e seguendo gli archi del grafo. Un tale cammino si dice *chiuso* se $v_1 = v_n$. Un cammino chiuso con vertici distinti, salvo il primo e l'ultimo, si dice *ciclo*. Un grafo senza cicli si dice *aciclico*. Se ogni coppia di vertici di un grafo è congiunta da un cammino, il grafo si dice *connesso*.

Un *albero* è un grafo connesso e aciclico. I suoi archi si dicono anche *rami*. Un albero con n vertici ha $n - 1$ archi. Questa proprietà caratterizza gli alberi tra i grafi connessi.

Nella figura sono rappresentati tutti gli alberi con 1, 2, 3, 4, 5 vertici.

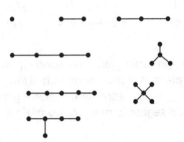

Una *foglia* di un albero è un vertice di grado 1. Un albero si dice *binario* se ha al più un vertice di grado 2, che si dice *radice*, e ogni vertice che non sia una foglia ha grado 3. Nella figura precedente, gli alberi binari sono i primi tre, il quinto e l'ottavo. Quelli con radice sono soltanto il terzo e l'ottavo. Un albero binario con radice e con k foglie ha $2k - 1$ vertici.

Nella seguente figura è rappresentato un albero binario senza radice e due modi per aggiungere una radice.

Come abbiamo detto, per descrivere l'evoluzione delle specie biologiche si utilizza la struttura di *albero filogenetico* o *filogenia*. Si tratta di un albero binario le cui foglie sono *etichettate* ossia a ogni foglia è dato un nome. Nella pratica, ogni foglia rappresenta una specie osservata. Un isomorfismo tra alberi etichettati deve preservare le etichette. Dunque alberi etichettati non isomorfi possono esserlo come alberi senza etichette.

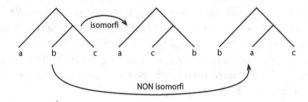

Il numero degli alberi binari con radice con k foglie etichettate non isomorfi, detto *numero di Schroeder*, è

$$(2k-3)!! = (2k-3)(2k-5)(2k-7)\cdots 5\cdot 3\cdot 1$$

Questo numero cresce molto rapidamente con k.

etichette	alberi filogenetici
6	945
10	~ 35.000
12	$\sim 13\cdot 10^9$
30	$\sim 10^{38}$
52	$\sim 10^{81}$

Questo rende impossibile in pratica l'elencazione di tutte le possibili filogenie quando il numero di specie è superiore a qualche decina. Si pensi infatti che il numero stimato degli atomi di idrogeno in tutte le stelle dell'universo è 4×10^{79}.

4 Inferenza dell'albero evolutivo dai dati osservati

In questo paragrafo illustriamo con un semplicissimo esempio i principali approcci alla soluzione del problema fondamentale della filogenetica, descritto nel paragrafo 2, a p. 208.

Esempio

Consideriamo tre *caratteri binari* su tre specie. Un carattere si dice binario o *dicotomico* se può acquisire solo due valori. Il valore di caratteri è specificato dalla seguente tabella (o *matrice*, con il linguaggio dei matematici)

	a	b	c
c_1	1	1	0
c_2	0	0	1
c_3	1	0	1

Abbiamo indicato le specie con le lettere a, b e c e i caratteri con c_1, c_2, c_3. Quindi, nell'esempio, il secondo carattere ha valore 1 sulla specie c. Un carattere dicotomico, come quelli che stiamo considerando in questo esempio, si può interpretare come presenza/assenza di una certa qualità. Per esempio, presenza o assenza di corna, pelo lungo o pelo corto, ecc. Questa interpretazione non è però essenziale e i metodi che illustreremo si applicano anche alle descrizioni *biochimiche* di una specie, ottenute cioè allineando tratti di DNA o di proteine di diverse specie. In questo caso la matrice dei dati ha su ciascuna colonna la sequenza biologica osservata per una data specie e su ciascuna riga le basi azotate o gli amminoacidi che appaiono nella stessa posizione o *sito* delle diverse sequenze allineate.

Tornando all'esempio che stiamo considerando, esistono tre diversi alberi filogenetici che hanno le tre specie alle foglie:

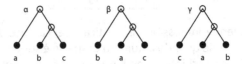

Dobbiamo decidere quale di questi sia in miglior accordo con la matrice dei dati osservati.

Metodo diretto

In questo semplice caso l'albero più plausibile è γ in virtù di una banale osservazione. Infatti i primi due caratteri accomunano *a* e *b*, assumendo su entrambi lo stesso valore, e distinguono *a* e *b* da *c*, assumendo in *c* un valore diverso, mentre un solo carattere accomuna *a* con *c*, distinguendo i due da *b*. È chiaro che questo approccio diretto non è utilizzabile in situazioni più complicate.

Metodo di massima parsimonia

Secondo questo metodo si giudicano più plausibili gli alberi che spiegano i caratteri con il *minimo numero di cambiamenti*.

Per ogni albero e per ogni carattere possiamo pensare di partire da un dato valore nella radice e di percorrere i diversi rami dell'albero permettendo al valore del carattere di cambiare lungo un arco qualunque. Qual è il numero minimo di cambiamenti necessari per ottenere alle foglie i valori osservati? Per esempio, consideriamo l'albero α. Se lo stato del primo carattere alla radice fosse uguale a 0, sarebbero necessari *almeno* due cambiamenti per ottenere alle foglie i valori osservati del primo carattere, per esempio dove indicato con un segmento "in grassetto" nella seguente figura, in cui lo stato di un carattere in un vertice dell'albero viene indicato dal colore della pallina: bianco per zero e nero per uno.

Non è difficile verificare che scegliendo come valori per i tre caratteri alla radice 0, 1 e 0 rispettivamente, il numero minimo dei cambiamenti totali necessari per ottenere i valori osservati alle foglie è 6. Se invece si scelgono nella radice i valori 1, 0 e 1, allora il numero minimo di cambiamenti è 3, e si verifica che al di sotto di questo non si può andare per questo albero. Anche per gli alberi β e γ il numero minimo di cambiamenti è tre, corrispondenti, per esempio, alle scelte $(1, 0, 1)$ e $(1, 1, 1)$ dei valori dei caratteri nella radice, rispettivamente. Non è quindi possibile scegliere quale sia l'albero più plausibile nel nostro esempio in base al *principio di massima parsimonia*. In generale però tale principio è in grado di determinare un unico albero parsimonioso o un numero piccolo di alberi ugualmente parsimoniosi tra tutti i possibili.

Supponiamo, per esempio, di avere 5 specie per ognuna delle quali si osservano 6 caratteri binari specificati dalla matrice

	$S1$	$S2$	$S3$	$S4$	$S5$
c_1	1	0	1	1	0
c_2	0	0	1	1	0
c_3	0	1	0	0	1
c_4	1	0	0	1	1
c_5	1	0	0	1	1
c_6	0	0	0	1	0

L'albero di massima parsimonia è

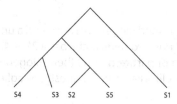

per il quale sono sufficienti 8 cambiamenti per ottenere le osservazioni.

Esistono algoritmi efficaci di tipo combinatorio per contare, in relazione a un dato albero, il numero minimo di cambiamenti necessari a ottenere i dati osservati: tra i più usati citiamo quelli di Fitch e di Sankoff [4].

La determinazione di un albero filogenetico secondo il principio di massima parsimonia è concettualmente semplice ma di grande costo computazionale. È necessario infatti considerare tutti gli alberi filogenetici aventi un dato numero di etichette e, come abbiamo visto, il numero di questi alberi cresce enormemente al crescere del numero delle etichette.

Non c'è speranza quindi di determinare esattamente con questo metodo le filogenie quando il numero di specie supera la decina. Esistono però algoritmi efficaci per la ricerca di *buone approssimazioni* della soluzione ottimale. Essi evitano di considerare tutte le filogenie con un dato numero di foglie e, per fare ciò usano una struttura matematica più raffinata che riguarda l'*intero insieme* degli alberi filogenetici con un dato numero di foglie. Infatti l'insieme degli alberi filogenetici con un numero fissato di foglie ha a sua volta una struttura di *grafo*, detta *grafo degli alberi filogenetici*, determinata specificando quali coppie di alberi sono adiacenti.

Per ogni arco di un dato albero esistono due alberi adiacenti a quello dato, secondo la nozione nota come Nearest-Neighbor Interchanges, illustrata nelle seguente figura.

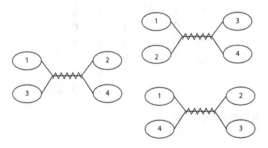

Il numero degli alberi filogenetici adiacenti a uno con k etichette è il doppio del numero degli archi, ossia $2k - 4$.

L'idea è quella di partire da un albero filogenetico qualsiasi e di visitare tutti quelli adiacenti. Tra questi si sceglie il migliore, e si ricomincia.

Si percorre in questa maniera un cammino sul grafo degli alberi filogenetici che porta a un albero *localmente ottimale*, cioè che non può essere migliorato da quelli adiacenti. Questo non permette in generale di trovare filogenie ottimali. Tuttavia esistono raffinamenti probabilistici di questo algoritmo (*algoritmo di simulated annealing*) volti a evitare di rimanere in un vertice del grafo degli alberi filogenetici che sia solo localmente ottimale, ma non dia un risultato soddisfacente [4]. Per far ciò si esplora il grafo degli alberi filogenetici con una *passeggiata aleatoria* con le seguenti regole. Sia T_i l'albero scelto al tempo i. Si lanci un dado con $2k-4$ facce per scegliere un albero T adiacente a T_i nel grafo degli alberi filogenetici. Se T è più parsimonioso di T_i si scelga $T_{i+1} = T$. Altrimenti si lanci una moneta (*truccata* come diremo). Se viene testa poniamo $T_{i+1} = T_i$; se viene croce poniamo $T_{i+1} = T$. La moneta è truccata in modo che la probabilità che venga croce è tanto più bassa quanto più il numero di cambiamenti necessari su T per spiegare i dati è maggiore del numero dei cambiamenti su T_i. Ammettiamo quindi che con una certa probabilità si possa compiere, nella nostra passeggiata aleatoria, una transizione a uno stato sfavorito, ma questa transizione è tanto più improbabile quanto più il nuovo stato è sfavorito rispetto allo stato iniziale. Chiediamo inoltre che questo meccanismo di transizione agli stati sfavoriti diventi sempre meno probabile con il passare del tempo. Si può visualizzare questo procedimento come il moto di una pallina dotata di energia termica su un profilo accidentato. La temperatura della pallina le permette di non restare intrappolata in buche poco profonde, ma con il passare del tempo, il raffreddamento della pallina finisce per rendere sempre più difficili questi scollinamenti.

Metodo di massima verosimiglianza

Per applicare questo metodo, bisogna saper associare una probabilità a osservazioni ipotetiche del tipo di quelle effettuate. Una tale probabilità viene assegnata in base a un *modello probabilistico* per la generazione di queste osservazioni.

Partiamo da un esempio elementare. Consideriamo una sequenza di 0 e 1 di lunghezza N assegnata. Come assegnare una probabilità a queste successioni? Il modello probabilistico più semplice per la produzione di successioni di questo tipo è il lancio ripetuto di una moneta, in cui si suppone che l'esito di ogni lancio sia indipendente dall'esito degli altri. A ogni lancio, se viene testa aggiungiamo 1 alla successione dei simboli prodotti dai lanci precedenti, aggiungiamo 0 se viene croce. Se la probabilità che esca testa ad un lancio è p, la probabilità della successione 110101 è $p^4(1 - p)^2$, infatti l'ipotesi di indipendenza dei diversi lanci si traduce assumendo che la probabilità della sequenza sia il prodotto delle probabilità degli esiti dei singoli lanci. Avremmo potuto immaginare un altro meccanismo per ottenere la sequenza, per esempio lanciare le prime k volte una moneta truccata e le successive $(N - k)$ una seconda moneta truccata diversamente, e avremmo ottenuto probabilità diverse per la stessa sequenza.

Si noti che anche una volta fissato il meccanismo (per esempio il lancio ripetuto della moneta) la probabilità dei dati dipende ancora da un insieme di parametri (nell'esempio c'è un solo parametro: p). A fronte di un dato sperimentale disponibile, per esempio la successione 110101 e di un modello probabilistico di spiegazione (modello di indipendenza), la scelta del parametro in base al *principio di massima verosimiglianza* viene fatta massimizzando la probabilità teorica della successione osservata. Nel nostro caso, tenendo conto che p, essendo una probabilità, assume un valore compreso tra 0 e 1, si verifica che la probabilità $p^4(1 - p)^2$ è massima per $p = 2/3$.

Torniamo all'esempio dal quale siamo partiti dei tre caratteri binari osservati su tre specie. Un meccanismo probabilistico per generare dati di questo tipo, che riflette in maniera soddisfacente la specificità del contesto è una naturale generalizzazione dei modelli di Markov a stati nascosti (cfr. [2]).

Introduciamo innanzitutto un modello per calcolare la probabilità di una distribuzione di 0 e 1 ai vertici di una filogenia, per esempio la distribuzione

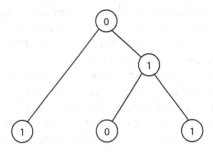

Il nostro modello parte da una *distribuzione iniziale* p_0, p_1 per le probabilità degli stati 0 e 1 nella radice e da una *matrice di transizione*

$$T = \begin{pmatrix} t_{00} & t_{01} \\ t_{10} & t_{11} \end{pmatrix}$$

che descrive la probabilità di transizione di una data modalità del carattere nel nodo padre a una data modalità del carattere nel nodo figlio, connessi da un arco: cioè t_{ij} è la probabilità che nel nodo padre il carattere abbia modalità i e nel nodo figlio lo stesso carattere abbia modalità j. Viene inoltre supposto che le transizioni lungo archi diversi siano indipendenti.

Illustriamo la regola nel caso della precedente figura, in cui la probabilità della configurazione vale

$$p_0 t_{01} t_{01} t_{10} t_{11}.$$

Qui p_0 è la probabilità che 0 sia la modalità del carattere alla radice, t_{10} è la probabilità che la modalità del carattere cambi da 0 a 1 sull'arco a sinistra, t_{01} è la probabilità che la modalità del carattere cambi da 0 a 1 sull'arco che parte dalla radice e va al nodo interno, t_{10} è la probabilità che la modalità del carattere cambi da 1 a 0 sull'arco che parte dal nodo interno e va verso sinistra e, infine, t_{11} è la probabilità che la modalità del carattere resti 1 sull'arco che parte dal nodo interno e va verso destra.

A partire da questo modello è possibile calcolare la probabilità di una data distribuzione su n foglie, per esempio 1, 0, 1 sommando su tutti i possibili alberi che si possono costruire su n foglie e, per ogni albero, su tutte le possibili distribuzioni delle modalità dei caratteri nei nodi interni. Nel nostro esempio, per calcolare $p(1, 0, 1)$ bisogna sommare dodici addendi, quattro per ogni filogenia con tre foglie, uno dei quali è il termine $p_0 t_{01} t_{01} t_{10} t_{11}$ appena calcolato.

Se le sequenze di caratteri ad ogni foglia sono le colonne di una matrice, per esempio

$$M = \begin{pmatrix} 1 & 1 & 0 \\ 0 & 0 & 1 \\ 1 & 0 & 1 \end{pmatrix}$$

allora la probabilità di queste osservazioni si ottiene moltiplicando le probabilità di osservare alle foglie i caratteri descritti dalle righe della matrice. Nell'esempio

$$p(M) = p(1, 1, 0) \cdot p(0, 0, 1) \cdot p(1, 0, 1) .$$

Questo modello assegna uguale probabilità di transizione tra due stati lungo ogni arco. Non sempre questo è realistico e si possono introdurre modelli più complicati, in cui, per esempio, a ogni arco viene assegnata una diversa matrice di transizione.

La generalizzazione di questo modello probabilistico a filogenie qualsiasi e a sequenze di caratteri con più modalità è concettualmente immediata, anche se le formule esplicite per il calcolo della probabilità di un insieme di sequenze biologiche allineate risultano essere molto complicate. La caratteristica fondamentale di queste formule è che, come si vede facilmente, in esse appaiono solo *polinomi* nei *parametri* p_i e t_{ij} del modello, ossia vi compaiono solo operazioni di somme e prodotti fra numeri *costanti* e i parametri p_i e t_{ij} variabili.

Fissata la lunghezza N della sequenza biologica che si osserva (per esempio la sequenza di DNA che codifica una data proteina) e il numero n delle specie sulle quali essa si osserva, i dati dell'osservazione si compendiano in una matrice T con N righe ed n colonne. Di tali matrici ne esistono $k^{N \cdot n}$, dove k è il numero di modalità di ogni carattere. Nel caso di caratteri dicotomici, $k = 2$ e nel caso di sequenze di DNA, $k = 4$. Per ogni scelta dei parametri, la probabilità $p(T)$ dell'osservazione compendiata nella matrice T è un numero reale, e dunque, al variare di T, abbiamo $k^{N \cdot n}$ di questi numeri reali, cioè una matrice di tipo $1 \times k^{N \cdot n}$, ovvero in un punto di $\mathbb{R}^{k^{N \cdot n}}$, dove $\mathbb{R}$ è l'insieme dei numeri reali. Al variare dei parametri, questo punto descrive un sottoisieme V di $\mathbb{R}^{k^{N \cdot n}}$ i cui punti verificano un insieme di equazioni polinomiali in $k^{N \cdot n}$ variabili. Un insieme V di questo tipo si dice una *varietà algebrica*, e di essa dunque si possono considerare le *equazioni*. Questo sistema di equazioni o, più precisamente, l'*ideale* dell'estensione complessa di V, (ossia l'insieme, che ha anche notevoli proprietà algebriche, di tutti i polinomi a coefficienti numeri complessi che si annullano su V), contiene tutte le informazioni relative al modello probabilistico che stiamo considerando. Questo modo *algebrico-geometrico* di guardare al modello probabilistico permette interessanti nuovi punti di vista sulla teoria. Il più semplice riguarda l'introduzione degli *invarianti filogenetici*; il più interessante riguarda la *tropicalizzazione* della variatà V.

Modelli algebrici e invarianti filogenetici

Un *invariante filogenetico* è un polinomio dell'ideale della varietà V, cioè un polinomio che si annulla in tutti i punti $..., p_{p,t}(T), ...$ di V. Il problema di determinare gli invarianti filogenetici del modello è un caso particolare di uno dei problemi fondamentali della geometria algebrica, quello di studiare *l'ideale dei polinomi che si annullano su una data varietà*. I metodi dell'algebra computazionale fondati sulle *basi di Gröbner* rendono fattibile il calcolo di invarianti filogenetici, almeno per i modelli più semplici [3, 6].

Ma qual è l'importanza in biologia degli invarianti filogenetici? Se il modello che abbiamo ipotizzato per spiegare i dati è adeguato, ogni suo invariante filogenetico, valutato sulle frequenze empiriche stimate dai dati, deve assumere valori *prossimi a zero*. Quindi ogni invariante filogenetico offre un *test* per *validare il modello* o per *verificare la bontà dei dati*.

In generale, un test statistico ha lo scopo di valutare la significatività della deviazione delle osservazioni effettuate rispetto a una *aspettazione* teorica. Per esempio, lanciando una moneta non truccata 100 volte, ci aspettiamo 50 teste e 50 croci. Questo non è in generale quello che si osserva. Se si osservano 47 croci e 53 teste, la deviazione dall'aspettazione teorica non è significativa, mentre l'osservazione di 80 croci e 20 teste ci fa dubitare dell'ipotesi che la moneta non sia truccata o della corretta raccolta dei dati. Per passare da una valutazione qualitativa della significatività di una deviazione a una valutazione quantitativa è necessario conoscere la *distribuzione*, o almeno una sua approssimazione, delle possibili deviazioni, che nel caso del lancio del dado è ben nota.

In analogia con questo caso, un invariante filogenetico è un polinomio che, ci aspettiamo, valga zero sui dati. Un valore significativamente diverso ci fa dubitare del modello o della correttezza della raccolta dei dati. A differenza del caso della moneta però, ben poco è noto sulla distribuzione dei valori di un invariante filogenetico. Oltre a un approccio puramente teorico, sono utili in questo caso simulazioni al calcolatore per determinare empiricamente tali distribuzioni, almeno in casi computazionalmente accessibili.

5 Algebra tropicale

L'algebrizzazione del modello probabilistico basato sul metodo di massima verosimiglianza e più in generale dei *modelli grafici* discussi in [2], permette l'accesso a un meccanismo generale di semplificazione di cui ora trattiamo. Esso viene incontro all'esigenza fondamentale, particolarmente avvertita in scienze come la biologia dove gli esperimenti danno luogo alla raccolta di una pletora di dati, di ridurre la complessità di questi ultimi. Si tratta del meccanismo di *tropicalizzazione* che porta alle estreme conseguenze l'idea elementare di usare il logaritmo per convertire prodotti in somme e potenze in prodotti, pervenendo a una sostanziale semplificazione dei calcoli.

Usando il logaritmo possiamo definire, per ogni numero positivo h, una trasformazione biunivoca

$$\Phi_h : \mathbb{R}^+ \to S = \mathbb{R} \cup \{-\infty\}$$

ponendo $\Phi_h(x) = h\log(x)$. Usando questa trasformazione, possiamo trasferire ad S la struttura di *semigruppo* di $\mathbb{R}^+$ definita dalla somma e dal prodotto. Poniamo cioè

$$u \odot_h v = \Phi_h(x \cdot y) \qquad u \oplus_h v = \Phi_h(x + y)$$

dove $u = \Phi_h(x)$ e $v = \Phi_h(y)$. Dalle proprietà del logaritmo segue immediatamente che $u \odot_h v = u + v$, mentre per $u \oplus_h v$ abbiamo una formula più complicata, che diventa però molto semplice *al limite*, nel senso che

$$\lim_{h \to 0} u \oplus_h v = \max\{u, v\}.$$

L'insieme $S = \mathbb{R} \cup \{-\infty\}$ con le operazioni $u \odot v = u + v$ e $u \oplus v = \max\{u, v\}$ si chiama *anello tropicale*. L'algebra tropicale è quindi la trasformazione dell'algebra normale attraverso il limite del logaritmo. Sostituendo le operazioni di prodotto e somma ordinaria con le corrispondenti operazioni tropicali possiamo reinterpretare molte delle costruzioni fondamentali dell'usuale algebra nel contesto dell'algebra tropicale. Ad esempio si possono considerare i *polinomi tropicali*. Il più generale polinomio in due variabili sull'anello tropicale è

$$a \odot x^{\odot 2} \oplus b \odot x \odot y \oplus c \odot y^{\odot 2} \oplus d \odot x \oplus e \odot y \oplus f$$

e a esso corrisponde la funzione *lineare a tratti*

$$\max\{2x + a, x + y + b, 2y + c, x + d, y + e, f\}.$$

I metodi dell'algebra tropicale trovano utili applicazioni a problemi di ottimizzazione in particolare nella ricerca di *algoritmi di programmazione dinamica*. Per darne un'idea, si rimanda alla discussione del classico problema della ricerca del percorso di lunghezza minima che connette due vertici in un grafo, discusso in [2].

Geometria tropicale e applicazioni alla filogenetica

Accanto all'algebra tropicale esiste una *geometria tropicale*. Per capire vagamente di cosa si tratta osserviamo che, *tropicalizzando* un polinomio si ottiene, come abbiamo visto, una funzione lineare a tratti. Il *luogo singolare* di una tale funzione in due variabili è un grafo costituito da vertici, segmenti e semirette. Per esempio, nella figura seguente, è rappresentato il grafico della tropicalizzazione di un polinomio di secondo grado e, in neretto, sul piano orizzontale, il suo luogo singolare, che prende il nome di *conica tropicale*.

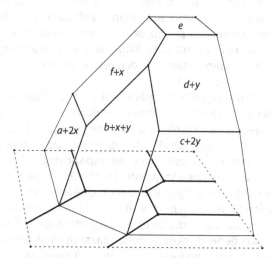

In generale, ogni *ipersuperficie algebrica*, luogo degli zeri di un unico polinomio, può essere tropicalizzata in maniera analoga a quella che abbiamo illustrato per i polinomi di secondo grado.

Con qualche sforzo aggiuntivo si riesce anche a tropicalizzare una qualsiasi varietà algebrica. La cosa che ci interessa è che, tropicalizzando, si sostituisce a una varietà algebrica un oggetto geometrico più semplice, una sorta di poliedro con alcune facce infinite, nella cui combinatoria si leggono molte delle proprietà della varietà algebrica di partenza. Si noti, anche in questo caso, il paradigma generale della tropicalizzazione: *spremere* un oggetto complicato (una varietà algebrica) per ottenerne uno più semplice (un *complesso poliedrale*) in cui riusciamo ancora a leggere alcune caratteristiche rilevanti dell'oggetto di partenza: per esempio la *dimensione* della varietà, cioè il numero dei parametri indipendenti da cui dipendono i suoi punti, è uguale a quello della sua tropicalizzazione. Non è precisamente questo che vogliamo fare con la massa enorme di informazioni contenute anche nelle sequenze di DNA?

Un'applicazione della matematica tropicale alla filogenetica è la seguente. Prendiamo un modello probabilistico di evoluzione del DNA che sia *algebrico* nel senso descritto in precedenza, cioè i vincoli che pone sulle possibili distribuzioni di probabilità siano date da polinomi (gli invarianti filogenetici dell'esempio). Questi polinomi descrivono una varietà algebrica V che chiameremo la *varietà algebrica del modello probabilistico*. Tropicalizzando V si ottengono algoritmi per valutare in maniera efficiente le probabilità delle osservazioni (utili per applicare il principio di massima verosimiglianza nella ricerca delle filogenie) e un efficace supporto per l'analisi del comportamento di questi algoritmi al variare dei parametri del modello [5].

Esistono altre importanti applicazioni della geometria tropicale alla filogenetica. Queste consistono nel riconoscere come alcune strutture geometrico-combinatoriche che emergono in studi filogenetici sono varietà tropicali, ottenute tropicalizzando varietà algebriche ben note. È questo il caso dello spazio degli alberi filogenetici di Billera, Holmes e Vogtmann [1], che è la tropicalizzazione di una famosa varietà algebrica classica, cioè la *varietà grassmanniana delle rette*. Riconoscere questi legami con la geometria algebrica suggerisce anche di ricercare tra oggetti geometrici già noti una buona generalizzazione dello spazio degli alberi filogenetici necessaria per introdurre modelli di evoluzione più complessi di quelli *lineari* descritti dalle filogenie. Questi modelli sono indispensabili, per esempio, per l'analisi dello sviluppo di popolazioni di virus.

6 Lo spazio di Billera, Holmes e Vogtmann

Metodo della matrice delle distanze

I dati relativi all'osservazione di m caratteri su n specie, si possono raccogliere in una matrice $m \times n$: l'elemento sulla riga di posto i e sulla colonna di posto j è il carattere i-esimo relativo alla j-esima specie. Tipicamente $m \gg n$ perché le specie osservate sono poche, mentre i caratteri molti, per esempio le basi azotate in un tratto di DNA.

Un modo per ridurre le complessità dei dati contenuti in questa matrice è quello di introdurre, proprio sulla base di questi dati, un'opportuna "distanza" numerica tra le coppie di specie per cui abbiamo effettuato le osservazioni. Con queste *distanze filogenetiche* si forma una matrice molto più ridotta, quadrata di tipo $n \times n$ e *simmetrica*, cioè l'elemento di posto (i, j) è uguale a quello di posto (j, i). In questa matrice, detta *matrice delle distanze*, l'elemento sulla riga di posto i e sulla colonna di posto j è la distanza filogenetica tra le specie i e j. Quindi il numero dei dati contenuti nella matrice è uguale al numero delle coppie (i, j) con $1 \leq i \leq j \leq n$, cioè $n(n + 1)/2$, che è molto meno del numero nm dei dati contenuti nella matrice di partenza. Il problema basilare è dunque:

Quale distanza scegliere per le sequenze di DNA in modo che sia biologicamente significativa?

La prima scelta che viene in mente di fare, e la più *ingenua*, è quella di contare semplicemente il numero delle differenze tra i caratteri corrispondenti delle sequenze biologiche osservate per specie diverse. Questo però è poco significativo in quanto non considera affatto i cambiamenti avvenuti nel corso dell'evoluzione, i quali dal punto di vista biologico sono invece assai importanti. Per esempio, può darsi che per due specie diverse, in un dato sito, osserviamo la base A. Questo carattere non contribuisce dunque alla *distanza ingenua* tra le due specie. Tuttavia può ben essere il caso che per la prima specie questo carattere sia rimasto immutato nel corso dell'evoluzione, mentre per la seconda la permanenza della base A sia il risultato di molte sostituzioni $A \to C$ seguite da $C \to A$. È chiaro che queste ultime sostituzioni sono biologicamente molto rilevanti e una valida distanza tra le specie deve tenerne conto. È necessario quindi correggere la distanza ingenua con una stima dei cambiamenti non osservati avvenuti nel corso dell'evoluzione. Tale stima può essere effettuata sulla base di un modello probabilistico di evoluzione, per esempio il *modello di Jukes e Cantor* [4]. Dal punto di vista computazionale il calcolo di queste distanze è *molto leggero*.

Filogenie e distanze

Dunque una distanza biologicamente significativa tra due tratti di DNA è proporzionale al numero totale di sostituzioni di caratteri occorse tra la sequenza dell'antenato comune e quelle osservate. Il numero delle differenze tra i caratteri omologhi delle sequenze osservate ne è solo una sottostima.

È naturale dunque considerare un arricchimento di un albero filogenetico assegnando a ogni arco un numero positivo, detto *peso* o *lunghezza*, che conta il numero di sostituzioni avvenute nella sequenza considerata nell'evoluzione da una specie all'altra. Un albero filogenetico con pesi determina una matrice delle *distanze arboree* tra le foglie. Quest'ultima è la misura della lunghezza del cammino più breve che congiunge, sul dato albero, due foglie assegnate.

Pertanto uno dei problemi basilari della filogenetica è il seguente.

Problema

Assegnata una matrice di *distanze filogenetiche* determinare una filogenia pesata la cui matrice delle *distanze arboree* approssimi la matrice data.

Esistono diversi algoritmi iterativi molto rapidi per costruire tali filogenie pesate. In generale non sono molto accurati ma si usano per ottenere una prima approssimazione della soluzione del problema. Tra questi segnaliamo i seguenti (cfr. [4]):

1. Neighbor Joining Algorithm (NJA).

2. UPGMA (Unweighted Pair Group Method with Arithmetic mean) (assume l'ipotesi dell'orologio molecolare).

3. Algoritmo di Fitch-Margoliash.

Proprietà delle distanze arboree

La riduzione dei dati ottenuta passando alla matrice delle distanze, benché drastica, consente in pratica di ottenere stime piuttosto accurate delle filogenie.

In generale la matrice delle distanze filogenetiche che si ottiene dai dati sperimentali non è arborea, ossia non è detto che esista una filogenia con pesi la cui distanza arborea coincida con la distanza filogenetica dettata dalle osservazioni. Se però la distanza filogenetica è arborea, il relativo albero pesato è unico e NJA lo determina.

Le distanze arboree si possono caratterizzare tra tutte le distanze tra elementi di un dato insieme finito $\Omega = \{1, \ldots, n\}$ di n elementi (tipicamente l'insieme delle n specie osservate) con una semplice ma fondamentale condizione algebrica. Se x, y sono elementi di Ω, indichiamo con $d(x, y)$ la distanza tra x e y. Allora d è arborea se e solo se per ogni quaterna (x, y, u, v) di elementi di Ω si ha

$$d(u, v) + d(x, y) \leq \max\{d(u, x) + d(v, y), d(u, y) + d(v, x)\}$$

Questa è detta *condizione dei quattro punti*.

In sostanza, d è una distanza arborea se e solo se per ogni scelta di indici $1 \leq i_0 < i_1 < j_0 < j_1 \leq n$ il massimo delle tre quantità $d_{i_0,i_1} + d_{j_0,j_1}$, $d_{i_0,j_0} + d_{i_1,j_1}$, $d_{i_0,j_1} + d_{j_0,i_1}$ viene raggiunto almeno due volte ($d_{i,j}$ è la distanza tra i e j). Questa condizione si può riformulare dal punto di vista tropicale: i numeri $d_{i,j}$ devono appartenere al luogo singolare di ognuno dei polinomi tropicali

$$X_{i_0,i_1} \otimes X_{j_0,j_1} \oplus X_{j_0,i_1} \otimes X_{i_0,j_1} \oplus X_{j_1,i_1} \otimes X_{i_0,j_0}$$

Questi sono la *tropicalizzazione* dei polinomi

$$p_{i_0,i_1} p_{j_0,j_1} + p_{i_1,j_0} p_{i_0,j_1} + p_{j_1,i_1} p_{i_0,j_0}$$

i quali, a loro volta, sono i generatori dell'ideale di una ben nota varietà algebrica classica, la *grassmanniana delle rette dello spazio proiettivo*. Nelle sezioni che seguono illustriamo alcuni aspetti geometrici della tropicalizzazione di questa varietà, che appare in modo così naturale in filogenetica.

Lo spazio delle filogenie pesate

Billera, Holmes e Vogtmann hanno costruito in [1] uno *spazio metrico* $\mathcal{T}_n$ (cioè un insieme dotato di una distanza tra ogni coppia di suoi elementi) i cui punti corrispondono agli alberi binari, con radice, con n foglie etichettate e con archi interni di lunghezza positiva. Agli archi che contengono una foglia non viene attribuita lunghezza.

Lo spazio $\mathcal{T}_n$ è costituito da $(2n-3)!$ *ortanti* di dimensione $n-2$, i cui bordi sono opportunamente incollati. Gli ortanti del piano sono le quattro regioni in cui il piano viene diviso dagli assi cartesiani. Nel caso dello spazio, sono le otto regioni in cui lo spazio viene suddiviso dai piani coordinati, e così via in dimensione superiore.

Ci si muove all'interno di ciascun ortante mantenendo immutata la struttura combinatorica di un albero, ma variando la lunghezza degli archi interni: quando uno di questi diviene di lunghezza nulla, si verifica una degenerazione che conduce a un albero con diversa struttura combinatorica, attraversando così il bordo dell'ortante.

La distanza in $\mathcal{T}_n$ è quella euclidea in ogni ortante. La distanza tra due punti in ortanti diversi è la minima lunghezza di un cammino che congiunge i due punti.

$\mathcal{T}_4$ si può pensare come un cono di vertice l'origine. Se intersechiamo per esempio ciascun ortante con la retta di equazione $x + y = 1$, otteniamo un grafo trivalente, i cui vertici corrispondono ai 10 ortanti unidimensionali, e gli archi ai 15 ortanti bidimensionali. Si tratta del *grafo di Peterson*, che abbiamo già incontrato a p. 209.

La distanza in $\mathcal{T}_n$ è assai utile in biologia. Supponiamo, per esempio, di essere pervenuti, cosa piuttosto comune nella pratica, a un certo numero $T_1, \ldots, T_h$ di filogenie che hanno la stessa probabilità di spiegare i nostri dati. Ci siamo trovati in una situazione simile discutendo del metodo di massima parsimonia.

Occorre allora scegliere tra queste filogenie a priori ugualmente plausibili. La cosa più sensata è di sceglierne una nuova che le *interpoli*, ossia che, in qualche modo, ne costituisca una media. Poiché le filogenie appartengono a uno spazio metrico, è naturale prendere in considerazione il *baricento*, il *circocentro* o il *centroide* come possibili medie. Queste nozioni coincidono nello spazio euclideo, ma danno luogo a concetti diversi, e diversamente utili, in $\mathcal{T}_n$.

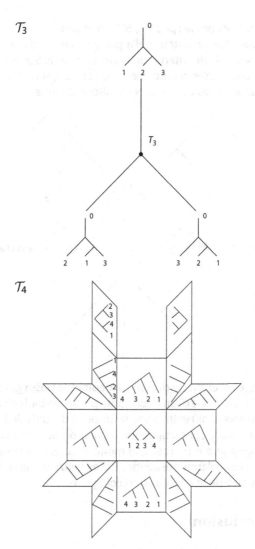

Fig. 7. In T_4 vi sono 15 ortanti bidimensionali, aventi in comune l'origine. Ogni ortante unidimensionale corrisponde a un albero con solo un arco interno, che si può deformare a un albero binario in tre modi distinti. Dunque ogni ortante unidimensionale appartiene a tre ortanti bidimensionali. Dalla figura si ottiene T_4 con opportune identificazioni degli ortanti unidimensionali. In particolare tutti i vertici vanno identificati

Per esempio, per le specie *A, B, C* gli esperimenti possono suggerire i due alberi mostrati nella parte superiore della figura seguente, aventi il lato interno della stessa misura. Scegliendo il loro centroide, anch'esso rappresentato in figura, si conclude che le specie hanno avuto un unico progenitore comune.

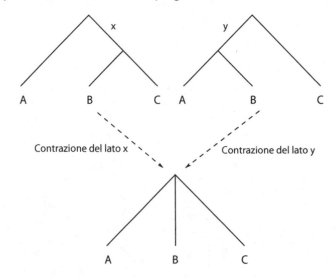

Questo è un esempio di come la geometria possa guidare la ricerca della soluzione di un importante problema biologico. Abbiamo già osservato più volte come la funzione di guida della geometria possa aiutare concretamente lo sviluppo della teoria, fornendo un linguaggio e un modello molto ricco e, con la geometria tropicale, particolarmente adatto, alle esigenze di semplificazione dei dati, tipica delle applicazioni biologiche.

7 Conclusioni

In questo articolo abbiamo cercato di illustrare alcune idee matematiche che, pur avendo la loro radice in classici metodi algebrico-geometrici, sono state sviluppate solo di recente per raccogliere le sfide della filogenetica. Tra queste primeggia la matematica tropicale, che pone a suo fondamento un processo di semplificazione drastica di dati di un problema complesso, caratteristico delle esigenze della biologia teorica. Non c'è da illudersi che la matematica tropicale sia lo strumento decisivo per la biologia, ma di certo gio-cherà in futuro un ruolo importante non solo per lo sviluppo delle scienze naturali, ma anche della stessa matematica, arricchendo quest'ultima di problemi profondi e di tecniche raffinate. Ci è sem-brato dunque utile illustrare queste idee, facendo riferimento ad alcuni esempi concreti.

Riferimenti bibliografici

1. Billera, L. J., Holmes, S., Vogtmann, K., "Geometry of the space of phylogenetic trees", *Advances in Applied Mathematics* 27 (2001) 733-767
2. Ciliberto, C., Rogora, E., "Applicazioni della geometria algebrica alla biologia", *Lettera Matematica Pristem* 70-71 (2009), pp. 4-19
3. Cox, D., Little, J., O'Shea, D., "Ideals, Varieties and Algorithms", second edition, Springer (1996)
4. Felsenstein, "Inferring Phylogenies", Sunderland MA, Sinauer Associates (2004)
5. Pachter, L., Sturmfels, B., "Tropical Geometry of Statistical Models", ArXiv 0311009 (2009)
6. Pachter, L., Sturmfels, B. (eds.), "Algebraic Statistics for Computational Biology", Cambridge University Press (2005)
7. Saitou, N., Nei, M., "The neighbor-joining method: A new method for constructing phylogenetic trees", *Molecular Biology and evolution* 4 (1987), 406-425

L'*abbc* dei problemi decisionali

F. Patrone

Cosa vuol dire questo titolo? C'è un errore di stampa? No, nessun errore. È voluta l'assonanza, il gioco di parole con la ben nota idea dell'*abc*. Al di là del misero trucchetto retorico, la tesi che verrà sostenuta in questo articolo è abbastanza impegnativa: un ottimo punto di partenza, anzi, una delle basi fondanti per giungere a una descrizione formale di varie tipologie di "teorie delle decisioni", passa attraverso l'analisi di situazioni che a buon motivo possono essere denominate col termine *abbc*.

Vediamo subito qualche esempio. Classici problemi di decisione sono: punto sull'uscita del 7 come primo estratto sulla ruota di Napoli, o no? Scommetto sulla vittoria della Sampdoria nel prossimo derby, o no? Le chiedo se desidera venire a cena con me stasera, o no?

La formalizzazione di questi tre semplici esempi presenta alcune caratteristiche comuni:

- Sono date due alternative, che indico con x_1 e x_2.

- x_1 mi porta a due possibili esiti: a, che è il migliore possibile per me (vinco al lotto, vinco la scommessa, viene a cena!) e c, che è il peggiore (perdo, non viene a cena…).

- x_2 mi porta a un unico esito b, certo (non gioco al lotto, non scommetto, non chiedo).

Nei casi indicati, che l'esito sia a oppure c dipende o da eventi aleatori che sono del tutto indipendenti dall'alternativa da me scelta (sto assumendo per esempio di non scommettere con Cassano), oppure dipende dalla decisione autonoma di un'altra persona. Vale la pena di sintetizzare con una rappresentazione in forma tabellare quanto descritto fin qui a parole, in modo che emerga chiaramente la struttura comune dei problemi indicati. Particolare non da poco, questa tabella renderà evidente come mai io parli di *abbc* e non di *abc*, come potrebbe sembrare sulla base di quanto detto finora: molto semplicemente, *b* compare due volte.

$I \setminus S$	s_1	s_2
x_1	a	c
x_2	b	b

Tabella 1.

La tabella rende conto in modo esplicito del fatto che l'esito è determinato da due elementi: la scelta del decisore *I* fra x_1 e x_2, e un fattore al di fuori del suo controllo. Questo secondo fattore può essere rappresentato da una variabile aleatoria che può assumere due valori, s_1 ed s_2. Oppure, usando un altro linguaggio, di uso comune in teoria delle decisioni (TdD), possiamo parlare di uno *stato di natura* che può essere s_1 oppure s_2. È ovvio come lo stato di natura possa, in genere, ammettere più di due realizzazioni (si pensi alla decisione se comprare azioni o BOT), ma la scelta di mettere in evidenza il caso in cui l'insieme dei possibili stati di natura, *S*, contiene due elementi non è dovuto solo a evidenti esigenze di semplicità, ma anche al fatto che questo caso particolare ha un ruolo fondazionale, come vedremo nell'ultima parte di questo articolo.

Una considerazione importante, da non sottovalutare, che rende significativi i problemi di cui ci stiamo occupando è il fatto che l'esito *b* si trovi a essere *compreso* fra *a* e *c*, per quanto riguarda le preferenze del decisore chiamato a scegliere. Se, per esempio, il decisore preferisse anche *c* a *b*, la sua scelta sarebbe ovvia: avremmo un esempio di applicazione del *principio di dominanza*, così chiamato in TdD. Insomma, concentriamo la nostra attenzione sul caso in cui la scelta del decisore non è banale, ovvero sulla *questione difficile*, per parafrasare un'espressione in uso fra chi si occupa di comprendere cosa sia la mente.

Introdotto l'argomento, è ora il momento di convincere anche il lettore più riluttante, più critico, che l'*abbc* è davvero molto, molto importante. La mia strategia di convincimento è basata su una manovra *a tenaglia* (questa è l'occasione buona per il lettore di fuggire!) che usa due considerazioni:

- la pervasività dell'*abbc*, oltre la "normale" teoria delle decisioni: lo ritroviamo non solo in Teoria dei Giochi, ma anche in contesti quali quelli del *multiple self*[1];
- come detto, il valore fondazionale dell'*abbc*: aspetto che analizzerò in dettaglio nel contesto delle decisioni in condizioni di rischio.

Cominciamo con la prima ganascia della tenaglia. Innanzitutto noto che vi è una differenza rilevante fra i primi due esempi citati: nel caso del lotto siamo (ragionevolmente) in grado di assegnare una probabilità oggettiva ai due stati di natura, nel secondo no. Quando si scommette, per esempio fra due amici, su chi vincerà il prossimo derby fra Sampdoria e Genoa, di solito non sono disponibili probabilità oggettive da attribuire ai tre esiti possibili della partita. Anzi, se ci fossero, probabilmente non ci sarebbe scommessa! Una caratteristica importante è proprio la divergenza[2] fra i due scom-

---

[1] La comoda semplificazione del "decisore razionale" che viene usata nella teoria delle decisioni e nell'economia neoclassica nasconde il fatto che una persona "in carne ed ossa" presenta una complessa stratificazione di motivi, ragioni, pulsioni, istinti, che non sempre si compongono in modo appropriato. A seconda di quale sia l'aspetto che temporaneamente riesce a prendere la scena come protagonista, possiamo avere diverse priorità, diverse preferenze espresse dalla persona in oggetto. In questo senso è utile la metafora del "multiple self", ovvero di più "soggetti" che convivono all'interno di un singolo individuo. *The multiple self* è anche il titolo di un volume a cura di Jon Elster [3], che raccoglie vari contributi in merito, tra cui un'analisi del problema attraverso il "teorema di impossibilità" di Arrow, tematica introdotta da May [7].

[2] Consideriamo il caso di una scommessa tra due persone, assumendo che la posta in gioco sia piuttosto bassa, in modo da poter ritenere che l'attitudine dei due giocatori rispetto al rischio sia irrilevante. Supponiamo che la scommessa preveda che 1 euro puntato sulla vittoria della Sampdoria sia equivalente a x euro sulla vittoria del Genoa (lasciamo stare i pareggi, che non interessano...). Uno sarà disposto a puntare sulla vittoria della Sampdoria se e solo se la probabilità p_1 che attribuisce alla vittoria della Sampdoria è tale che $p_1 x > (1 - p_1)1$, ovvero $p_1 > \frac{1}{1+x}$. Viceversa, l'altro punterà sul Genoa se e solo se $(1 - p_2)1 > p_2 x$, ovvero se $p_2 < \frac{1}{1+x}$ (chiaramente, p_2 è la probabilità che l'altro attribuisce alla vittoria della Sampdoria). Come si vede, i due saranno disposti a scommettere tra di loro solo quando le loro valutazioni probabilistiche sull'unico stato di natura rilevante divergono. In tal caso sarà possibile trovare un valore x in modo che entrambi reputino conveniente la scommessa! Un bell'esempio di *transazione speculativa*: lo scambio, il contratto, avviene sulla base di diverse previsioni sul futuro.

mettitori sulla valutazione della probabilità attribuita ai vari stati di natura. Mi permetto di rivolgermi direttamente al lettore, invitandolo a non sottovalutare questo elemento di soggettività. Esso è rilevante non solo in attività "minori" come le scommesse (anche se queste "attività" spostano un bel po' di euro), ma anche in aspetti ben più rilevanti, come la speculazione finanziaria. La radice per l'esistenza della speculazione sta, come per le scommesse, nella divergenza fra le aspettative di chi compra e di chi vende[3].

La distinzione fra "giocare al lotto" e "scommettere" ci rimanda all'importante distinzione fra "decisioni in condizioni di rischio" (il lotto; von Neumann e Morgenstern [10]) e "decisioni in condizioni di incertezza" (le scommesse; Savage [12])[4]. In entrambi i casi ci troviamo di fronte alla tabella vista sopra, solo che per le decisioni in condizione di rischio abbiamo un dato esogeno addizionale, ovvero una distribuzione di probabilità su S.

Volendo giungere a un modello che ci permetta di capire quale possa essere la scelta del decisore, contrariamente a quanto potrebbe sembrare a prima vista, la domanda da fare al decisore non riguarda quali siano le sue preferenze tra gli esiti finali, a, b o c: abbiamo già detto che preferisce a a b e b a c. Questo non basta: in entrambi gli esempi la domanda fondamentale è: il decisore coinvolto preferisce la "prima riga" della tabella o la "seconda riga"? Immagino che questo possa sembrare quanto meno curioso, se non peggio, a chi legge: chi si occupa di TdD, per predire se il decisore sceglierà x_1 oppure x_2, deve sostanzialmente chiedergli "preferisci il complesso di conseguenze che scaturisce da x_1 o quello che scaturisce da x_2, tenendo conto dei possibili stati di natura?". Sembra una tautologia, e potremmo anche dire che lo è, se non ci fosse di mezzo il punto di vista consequenzialista, tradizionale in TdD: comunque, detto questo, davvero ci si può far l'idea che la condizione di chi si occupa di TdD sia davvero miserevole. Non è così! Dopotutto, anche chi si occupa di hard sciences ha bisogno di dati per poter fare previsioni, mica basta una splendida teoria! Ebbene, le domande su "che riga preferisci" hanno proprio la funzione di conoscere uno dei principali dati del problema di decisione. Il punto cruciale è che bastano le domande relative a tabelle come quelle

---

[3] Due riferimenti significativi, a questo proposito, sono Aumann [2] e Milgrom e Stokey [8].

[4] Ma ricordo anche Knight [5], che ha il merito di avere attirato l'attenzione sull'importante distinzione fra rischio e incertezza.

date (che coinvolgono solo due alternative e solo due stati di natura), assieme a un'ipotesi di continuità e una di coerenza (tradotta tecnicamente nella condizione detta di indipendenza o nel *sure thing principle* a seconda che il contesto sia rischio oppure indifferenza) per ricostruire completamente le preferenze del decisore rispetto anche a problemi di decisione molto più complicati. Ma di questo mi occuperò alla fine: è la seconda ganascia della tenaglia.

Tornando ai due campi discussi fino a ora (lotto e scommesse), li ho "incasellati" in due diversi sottosettori della TdD: le decisioni in condizioni di rischio e quelle in condizioni di incertezza. Nelle condizioni di rischio (lotto), un decisore ha a disposizione una distribuzione di probabilità data su S. Questa, congiuntamente alla scelta di un'alternativa, induce (banalmente) una distribuzione di probabilità sull'insieme delle possibili conseguenze. Sta allora al nostro decisore capire, nell'esempio, se preferisce l'esito certo (o ottenuto con probabilità 1: nella TdD classica, nel caso di un modello finito, non si fa distinzione tra queste due condizioni diverse!) b, oppure avere a con probabilità p e c con probabilità $1 - p$. Nelle decisioni in condizione di incertezza (la scommessa), il decisore deve riflettere se preferisce b alla possibilità di ottenere a se lo stato di natura è (sarà...) s_1, e c se lo stato di natura è s_2. Detto in termini informali, ciò richiede una valutazione della plausibilità che lo stato di natura sia s_1 o s_2. Ciò nella teoria elaborata da Savage di fatto porta alla "costruzione" di una probabilità soggettiva (del decisore) su S, per cui tecnicamente (ovvero, matematicamente) per le decisioni in condizione di incertezza ci si riduce a fare lo stesso tipo di calcoli di quelli richiesti nel caso di rischio, ovvero il calcolo dell'utilità attesa.

Ricordo come in TdD, sia nel caso di rischio sia in quello di incertezza, un decisore può essere caratterizzato mediante una cosiddetta "funzione di utilità", definita sullo spazio E delle conseguenze[5] e a valori reali. Per ogni alternativa x disponibile, il decisore calcolerà l'utilità attesa[6]

$$\sum_{s \in S} p(s)u(h(x, s)) \,.$$

---

[5] La funzione di utilità di un decisore è determinata solo a meno di trasformazioni affini strettamente crescenti.

[6] La formula vale nel caso finito, cioè quando sono finiti gli insiemi delle alternative, degli stati di natura e delle possibili conseguenze.

Qui con *h* ho indicato la funzione che a ogni alternativa *x* e a ogni stato di natura *s* associa la conseguenza che ne deriva. Il decisore sceglierà, fra le alternative disponibili, quella che rende massima l'utilità attesa corrispondente.

Prima di passare all'invito a cena, vorrei sottolineare un contesto in cui la struttura *abbc* ha un ruolo rilevante: mi riferisco alla sperimentazione, intesa in senso lato. Più precisamente, si tratta di decidere fra non sperimentare (esito *b*), oppure sì (esiti possibili *a* o *c*). Come caso paradigmatico della parte *"ac"* posso citare il cosiddetto "test d'ipotesi", che (fissata una soglia di tolleranza, di errore) porta sostanzialmente a due possibili risultati: l'ipotesi H_0 è accettata oppure rigettata (al livello di significatività che riteniamo rilevante). E la situazione in cui si trova chi deve decidere se effettuare o meno un esperimento è analoga a quella che abbiamo visto in TdD: tipicamente, l'esito *"H_0 è accettata"* ci dirà che il medicamento (o il test, o…) non è rilevante. È abbastanza ovvio come questo esito sia, generalmente, ritenuto peggiore rispetto all'esito *b* in quanto ci si ritrova sostanzialmente al punto di partenza, nonostante i costi sopportati (e, oltre ai soldi, l'energia dissipata, il tempo perso, la fatica, lo stress, la maggiore difficoltà a pubblicare i risultati…).

Visto che stiamo parlando di sperimentazione[7] in senso lato, cito un contesto in cui un'appropriata "sperimentazione" ha un ruolo significativo. È il caso della ricerca di un punto di massimo globale per una funzione a valori reali: trovato (approssimativamente) un punto di massimo locale mediante un appropriato algoritmo (metodo del gradiente, o metodi più sofisticati), ho di fronte due alternative:

– Sperimentare (*"x_1"*): provare (dove "come provare" varia da "a capocchia", fino all'uso di metodi come il "simulated annealing") a vedere se in un qualche punto la mia funzione assume un valore maggiore di quello attualmente trovato, e quindi fare ripartire l'algoritmo di ricerca locale (o altro appropriato). Mi sembra ovvio chi siano *a* e *c*.

– STOP (*"x_2"*), dicendo (sperando?) che quello trovato è, presumibilmente, un punto di massimo globale. O, per lo meno, di quello ci accontentiamo.

---

[7] Osservo che ciò che differenzia un problema di sperimentazione da un problema di decisione è tipicamente la valenza conoscitiva del primo.

Passiamo finalmente al terzo esempio menzionato, l'invito a cena. Qui lo "stato di natura" è sostituito da una scelta consapevole fatta da una persona in carne e ossa, anziché dal fato. Cosa cambia? Che ci trasferiamo dalla stanza della TdD a quella della TdG (Teoria dei Giochi). Al di là dei nominalismi, cambia moltissimo, ma allo stesso tempo cambia poco. Volendo sintetizzare, potremmo dire che l'unico aspetto significativo è che la determinazione della probabilità assegnata a s_1 ed s_2, da esogena diventa endogena. Cioè, si cerca di comprendere quale tipo di scelta farà l'altro decisore (nel nostro caso l'amabile signora), sulla base di ciò che noi sappiamo delle sue preferenze, della sua razionalità e intelligenza. Per lo meno, nel caso classico in cui si assume che questi elementi del gioco siano "conoscenza comune" fra i giocatori. Si noti che, anche nelle decisioni in condizione di incertezza, la probabilità è "endogena", ma nel senso che il decisore avvertito interiorizza e analizza tutte le informazioni rilevanti che ha a disposizione sulla situazione che ha di fronte. Quindi, la probabilità assegnata ai vari stati di natura è comunque conseguenza di aspetti esogeni rispetto alla rappresentazione del problema di TdD che è fornita dalla semplice tabella che abbiamo usato (Tabella 1).

È ovvio che, se sono convinto per qualche motivo che l'esito a sia preferita dalla signora, ritengo che ella sceglierà y_1 e quindi io sceglierò x_1: se invece penso che c sia da lei preferito, sceglierò x_2; nel caso in cui si possa arrivare a una stima probabilistica su ciò che potrebbe scegliere la *de cuius*, mi comporterò come nei casi già trattati, ovvero con un calcolo di utilità attesa[8]. Noto come la tabella precedente, con ovvie piccole modifiche, diventa la Tabella 2 (la signora è identificata come decisore II).

$I \setminus II$	y_1	y_2
x_1	a	c
x_2	b	b

Tabella 2.

---

[8] Noto che "utilità" è un termine tecnico: non facciamo confusione (in questo esempio, poi!) col significato di questo termine nel linguaggio "di tutti i giorni". Ovvero, il termine "funzione di utilità", introdotto in precedenza, indica semplicemente una funzione in grado di rappresentare le preferenze del decisore cui si riferisce; la specificazione "di utilità", ereditata da un passato ormai piuttosto lontano, serve convenzionalmente giusto per dire che si tratta di una funzione soddisfacente questa particolare caratteristica.

Nel linguaggio della TdG abbiamo una cosiddetta "game form in forma strategica". Se poi abbiamo a disposizione un paio di funzioni di utilità, diciamo u per I e v per II, possiamo inserire nelle caselle, al posto del generico esito e, la coppia di numeri $u(e)$, $v(e)$. Otteniamo così un "gioco in forma strategica", come mostrato nella Tabella 3.

I \ II	y_1	y_2
x_1	$(u(a), v(a))$	$(u(c), v(c))$
x_2	$(u(b), v(b))$	$(u(b), v(b))$

Tabella 3.

Perché ho tirato in ballo il termine "forma strategica"? Dopotutto, non penso che queste ultime righe abbiano scatenato un vivo interesse da parte di chi legge! La ragione è dovuta al fatto che voglio sottolineare come la struttura della tabella, che prevede una riga con b b, emerga in modo naturale da una particolare struttura dinamico-informativa presente non solo nel nostro esempio, ma in altri casi molto interessanti. Per illustrarla, ci farà comodo usare gli "alberi di decisione" o, nel caso della TdG, la cosiddetta rappresentazione in "forma estesa" (della game form o del gioco) che in prima approssimazione può essere vista come una generalizzazione dell'albero delle decisioni dal caso di un decisore singolo a quello in cui sia presente più di un decisore. Cominciamo col

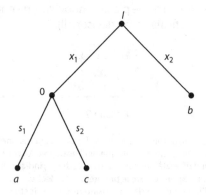

Fig. 1.

gioco del lotto. Io *prima* decido se scelgo x_1 o x_2. Dopo, viene fatta l'estrazione e quindi saprò se ho vinto o se ho perso. Ammesso che io *abbia giocato*! Traduciamo il tutto nella Fig. 1.

Il nodo in alto è etichettato con "*I*": *I* indica il decisore cui compete scegliere in quel nodo (ovviamente qui ne abbiamo solo uno, dopotutto è un problema di TdD...). Il nodo a metà a sinistra ha l'etichetta "*O*", il che serve per dire che lì tocca alla sorte "decidere" (il momento dell'estrazione del lotto). I nodi finali sono etichettati col simbolo che identifica l'esito loro corrispondente.

Se vogliamo riportare in forma tabellare le caratteristiche essenziali di questa figura, ci ritroviamo inevitabilmente di fronte esattamente la Tabella 1.

La rappresentazione per il caso di una scommessa è simile, e quindi non mi vi soffermo. Mi interessa di più passare a considerare il caso dell'invito a cena o, per meglio dire, il caso "da TdG". Abbiamo la game form in forma estesa descritta nella Fig. 2.

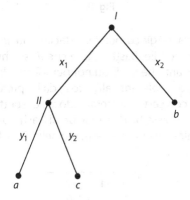

Fig. 2.

Abbiamo già fatto delle considerazioni per cui il caso interessante si ha quando *a* è preferito (da *I*) a *b* e *b* a *c*. Possiamo descrivere questo fatto scegliendo una funzione di utilità per il primo decisore, *I*, che assegni opportuni valori a tali punti. Per esempio: $u(a) = 2$; $u(b) = 1$; $u(c) = 0$. Ma qui, contrariamente alla TdD, abbiamo anche un secondo decisore, il quale ha anche le sue preferenze rispetto ai possibili esiti! "Giocando" sulle preferenze dei giocatori si possono avere un certo numero di esempi interessanti. Qui ne descriverò due, accennando rapidamente a un terzo.

Cominciamo con "il gioco di Selten", illustrato nella Fig. 3.

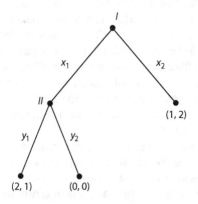

Fig. 3.

Per la struttura del gioco, possiamo facilmente individuare quale sia l'esito prevedibile. Basta notare che *II* (se chiamato a decidere) sceglie y_1 anziché y_2. E quindi per *I* è meglio scegliere x_1, che porterà ragionevolmente all'esito *a*, da lui preferito all'esito *b*, cui arriverebbe con certezza scegliendo x_2. L'aspetto intrigante di questo gioco è che esso ha *due* equilibri di Nash, come si vede dalla forma strategica, che rappresentiamo nella Tabella 4, e che ha la struttura "*abbc*".

$I \setminus II$	y_1	y_2
x_1	(2, 1)	(0, 0)
x_2	(1, 2)	(1, 2)

Tabella 4.

Un equilibrio è (x_1, y_1), ma c'è anche (x_2, y_2). Questa semplice osservazione ha un valore dirompente per la TdG: scopriamo che ci sono equilibri di Nash *poco credibili*[9]. Un tema importante, che ha

---

[9] Questi contributi sono merito di Selten, il che spiega come mai abbia etichettato questo gioco come "gioco di Selten". C'è un'altra conseguenza, molto rilevante, che emerge da questo esempio: contrariamente a quanto riteneva von Neumann [9], la

generato una letteratura piuttosto corposa. Non mi soffermo troppo, tuttavia, su questo esempio[10], perché voglio lasciare spazio a un altro esempio (spesso chiamato "gioco della fiducia").

Basta prendere il gioco di Selten e modificare solamente le preferenze del giocatore II, ottenendo il gioco in Fig. 4.

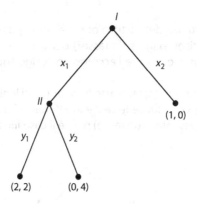

Fig. 4.

Considerazioni identiche a quelle fatte per il gioco di Selten ci portano a ritenere che il giocatore *I* sceglierà y_2 e, di conseguenza, per *I* la scelta da fare è x_2. Questo è anche l'unico equilibrio di Nash di questo gioco. E allora? Cosa c'è di notevole? Diavolo! L'esito finale *b* stavolta è inefficiente: entrambi preferirebbero l'esito *a*! Abbiamo, insomma, lo stesso problema di inefficienza che ci è offerto dal ben noto gioco detto "dilemma del prigioniero"[11], che rappresentiamo nella Tabella 5. Non male, per un misero *abbc*: ci offre un paio di esempi importantissimi, per la TdG. Se il primo esempio è dirompente per la TdG, questo secondo ci permette di mettere

---

forma strategica di un gioco sembra non essere in grado di cogliere tutti i dettagli che si trovano nella forma estesa, nonostante l'assunzione di intelligenza fatta sui giocatori (ma su questo si veda anche Mailath et al. [6]).

[10] La cui importanza è notevole all'interno della TdG, ma meno evidente per chi non sia interessato alle questioni specifiche di questa disciplina, pur se rilevanti.

[11] Questo gioco ha l'unico equilibrio (x_2, y_2), che è inefficiente (entrambi i giocatori preferirebbero l'esito derivante da (x_1, y_1)). Esercizio per i curiosi: provare che il dilemma del prigioniero sfugge al nostro schema *abbc*, nel senso che abbiamo bisogno di quattro esiti. Chi vorrà, potrà discuterne sul forum di www.matematicamente.it

$I \setminus II$	y_1	y_2
x_1	(3, 3)	(1, 4)
x_2	(4, 1)	(2, 2)

Tabella 5.

in luce l'importanza delle istituzioni[12], e come possa convenire a entrambi i decisori pagare (le tasse?) per avere un'istituzione (lo Stato?) che possa garantire l'accordo:"io scelgo l'opzione x_1 e tu poi scegli y_1".

Come terzo esempio, piuttosto intrigante, mi limito a porre una questione: che cosa succede se *II* è indifferente fra *a* e *c*? Particolarmente interessante (frustrante) per *I* è il caso illustrato in Fig. 5.

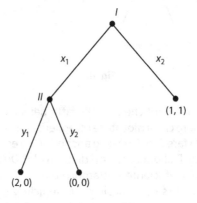

Fig. 5.

Ma la storia non finisce qui. Siamo arrivati alla TdG, ovvero a considerare due decisori invece che uno. Ma quale caso è più interessante di quello in cui i due giocatori sono la stessa persona? Magari in tempi diversi. In particolare, considerata prima e dopo un qualche evento rilevante (avere assunto sostanze che creano dipendenza, aver ascoltato il canto delle sirene...). Abbiamo sempre lo schema rappresentato con un (piccolo) albero delle decisioni, anzi: per quanto riguarda la "game form", del tutto iden-

---

[12] Rinvio, per una più dettagliata discussione di questo esempio e delle sue valenze, alle mie paginette disponibili in rete [11].

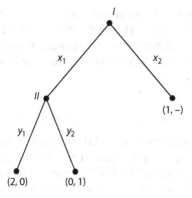

Fig. 6.

tico ai due precedenti. Cambia qualcosa rispetto ai payoff: si veda la Fig. 6. Non metto il payoff di *II* (che come individuo è *I*, ma dopo l'evento topico) nel nodo terminale nel ramo di destra: dopotutto, se *I* sceglie x_2, è come se il giocatore *II* non vedesse mai la luce. Infatti le scelte di *I* sono: x_1 ("ascolto il canto delle sirene", "provo quella sostanza") oppure x_2 (non faccio queste scelte "pericolose"). Il guaio è che, se *I* sceglie x_1, poi dopo non tocca più scegliere a "lui", in quanto la scelta viene affidata a un altro "sé". Sappiamo bene che chi ha ascoltato il canto delle sirene vuole restare per sempre a ascoltarlo, dimenticandosi di Penelope, contrariamente ai "buoni propositi" (aggiunti alla voglia di sperimentare: guarda caso, ritorna un tema già menzionato in queste pagine) del precedente "sé", ormai scomparso. Sappiamo bene come, secondo Omero, Ulisse sia riuscito a giungere all'esito *a*, modificando opportunamente la "game form", cioè tagliando un ramo dell'albero[13]. Non credo ci sia bisogno di rimarcare la forte analogia strutturale con il gioco della fiducia. Dopotutto, le sanzioni, la reputazione, le carceri, sono tutti elementi che, come l'essersi fatto legare all'albero maestro, portano tendenzialmente a rendere "impossibile" (o, se non altro, non più conveniente) la scelta y_2 per *II*.

Spero che l'importanza e la varietà degli esempi mostrati illustrino a sufficienza la rilevanza di questa struttura *abbc* per problemi decisionali.

---

[13] Sto parlando dell'albero in figura, non dell'albero maestro della nave!

È comunque ora di lasciare gli esempi, e passare alla seconda ganascia della tenaglia. Lo farò nel contesto delle decisioni in condizioni di rischio. Affermo che, sotto condizioni ragionevoli, conoscere le preferenze di un decisore rispetto a ogni coppia di risultati del tipo:

- b con certezza;
- a con probabilità p e c con probabilità $1 - p$,

al variare degli esiti nell'insieme E degli esiti possibili e di p in $[0, 1]$, mi permette di conoscere le preferenze del mio decisore rispetto a due qualsiasi "lotterie" su E. Ciò significa che sono in grado di poter dire quale sarà la scelta fatta dal decisore, in ogni situazione che si configuri come "scelta in condizioni di rischio".

Ricordo che, in questo contesto, a ogni alternativa a disposizione del decisore è associata una distribuzione di probabilità sull'insieme degli esiti possibili. Cosa che, nel gergo della TdD, viene per l'appunto detta "lotteria". Pertanto, visto che ogni alternativa a disposizione del giocatore determina una lotteria sugli esiti possibili, grazie al principio consequenzialista, nel momento in cui conosciamo le preferenze del decisore rispetto a queste lotterie, automaticamente sappiamo quale alternativa scegliere (ovviamente quella che induce la lotteria da lui preferita).

Se supponiamo che E sia finito (ipotesi di comodo, che mi permette di usare strumenti non troppo sofisticati), ovvero che sia $E = \{e_1, \ldots, e_r\}$, una lotteria su E è quindi una distribuzione di probabilità su E, che possiamo individuare con il vettore $(p_1, \ldots, p_r)$, con le solite condizioni che i p_i siano non negativi e che sommino ad 1. Si tratta di inserire in qualche modo queste lotterie in una scala di valori, costruita grazie a ciò che abbiamo supposto di sapere sulle preferenze del decisore sui risultati possibili. L'idea è semplice: cerco due esiti, uno che sia preferito a tutti gli altri, a, e uno che invece sia "il più spreferito", c. Poi, dato un qualunque esito b, un'opportuna e ragionevole ipotesi di continuità (avete presente il teorema degli zeri?) mi permette di garantire che b sia equivalente a un'apposita "lotteria" fra a e c che assegna probabilità λ ad a ed $1 - \lambda$ a c. Pertanto, per ogni $e_i \in E$, avrò un λ_i tale che e_i sia equivalente alla lotteria che assegna probabilità λ_i ad a e $1 - \lambda_i$ a c.

Nel caso generale, volendo confrontare due generiche lotterie, è sufficiente la cosiddetta ipotesi di "indipendenza", la quale permette di ridurre una qualsiasi lotteria a una del tipo appena visto, che assegna un'appropriata probabilità ad a e la probabilità complementare a c. Questa operazione di riduzione è molto semplice (e, per così dire, "obbligata"). Sia data una lotteria $(p_1, \ldots, p_r)$: l'ipotesi di indipendenza (con un po' di abuso di notazioni) ci porta a questi calcoli, che illustrano quanto detto[14]:

$$p_1 e_1 + \ldots p_r e_r = p_1(\lambda_1 a + (1 - \lambda_1)c) + \ldots + p_r(\lambda_r a + (1 - \lambda_r)c) =$$
$$= (p_1\lambda_1 + \ldots p_r\lambda_r)a + (p_1(1 - \lambda_1) + \ldots p_r(1 - \lambda_r))c .$$

Abbiamo così "ridotto" la lotteria data a una che coinvolge solo a e c.

A questo punto, date due lotterie $(p_1, \ldots, p_r)$ e $(q_1, \ldots, q_r)$, è sufficiente confrontare il *numero* $p_1\lambda_1 + \ldots p_r\lambda_r$ col numero $q_1\lambda_1 + \ldots q_r\lambda_r$: se per esempio quest'ultimo numero è maggiore dell'altro, vorrà dire che la lotteria $(q_1, \ldots, q_r)$ è preferita a $(p_1, \ldots, p_r)$. Quindi, come affermato, la possibilità di fare confronti fra b e ac si presenta come una sorta di "brick" (LEGO docet), a partire dal quale possiamo effettuare costruzioni, pardon: confronti, molto elaborate e di portata generale.

Naturalmente il punto importante è: possiamo ritenere "ragionevoli" le assunzioni di continuità e di indipendenza, nel senso che possiamo presumere che valgano per *ogni* decisore in un *qualsiasi* contesto di decisione in condizioni di rischio? La risposta che mi sento di dare è, sostanzialmente, sì. Con l'ovvio *caveat*: stiamo parlando della modellizzazione formale di una classe di problemi "reali", e pertanto non possiamo sperare in una perfetta adesione del modello alla realtà. Il punto discriminante è quindi se queste due ipotesi rappresentino uno scarto troppo forte rispetto a quanto possiamo osservare e sperimentare (anche attraverso l'introspezione). Con queste avvertenze, la risposta che viene data dalla TdD classica è positiva (anche se non mancano certo critiche e obiezioni, a partire da Allais [1] fino a Kahneman e Tversky [4] e alla "behavioral decision theory"), soprattutto se si accorda un valore positivo al fatto di avere a disposizione un modello ragionevolmente semplice. Un'osservazione specifica riguarda la condizione di indipendenza: molte sue apparenti violazioni

---

[14] Lascio a chi lo desidera di trasformarli in considerazioni corrette dal punto di vista formale. Nella sostanza, non abbiamo fatto altro che sostituire a ogni esito e_i la lotteria a esso equivalente: $\lambda_i a + (1 - \lambda_i)c$ e poi abbiamo usato dell'algebra elementare.

corrispondono spesso a modellizzazioni in cui è violata la indipendenza (sic!) fra alternative a disposizione del decisore e stati di natura, in particolare quando la scelta del decisore influenza la probabilità di realizzazione degli stati di natura.

In conclusione, non so se ho convinto appieno il lettore, ma almeno spero di aver mostrato che con un semplice *abbc* si può fare parecchia strada, e molto panoramica.

Riferimenti bibliografici

1. Allais, M., "Le comportemente de l'homme rationnel devant le risque: Critique des postulats et axioms de l'école américaine", *Econometrica* 21 (1953), pp. 46-53
2. Aumann, R. J., "Subjectivity and correlation in randomized strategies", *Journal of Mathematical Economics* 1 (1974), pp. 67-96
3. Elster, J., (curatore) "The multiple self", Cambridge University Press (1986)
4. Kahneman, D., Tversky A., "Prospect Theory: An Analysis of Decision under Risk", *Econometrica* 47 (1979), pp. 263-291
5. Knight, F. H., "Risk, Uncertainty, and Profit, Hart, Schaffner and Marx", Houghton Mifflin (1921). Trad. it.: Rischio, incertezza, profitto, La Nuova Italia (1960)
6. Mailath, G. J., Samuelson L., Swinkels, J.M., "Normal Form Structures in Extensive Form Games", *Journal of Economic Theory* 64 (1994), pp. 325-371
7. May, K. O., "Intransitivity, utility, and the aggregation of preference patterns", *Econometrica* 22 (1954), pp. 1-13
8. Milgrom, P. R., Stokey N., "Information, trade and Common Knowledge", *Journal of Economic Theory* 26 (1982), pp. 17-27
9. von Neumann, J., "Zur Theorie der Gesellschaftsspiele", *Mathematische Annalen* 100 (1928), pp. 295-320
10. von Neumann, J., Morgenstern, O., "Theory of Games and Economic Behavior", Princeton University Press (1994); seconda edizione (con in appendice la derivazione assiomatica dell'utilità attesa): 1947; terza edizione: 1953
11. Patrone, F., http://dri.diptem.unige.it/altro_materiale/ implementazione_legge_sui_prestiti.pdf.
12. Savage, L. J., "The Foundations of Statistics", Wiley (1954)

13. Selten, R., "Spieltheoretische Behandlung eines Oligopol-modells mit Nachfrageträgheit. Teil I: Bestimmung des dynamischen Preisgleichgewichts; Teil II: Eigenschaften des dynamischen Preisgleichgewichts", *Zeitschrift für die gesamte Staatswissenschaft* 121 (1965), pp. 301-324 e 667-689

i blu - pagine di scienza

Passione per Trilli
Alcune idee dalla matematica
R. Lucchetti

Tigri e Teoremi
Scrivere teatro e scienza
M.R. Menzio

Vite matematiche
Protagonisti del '900 da Hilbert a Wiles
C. Bartocci, R. Betti, A. Guerraggio, R. Lucchetti (a cura di)

Tutti i numeri sono uguali a cinque
S. Sandrelli, D. Gouthier, R. Ghattas (a cura di)

Il cielo sopra Roma
I luoghi dell'astronomia
R. Buonanno

Buchi neri nel mio bagno di schiuma
ovvero L'enigma di Einstein
C.V. Vishveshwara

Il senso e la narrazione
G. O. Longo

Il bizzarro mondo dei quanti
S. Arroyo

Il solito Albert e la piccola Dolly
La scienza dei bambini e dei ragazzi
D. Gouthier, F. Manzoli

Storie di cose semplici
V. Marchis

noveper**nove**
Segreti e strategie di gioco
D. Munari

Di prossima pubblicazione

PsychoTech - Psychology and Information Technology
Il punto di non ritorno
A. Teti

Pensare l'impossibile
L. Boi